KATHARINA VON DER LEYEN
INGA BÖHM-REITHMEIER

Die zweite — Chance

Hunde mit Vergangenheit

KATHARINA VON DER LEYEN
INGA BÖHM-REITHMEIER

Die zweite — Chance

Hunde mit Vergangenheit

MIT KOSMOS MEHR ENTDECKEN
Eingewöhnung
Bindungsaufbau
Stressmanagement
Erziehung
SEIT 1822

KOSMOS

Inhalt

Zum Geleit

Über Hunde wurden und werden zahllose Bücher geschrieben – ein schier unerschöpfliches Literaturangebot, aus dem man auswählen kann. Doch über meine Lieblingsrasse, den Hund aus dem Tierschutz, ist das Angebot an fundierter Information bisher sehr überschaubar. Mit dem vorliegenden Buch schließen Katharina von der Leyen und Inga Böhm-Reithmeier diese Wissenslücke. Kompetent, mit viel Sachverstand und dem notwendigen emotionalen Abstand beleuchten sie die Chancen und möglichen Schwierigkeiten, die auftreten können, wenn man einen Vierbeiner aus dem Tierschutz bei sich aufnehmen möchte.
Ein wichtiges Buch, auf das man lange gewartet hat, und eine gut lesbare und sehr schön gestaltete Chance für jeden Interessierten und Interessenten, sich intensiv mit dem Thema „Hunde aus dem Tierschutz" zu beschäftigen.
Kein anderes Haustier ist so anpassungsfähig wie der Hund, kein anderes Tier geht eine so enge Beziehung zu uns ein. In einer Welt, in der sich das Leben der Menschen immer mehr beschleunigt, ist der Hund ein Ruhepol und oft der einzige Beziehungspunkt, den wir noch zur Natur haben. Hunde bereichern unser Leben, geben uns Wärme und Geborgenheit und sind immer für uns da. Sie lieben ihre Menschen bedingungslos, wir sind für sie das Universum, um das sich ihr Leben dreht. Sie fragen nicht nach sozialem Status, es ist ihnen egal, welche Hautfarbe wir haben, welches Auto wir fahren, ob wir arm sind oder reich. Der Hund nimmt seinen Menschen so an wie er ist, ohne Wenn und Aber ... Doch sind wir auch bereit, unseren Hund so zu nehmen wie er ist? Welche Voraussetzungen muss man als zukünftiger Hundehalter mitbringen? Was kommt als Hundehalter auf mich zu? Mit diesen nicht ganz einfach zu beantwortenden Grundüberlegungen beschäftigen sich die ersten Kapitel des vorliegenden Buches.
Aus dem Zusammenleben mit einem Hund entsteht für den Menschen eine Verantwortung. Ein Tier ist kein Gegenstand, den man benutzt und, wenn man das Interesse verliert, in den Keller stellen oder einfach wegwerfen kann. Es ist ein Lebewesen, für das wir die Verantwortung übernehmen. Es hat ein Recht darauf, dass wir diese Verantwortung auch wahrnehmen. Hunde haben Ansprüche und Gefühle, sie können lieben und trauern, sie können glücklich und unglücklich sein – genau wie wir. Als soziales Wesen brauchen sie den Kontakt zum Menschen wie die Luft zum Atmen. Sie wollen in unserer Nähe sein und Zeit mit uns verbringen. Wenn ihre Grundbedürfnisse nicht erfüllt werden, leiden sie. Sie haben die unterschiedlichsten Möglichkeiten gefunden, dies auch auszudrücken. Jeder kennt das Sprichwort: „Der leidet wie ein Hund". Doch leidet dabei nicht jeder Vierbeiner still vor sich hin. Ganz im Gegenteil – die Liste möglicher Verhaltensauffälligkeiten ist lang und ausgesprochen individuell. Und ebenso individuell sind die Ansätze, um diese „Macken" abzustellen bzw. einen Weg zu finden, wie Hund und Herrchen möglichst harmonisch miteinander leben können. Es gibt Konstellationen, die schlicht und einfach nicht zueinander passen. Umso wichtiger ist

es, sich vor der Anschaffung eines Hundes intensive Gedanken zu machen. Und wie gehe ich mit eventuellen „Macken" meines Vierbeiners um? Die dazu notwendigen Informationen verständlich und übersichtlich zu vermitteln, ist ein besonderes Anliegen dieses Buches.
Soll und kann ich einem Hund aus dem Tierschutz eine zweite Chance bieten?
Das ist ebenso eine rationale Entscheidung wie eine Herzensangelegenheit. Für mich persönlich stellt sich diese Frage nicht. Ich leite seit über einem Jahrzehnt das Franziskus Tierheim in Hamburg, meine Hunde sind immer aus dem Tierschutz. Aus Erfahrung kann ich sagen, dass gerade Tiere, denen man eine zweite Chance gibt, ihrer neuen Familie sehr viel zurückgeben. Selbstverständlich bin ich auch mit den Problemen vertraut, die auftreten können. Bei der Auswahl eines Hundes aus dem Tierschutz nur auf sein Herz zu hören, ist zwar verständlich, aber unzureichend und oft die Ursache massiver Probleme. Und zwar für beide Seiten, Hund wie Herrchen.
Besonders emotional veranlagte Menschen neigen häufig dazu, vorhandenen Probleme zu ignorieren – dabei ist die Einstellung „Das kriegen wir schon irgendwie hin" hier völlig fehl am Platz. Gerade wenn es ein

Vierbeiner aus dem Tierschutz sein soll, muss man den Istzustand des Hundes kennen – mit all seinen „guten" und weniger guten Eigenschaften. Nur wenn man mit den Charaktereigenschaften des Tieres vertraut ist und umgehen kann, sich idealerweise zudem noch einen „Notfallplan" zurecht gelegt hat, kann man davon ausgehen nicht von der Situation überfordert zu werden. Nur dann ist eine zweite Chance auch eine echte Chance.
Aus langjähriger Erfahrung kann ich eines versprechen – im Tierschutz und gerade auch im Auslandstierschutz – gibt es wahre vierbeinige Schätze zu entdecken. Ob Mensch oder Tier, wir alle haben einen eigenständigen Charakter und eine eigene Art mit Schicksalsschlägen umzugehen. Die meisten Hunde, die ich kennen gelernt habe, sind echte Opportunisten, die sich oft erstaunlich schnell auf neue Lebensumstände einstellen können. Der Charakter eines Hundes wird durch seine Gene, seine Kindheit und das soziale Umfeld geprägt. Bestimmte Eigenschaften, der Grundcharakter, bleiben bestehen, doch es gibt viele Möglichkeiten, Defizite aufzuholen und neu zu justieren. Das ist das Wunderbare an den Hunden, wenn sie richtig behandelt werden und der Draht zu ihren Menschen stimmt, können manchmal wahre Wunder geschehen. Und dann wird aus einem schwierigen Vierbeiner mit schlimmer Vergangenheit mit viel Geduld ein wahrer Goldschatz.
Ein Buch, in dem auch die schwierigen Aspekte eines Tierschutzhundes, was man dazu wissen muss, wie man damit umgeht und das Lösungsvorschläge anbietet, gab es in dieser Form bisher nicht. Wir mussten lange darauf warten. Ich würde mir sehr wünschen, dass das vorliegende Buch zur Pflichtlektüre vor der Anschaffung eines Hundes aus zweiter Hand wird. Denn jeder Hund hat ein gutes Zuhause verdient.
Ich wünsche Ihnen viel Freude bei der Lektüre dieses einfühlsam und kenntnisreich geschriebenen Buches, das jeder lesen sollte, der sich mit der Idee beschäftigt, einen Hund aus dem Tierschutz aufzunehmen.

Frank Weber
Leiter des „Franziskus Tierheimes" in Hamburg
Zweiter Vorsitzender des „Bundes gegen Missbrauch der Tiere"

Warum Hunde aus zweiter Hand ein bisschen anders sind

Jedes Jahr werden allein in Deutschland über 200 000 Hunde aus Tierheimen, Pflegestellen, aus dem Ausland oder von einem Zuhause in ein neues Zuhause vermittelt. Hunde aus zweiter (oder dritter, vierter oder sechster Hand) sind dabei besondere Hunde. Sie haben bisher nicht gelernt, eine Bindung zum Menschen aufzubauen, sehr häufig haben sie große Schwierigkeiten, Menschen zu vertrauen. Sie sind gewöhnlich führungs- und orientierungslos.

Hunde aus zweiter Hand bringen eine Geschichte mit sich, die sie geformt hat. Manche machen es einem überraschend einfach und fügen sich in ihrem unbändigen Überlebenswillen einfach in ein neues, in Ihr Leben ein. Sie können aber auch eine echte Aufgabe bedeuten: Der Straßenhund, der ausgesetzte Hund, der Hund, mit dem die Vorbesitzer nicht fertig wurden, sind besondere Tiere, die von uns Zeit und Raum brauchen, Ruhe, Gelassenheit, Verständnis und Regeln. Nichts ist für sie mehr, wie es war: Sie brauchen jetzt nichts dringender als Rituale. Man muss Gewohnheiten aufbauen und wochen-, manchmal monatelang für genau den gleichen Ablauf sorgen, auf den der Hund sich verlassen kann, denn Rituale geben Sicherheit. Die gleichen kleinen Spaziergänge, die gleichen Geräusche, das gleiche Futter, nur wenig Neues und wenn, dann in kleinen Dosierungen, wenig neue Menschen, kaum fremde Hundekontakte. Er braucht jetzt keine Abwechslung, jeder Moment seines Lebens ist gerade abenteuerlich genug. Er muss viel schlafen: So ein neues Leben muss erst einmal verarbeitet werden.

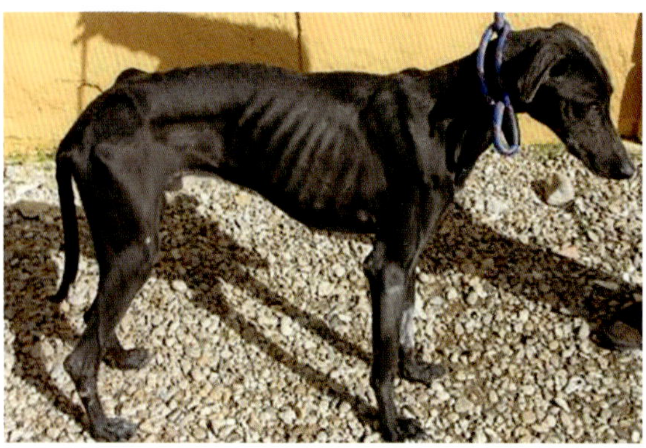

Als er von dem spanischen Jäger abgegeben wurde, bot Nano ein Bild des Jammers.

Ein Hund, der im Tierheim abgegeben wurde, hat vielleicht sein Zuhause verloren, weil sein Besitzer gestorben ist, ins Krankenhaus oder ins Gefängnis musste, oder weil ein Kind schwer allergisch reagierte, oder es war aufgrund anderer Lebensveränderungen keine Zeit mehr für ihn da. Er ist getrennt von denen, die er kannte, denen er vertraute, oder zumindest dem Leben, das er gut kannte. Er wartet darauf, dass alles wieder so wird, wie es war, sucht die Gerüche, die ihm vertraut sind und die dafür sorgen, dass er sich wieder rundherum gut fühlt. Wenn es ein Straßenhund ist, ein ehemaliger Kettenhund, ein Galgo oder ein anderer ausgedienter Jagdhund, ist die Wahrscheinlichkeit

Nano heute

groß, dass er noch nie eine Klospülung gehört oder einen Haarföhn oder Staubsauger in Aktion erlebt hat. Er ist immer hungrig und gierig, stiehlt und schlingt sein Futter. Die Geräusche im Haus machen ihn nervös, er ist unruhig, fiept und läuft auf und ab. Beim kleinsten Geräusch zuckt er zusammen. Vielleicht musste er um sein Überleben kämpfen, Futter und Schutz suchen und Steinen und Flüchen ausweichen. Und jetzt ist er plötzlich in einem Zuhause und bekommt einen Crashkurs in Hundesozialisierung und menschlicher Interaktion. Das muss den stärksten Hund erschüttern. Liebe allein hilft diesen Hunden nicht weiter: Sie brauchen Strukturen und eine andere Art der Ansprache, Geduld und Gelassenheit vom Menschen – und der Mensch braucht im richtigen Moment die richtigen inneren Werkzeuge, um angemessen reagieren zu können, wenn sich unerwünschte Verhaltensmuster auftun.

GEDANKEN VOR DER ANSCHAFFUNG

— *eines Hundes mit Vorgeschichte*

Wichtige Vorüberlegungen

Viele Leute entscheiden sich für einen Hund aus zweiter Hand und wollten eigentlich hauptsächlich einem Hund ein gutes Zuhause geben und sich keinen „Sozialfall" anlachen – und bekommen trotzdem einen. Andere öffnen ihr Herz und ihr Zuhause einem Hund, von dem sie wissen, dass er beschädigt ist und hoffen, ihm auf diese Weise eine zweite Chance auf ein schönes Hundeleben geben zu können. Manche Leute finden in den Ferien einen Hund und nehmen ihn mit nach Hause – und zu Hause stellt sich heraus, dass das Leben mit einem Straßenhund am Strand irgendwie einfacher war. Viele Hunde aus zweiter Hand sind schlecht sozialisiert, reaktiv, ängstlich, destruktiv, können nicht alleine bleiben, bellen viel, lassen sich nicht gerne anfassen oder haben irgendwelche anderen Verhaltensauffälligkeiten. Was immer der Grund dafür ist: Sie alle haben ein neues Zuhause verdient, eine zweite Chance und jemanden, der sie liebt und mit ihnen arbeitet. Und der sie nicht wieder abgibt, weil der Hund nicht das war, was sie sich vorgestellt hatten.
Damit Ihre Geschichte mit einem Hund aus zweiter Hand eine Erfolgsgeschichte wird, ist es wichtig, sich rechtzeitig Gedanken zu machen und einen Plan – und nicht einfach nur aus dem Bauch heraus zu entscheiden.

- Aus welcher Grundmotivation heraus entscheide ich mich für einen Hund? Sind es meine eigenen Bedürfnisse, die ich damit befriedigen möchte, oder die des Hundes?
- Passt ein Hund zurzeit überhaupt ins eigene Leben?
- Habe ich überhaupt die Möglichkeit, sowohl Zeit, Geld und Mühen womöglich unvorhersehbaren Ausmaßes zu investieren, um einem Hund zu helfen sich in das neue Leben einzugewöhnen?
- Entscheide ich mich für einen Hund aus Mitleid oder aus einer anderen Stimmung heraus? Häufig wird die Anschaffung über mitleidauslösende Bilder und Texte eines Hundes im Internet manipuliert – und die Entscheidung ist eher über Emotionen gesteuert als über die Vernunft bzw. einen überlegten Wunsch nach einem Hund
- Gibt es einen geeigneten Trainer in der Umgebung? Trainer ohne Erfahrung mit Tierschutzhunden sind häufig überfordert mit den Deprivationen und sehr speziellen Verhaltensauffälligkeiten, die sich aus den jeweiligen Vorgeschichten bedingen.

WAS FÜR EINEN HUND SUCHE ICH?

Auch einen Hund aus dem Tierschutz darf man sich aussuchen. Auch bei einem Hund aus zweiter Hand spielen gewisse vermeintliche „Oberflächlichkeiten" eine Rolle – je weniger Energie Sie für kleine Ärgernisse verbrauchen, desto besser können Sie sich den größeren widmen. Auch ein Hund aus dem Tierschutz muss bestmöglich in unser Leben und unsere Umstände passen, sonst können Sie ihm nicht dauerhaft ein entspanntes, glückliches Zuhause bieten, sondern „verwahren" ihn nur, so gut es geht.

Denn tatsächlich spielt es eine Rolle, ob Sie persönlich mit dem Fell fertig werden können, ob Sie mit den kleinen, pieksigen Haaren von kurzhaarigen Hunden froh werden oder einem Hundebart, der bei jedem Wassertrinken die halbe Küche unter Wasser setzt. Wie bellfreudig darf er sein (passt ein Hütehund oder Hütehund-Mischling zu Ihren Nachbarn?)? Denn auch, wenn wir einem Hund ein schönes Zuhause geben oder ihn womöglich retten wollen, muss er trotzdem auch in unser Umfeld passen, ins Mietshaus beispielsweise – sonst haben Sie zwar einen Hund aus der Not gerettet, aber die ganze Nachbarschaft in Not gebracht.

Für Ihren Hund ist es vor allem wichtig, dass es *Ihnen* gut geht. Wenn es uns Menschen gut geht, dann geht es auch unseren Hunden gut: Dann behalten wir die Übersicht, unseren Gerechtigkeitssinn und Spaß an der Sache. Wenn wir dagegen überfordert sind – mit dem neuen Hund, mit seiner Angst, mit seiner Frisur, mit seiner Unruhe –, dann werden wir gereizt, unglücklich, frustriert, und genervt (manche Menschen sogar handgreiflich).
Deshalb ist es so unglaublich wichtig, dass wir uns einen Hund aussuchen, der wirklich zu uns passt und nicht den Hund, der am dringendsten ein Zuhause braucht, oder für den wir uns jetzt sofort entscheiden sollen, weil er sonst in der Tötungsstation umgebracht wird.

DIE WUNSCHLISTE

Stellen Sie sich eine Wunschliste zusammen. Was für ein Hund mit welchen Eigenschaften würde am besten/reibungslosesten/unkompliziertesten in Ihr Leben passen? Listen Sie alle Eigenschaften auf, die Sie sich von einem zukünftigen Hund wünschen, wie etwa die Größe des Hundes, sein Alter, Haarkleid, Verhalten gegenüber anderen Hunden, Kindern, anderen Menschen etc. Soll er möglichst viel frei laufen können?

Glauben Sie uns bitte: Dieser eine, in den Sie sich gerade hoffnungslos verliebt haben, obwohl er – wenn Sie mal ganz ehrlich sind – nicht so wirklich passt (weil Sie z. B. mitten in einer Rehwild-Hochburg leben und ein erwachsener Galgo, der vom Jäger kommt, nicht wirklich geeignet ist für diese Umgebung; oder mitten in einer Großstadt, während ein rumänischer Dorfhund diesem Getöse vielleicht nicht gewachsen ist), ist nicht der einzige Hund, der dringend ein Zuhause braucht. Er wird auch nicht der einzige und der letzte bleiben, in den wir uns Hals über Kopf verlieben können (und Sie wissen doch, wie das ist: Nur, weil man sich verknallt hat, heißt das nicht, dass man mit dem „Objekt der Begierde" auch zu

Große und kleine Hunde können sehr gut zusammenpassen, wenn der kleine nicht zu zart und der große nicht zu grob ist.

einem guten Paar werden kann). Es gibt noch unendlich viele, andere Hunde, die genauso bedürftig sind und möglicherweise viel besser passen. Unter tausend Hunden wird einer passen. In Anbetracht der schier unglaublichen Zahl von Hunden, die jeden Monat ihr Zuhause verlieren oder aus ungünstigen Umständen gerettet werden, sind das viele hunderte passende jeden Monat.

Wenn es im neuen Zuhause bereits einen Hund gibt: Überlegen Sie sich genau, welcher Hund am besten zu ihm passen würde. Mit was für einer Art Hund können Sie Ihrem vorhandenen Hund eine Freude machen? Mag er oder sie lieber einen Rüden oder eine Hündin, einen lebhaften Jungspund oder ist er glücklicher mit einem ruhigen, höflichen, zurückhaltenden Hund? Es ist wichtig, dass sich Hunde in einem Haushalt gut ergänzen und sich nicht gegenseitig das Leben schwer machen.
Ist Ihr vorhandener Hund so sicher und souverän, dass er mit allem klar käme, was Sie ihm vor die Nase setzen, und wäre sogar ein gutes Vorbild? Oder ist der vorhandene Hund vielleicht selbst unsicher? Dann ist es keine gute Idee, ihm einen weiteren unsicheren Hund an die Seite zu stellen, denn die beiden Hunde werden sich keineswegs „gegenseitig Halt geben", sondern sich gegenseitig darin bestärken, dass die Welt ein Ort zum Fürchten ist. Wenn Sie eine „Jagdsau" zu Hause haben, ist es für Sie wahrscheinlich deutlich entspannter, wenn Sie einen Hund dazu nehmen, der dieses Hobby nicht teilt – usw. Das Blöde ist ja, dass Hunde dazu neigen, sich gegenseitig eher Kokolores beizubringen als die Dinge, die wir uns wünschen würden.

Ein Bild von einem Hund – auch mit einem fehlenden Bein

Hunde mit Verhaltensauffälligkeiten oder Handicaps: Es gibt da draußen eine große Anzahl von Hunden, die *nicht* happy-go-lucky sind, mit physischen oder psychischen Schwierigkeiten, und trotzdem ein Zuhause verdient haben. Es gibt dagegen auch nichts einzuwenden, wenn Sie sich ein solches „Projekt" sehenden Auges zulegen und ganz realistisch bleiben, was auf Sie zukommt. Seinen Projekten muss man gewachsen sein, sonst scheitern sie. Nicht jeder ist in der Lage, einen Angsthund stark und sicher zu machen (nicht jeder besitzt die notwendige Gelassenheit oder das notwendige Umfeld), nicht jeder kann einem angstaggressiven Hund ausreichend Sicherheit und Vertrauen vermitteln, sodass er lernt, dass aggressives Verhalten in diesem neuen Leben einfach keine Option mehr ist.
Auch wer sich für einen Hund mit „Handicap" entscheidet, sollte bestenfalls mit der jeweiligen Einschränkung oder Behinderung bereits Erfahrung haben (wer z. B. einmal einen tauben Hund hatte weiß, dass das eigentlich kein besonderes Problem ist und sogar Vorteile haben kann. Wer einen Arthrose-Hund hatte, kennt schon alle Tricks und Medikationen, um das Leben des betroffenen Hundes leichter zu machen, und kann sich einfach auf den neuen Hund im Haus konzentrieren, anstatt alle medizinischen Möglichkeiten zu recherchieren) oder sich genau überlegen, ob er dem gerecht werden kann. So ist es z. B. in einem ebenerdigen Haushalt kein Problem, einen dreibeinigen Hund aufzunehmen oder einen mit schwerer Arthrose und/oder HD. Wenn man aber in einem Haus mit steilen Treppen lebt, ist es praktisch unmöglich für einen Hund, dem ausgerechnet ein Vorderlauf fehlt (ein fehlendes Hinterbein wäre in diesem Fall weniger problematisch) oder dem die Arthrose das Hinabsteigen zur Qual macht. Natürlich braucht ein Hund mit „Handicap" genauso sehr ein Zuhause wie ein gesunder Hund. Allerdings sollte man bedenken, dass gewisse Handicaps ein Leben lang betreut werden müssen, ein Leben lang Medikationen benötigen, tierärztlich überwacht werden müssen, bei Bedarf Physiotherapie oder möglicherweise eine Nach-OP brauchen. Können Sie das leisten? Wenn nicht, ist das eine Tatsache, der Sie sich stellen sollten – nichts ist trauriger, als einem Hund, für den man verantwortlich ist, nicht die notwendige Versorgung zukommen lassen zu können.

Galgo Ruben hatte keine Ahnung davon, dass ein fehlendes Bein eine Einschränkung sein könnte.

LUCIES GESCHICHTE

von Grit Ramm

Lucie kam im September 2011 über eine Tierschutzorganisation aus Spanien zu mir. Als Hundephysiotherapeutin hatte ich im Internet gezielt nach Galgos Ausschau gehalten, denen ich durch meinen Beruf helfen konnte. Auf dem Foto der Organisation war Lucie, die damals Pepa hieß, mit dick verbundenem Hinterlauf zu sehen, auf drei Beinen stehend. Sie hatte bisher keine einzige Anfrage erhalten, wen wundert's?
Lucie wurde im Alter von zehn Monaten an einer viel befahrenen Straße in Spanien gefunden. Sie lag bewegungslos im Straßengraben mit gebrochenem Oberschenkel. Sie wurde operiert, die Knochen mit einer Metallplatte fixiert und suchte nun ein Zuhause.
Zwei Monate später kam sie zu mir. Als sie aus der Flugbox stieg, war das betroffene Hinterbein dünn wie eine Stelze, ein paar Knochen mit Fell überzogen. Sie benutzte es fast nicht. Aber sie berührte mein Herz in ihrer Verletzlichkeit, ihrer Hilfsbedürftigkeit. Und man sah ihr an, dass sie ein sonniges Gemüt hatte. Kaum hatte sie das erste Mal den heimischen Rasen betreten, wollte sie einen Schmetterling fangen.
Gleich am nächsten Tag fing ich mit der Physiotherapie an. Ich nahm sie täglich mit in meine Praxis, wo sie in einer Box bleiben musste, während ich andere Patienten behandelte. Sie selbst war drei- bis viermal wöchentlich an der Reihe mit Aquatraining im Wasserlaufband, aktiven und passiven Bewegungsübungen und entspannenden Massagen.
Nach zwei Wochen stellte ich sie in der Tierklinik vor. Beim Röntgen stellte mein Tierarzt fest, dass die Metallplatte locker war und ihr Schmerzen verursachte. Deshalb benutzte sie ihr Bein nicht richtig. Die Platte, die eigentlich im Körper verbleiben sollte, musste entfernt werden. Nach der OP bekam ich von Tierarzt strikte Anweisung, sie ruhig zu halten. Die Fraktur könne nun ohne die lockere Platte schneller heilen, aber der Knochen sei noch nicht stabil.
Dies war die schwierigste Zeit mit Lucie. Sie war jung, wollte spielen und ich schimpfte mit ihr, kaum dass sie sich bewegte. Ich hatte sie immer an der Leine, sie war ständig bei mir, von morgens bis abends. Ich hatte zu dem Zeitpunkt noch zwei andere Hunde – einen Hovawart und einen Galgo – und ich musste höllisch aufpassen, dass Lucie keinen einzigen Sprung oder falschen Schritt machte, wodurch der Knochen wieder hätte brechen können. Ich nahm sie immer noch täglich mit in die Praxis, wo sie nach wie vor drei- bis viermal wöchentlich Physiotherapie bekam. Alles drehte sich um Lucie. Sie hat in der Zeit unendlich viel kaputt gemacht, sie war jung und absolut nicht ausgelastet. Nach zwei Monaten durfte sie das erste Mal rennen. Sie hatte ein breites Grinsen im Gesicht (oder war es nur Hecheln?) und ich auch. Von da an wurde sie nur noch einmal wöchentlich physiotherapeutisch behandelt, mehr war auch nicht mehr notwendig, da sie das Bein nun voll belastete.
Dadurch, dass sie die ganze Zeit so nah bei mir war, haben wir in diesen Wochen eine

sehr starke Bindung aufgebaut. Wir besuchten nun die Hundeschule, und ich konnte sie frei laufen lassen. Ich bin eine Glucke, was meine Galgos betrifft. Lucie ist die einzige, die ich ableine. Wenn ich sie beschäftige, ist sie nah bei mir. Sie apportiert, sucht und kommt, wenn ich sie rufe (vorausgesetzt, ich habe Leckerchen dabei). Keiner meiner mittlerweile sieben Galgos ist mir so nah wie Lucie.

Zwei Jahre später hatten wir einen herben Rückschlag. Als keiner mehr damit rechnete, fing ihr damals operiertes Bein an zu eitern. Es wurde eine chronische Osteomyelitis diagnostiziert. Der Knochen war zum Teil nekrotisch geworden, fing also an, abzusterben. Bei einer der vorangegangenen OPs mussten Keime übersehen worden sein, die schleichend den Knochen absterben ließen. Die Bakterien werden vom abgestorbenen Knochenmaterial eingeschlossen und sind damit kaum erreichbar für Medikamente. Jahrelang kann die Krankheit zum Stillstand kommen und dann wieder ausbrechen. Der Tierarzt sprach von sehr schlechter Prognose, er redete von Amputation und sogar Euthanasie. In dieser Zeit gingen wir durch ein Wechselbad der Gefühle. War das Bein zu retten? Hält der Knochen? Konnten wir uns Lucie als Dreibein vorstellen? Allein der Gedanke brach mir fast das Herz.

Wir wechselten den Tierarzt, Lucie bekam lange Zeit hochdosiertes Antibiotikum und wir die chronische Osteomyelitis langsam unter Kontrolle.

Bis heute lasse ich ein- bis zwei mal im Jahr ein Röntgenbild machen. Es gibt mir Sicherheit, weil die Osteomyelitis nur zum Stillstand gekommen ist, aber nie wirklich ausheilt. Wird die Krankheit wieder aktiv, dann wird der Knochen instabil und kann brechen. Durch die Fraktur ist außerdem die Achse des Hinterlaufs etwas verschoben, was zu einer leichten Fehlstellung im Kniegelenk führt. Irgendwann wird es Arthrose geben. Aber auch da gibt es Behandlungsmöglichkeiten, irgendwann später.

Es geht Lucie sehr gut. Sie bekommt keine Sonderbehandlung mehr. Sie ist ein glücklicher und fröhlicher Hund. Aber man muss einige Dinge im Auge behalten. Und man muss wissen, was eventuell kommen kann. Wenn man sich für einen Handicap-Hund entscheidet, verschwindet dieses Handicap nicht einfach irgendwann. Zumindest die Folgen bleiben und man muss sich um den Hund sorgen, solange er lebt. Dazu muss man Ja sagen, und das muss man wollen. Nun bleibt nicht jeder Hund mit einem gebrochenen Bein ein Handicap-Hund. Aber es kann eben passieren, und darauf muss man vorbereitet sein.

Lucie ist mir so nah wie kein anderer meiner Hunde. Sie ist ein Sonnenschein und erobert alle Herzen im Sturm. Alle lieben Lucie! Sie ist etwas Besonderes, durch und durch positiv, sie liebt alle Menschen und alle Tiere. Wir sind durch Höhen und Tiefen gegangen, und besonders die Tiefen haben uns zusammengeschweißt. Ich sehe die Narben an ihrem Bein, und ich hoffe, dieses Bein lässt uns noch ein bisschen in Ruhe. Das haben wir uns verdient.

Rennen mit breitem Grinsen im Gesicht

VON LIEBE *— und Mitleid*

Warum es sich lohnt, einmal gründlich darüber nachzudenken, ob Liebe wirklich immer Berge versetzt und Mitleid eine treibende Kraft ist.

01

„Hunde aus dem Tierschutz brauchen vor allem Liebe. Liebe schafft alles", stand irgendwann auf einer Webseite einer Tierschutzorganisation. Der Gedanke ist natürlich wunderbar, dass in der Liebe das Heil für alles zu finden ist. Aber wenn man sich das mal genau überlegt, ist das mit der Liebe so eine Sache: Im Grunde ist sie das, was Hunde aus dem Tierschutz erst ganz zuletzt brauchen. Statt Liebe brauchen sie Ruhe, Geduld, Zeit und die Bereitschaft, diesem Hund Zeit zu widmen. „Liebe" kommt erst lange danach.

Wir alle lieben Hunde, sonst würden wir uns nicht entscheiden, sie in unser Leben zu holen, auch mit klappernden Zähnen bei schlechtem Wetter mit ihnen spazieren zu gehen, ihren Durchfall wegzumachen, sie in unserem Bett schlafen und unser Auto vollhaaren zu lassen, den Flur zu wischen (und nochmal, und nochmal und ein weiteres Mal), wenn es draußen matschig ist, stundenlang im Internet zu recherchieren, welches das allerbeste Futter ist, das schönste Halsband, das bequemste Hundebett. Liebe bedeutet eine starke Hinwendung zu einem

02

03

Anderen und dessen Wertschätzung. In ihrer idealen Form erwartet Liebe keine Gegenliebe und spekuliert nicht auf ein „Feedback“, ein „Zurückgeben“, sondern will in erster Linie Liebe geben. Aber so heilig sind wir meistens nicht: Wir lieben unseren Hund, und dafür soll auch er uns lieben. Wir setzen ganz selbstverständlich Liebe mit Vertrauen gleich und erwarten, dass er uns folgt, wo immer wir ihn auch hinführen, denn schließlich lieben wir ihn, und darum liebt er uns bestimmt auch – schließlich bieten wir ihm so ein schönes Leben. Liebe kann ein Bonus sein. Aber unseren Hunden hilft sie eigentlich überhaupt nicht weiter: Es gibt viele Leute, die ihre Hunde lieben – und trotzdem nicht das Richtige für sie tun, manchmal sogar aus lauter Liebe das ganz und gar Falsche. In den meisten Fällen ist Liebe nur Interpretationssache. Sie bedeutet nicht einmal Respekt – viele Leute behaupten, einander zu lieben, und zollen sich gegenseitig nicht den geringsten Respekt. Liebe macht bekanntlich auch blind, weil die Gefühle das Denken, wenn schon nicht abschalten, dann meistens vernebeln (oder, um es wissenschaftlich auszudrücken, „das kognitive Wahrnehmungssystem wird extrem beeinträchtigt“ – klingt toll, oder?). Wir handeln dann in erster Linie *emotional* und nicht mehr *neutral* – gerade Hunde, die

01 *Tierheime im Ausland wirken häufig noch trostloser, als die Einrichtung an sich sowieso ist, weil noch weniger Mittel zur Verfügung stehen.*

02 *Welpen und Junghunde sind besonders schlecht im Tierheim aufgehoben.*

03 *Gerade im Ausland sind Welpen im Tierheim keine Seltenheit.*

sich im neuen Leben noch nicht auskennen, sind mit emotionalen Reaktionen eher überfordert. Liebe kann vor allem dramatisch ins Gegenteil umschlagen: „Enttäuschte Liebe" ist eine enttäuschte Erwartung. Enttäuschte Erwartungen machen ungerecht, frustriert, genervt und sogar depressiv.

Wenn wir aber beispielsweise keine Gegenliebe erwarten, kann uns ihr Ausbleiben nicht frustrieren. Wenn wir nicht erwarten, dass der Hund uns nun dafür liebt, weil wir ihm schließlich ein wundervolles Zuhause bieten, können wir auch nicht frustriert, traurig oder sogar ungerecht werden, wenn er vielleicht noch lange nicht in der Lage ist, uns zu lieben oder das auf eine Art und Weise zu zeigen, die für uns Sinn macht. Liebe sorgt sehr häufig dafür, dass wir gewissermaßen grenzenlos werden vor lauter Liebe – und das ist ganz schlecht für den neuen, verunsicherten Hund, der sich noch im „freien Fall" befindet.

Ob Sie anfangs das Gefühl haben, Sie könnten Ihren neuen Hund lieben, spielt tatsächlich keine Rolle: Dieser Hund braucht zuerst einmal vor allem Halt – also Grenzen, damit er sich orientieren kann, wo er überhaupt gelandet ist. Stellen Sie sich vor, Sie stellen einen Blinden mitten in eine riesige Halle und lassen ihn dort alleine stehen: eine unglaublich anstrengende, stressige Situation für ihn, weil es unmöglich ist, sich so irgendwie zu orientieren. Wenn Sie ihn allerdings an eine Begrenzung bringen – eine Wand, ein Geländer –, kann er sich dort entlanghangeln und besser verstehen, wo es langgeht.

MITLEID UND EMPATHIE

Mitleid ist auch so etwas, was niemandem weiterhilft. Viele Leute betrachten ihren Tierschutzhund und sehen nur seine schreckliche Geschichte, die sie sein Leben lang wiedererzählen, und mit der sie jegliches Fehlverhalten entschuldigen – sei es ihr eigenes oder das des Hundes.

Mitleid ist nicht zu verwechseln mit Empathie: Sie bedeutet, die Fähigkeit und Bereitschaft zu besitzen, die Gefühle, Motive und Persönlichkeitsmerkmale einer anderen Person zu erkennen und zu verstehen. Mitleid dagegen bezieht sich nur auf gegebenes Leid. Mitleid bedeutet Mit-Leiden, was die (doch so wichtige!) Handlungsfähigkeit massiv einschränkt. Mitleid wird begleitet von negativem Denken, man bedauert das Opfer und erkennt sich womöglich in dessen schwierigen Verhältnissen wieder, dem Gefühl des Ungeliebtseins und der Vernachlässigung. Mitleid zieht Trauergefühle, Ärger und Ängste mit sich und wird von Resignation geprägt, weil eben alle Aufmerksamkeit ausschließlich auf das Mit-Leiden gelegt wird.

Noch dazu gibt es bei einem Hund aus dem Tierschutz gar keinen Grund mehr für Ihr Mitleid. In Wirklichkeit hat er jetzt ein Riesenglück, die Zeit des Leidens ist vorbei oder wenigstens zeitlich beschränkt. Ab jetzt gibt es Menschen, die sich um ihn kümmern, die sich darum bemühen, dass er ein vernünftiges Zuhause findet, die ihn füttern und versorgen. Auch, wenn es vielleicht in einer großen Zwingeranlage ist, ist es eine deutliche Verbesserung gegenüber dem Leben, dass er vorher führte auf einer Müllhalde, als er überall verjagt wurde, Hunger und Durst hatte. Von nun an kann es nur noch besser werden.

Erst recht, wenn er jetzt bei Ihnen leben darf! Er hat den Jackpot geknackt. Er ist jetzt nicht mehr arm und traurig (und wenn doch, liegt es vielleicht an Ihrem Mitleid und der gedrückten Stimmung, die Sie ihm damit vermitteln). Man kann sich selbstverständlich wundern, wie Menschen dazu kommen, ein anderes Lebewesen so schlecht zu behandeln – aber durch Mitleid wird das auch nicht besser, im Gegenteil: Für den, der bemitleidet wird, ist dieses Gefühl unangenehm. Er bekommt den Eindruck, als wäre er irgendwie komisch, anders als die

Hunde haben keine Langeweile, wenn sie nicht ständig beschäftigt werden.

anderen, als stimme mit ihm etwas nicht. Außerdem führt Mitleid dazu, dass man die eigentlichen Qualitäten des Hundes übersieht oder nicht erkennt – dabei hat der Hund außer seiner Leidensgeschichte/seiner Behinderung/seiner Krankheit viel, viel mehr zu bieten. Das zu übersehen, ist ungerecht und verhindert, dass Sie das wahre Ich, den inneren Superhund aus Ihrem Hund herausholen.
Mitleid verhindert klare Führung, weil man in der alten Geschichte verharrt: Man kann sich nicht auf ein neues Kapitel konzentrieren, wenn man immer wieder in dem alten nachliest. Seien Sie lieber stolz auf ihn, dass er seine ungute Vergangenheit trotzdem so fabelhaft gemeistert oder überlebt hat! Was für ein toller Kerl ist er, der vielleicht grauenvolle Dinge von Menschen erfahren hat, und es trotzdem schafft, wieder großes Vertrauen aufzubauen und sich sogar zu freuen, wenn Sie durch die Tür kommen!
Wenn Sie jetzt merken, dass Ihr Verhältnis zu Ihrem Hund von Mitleid geprägt ist, ist das eine fabelhafte Neuigkeit: denn jetzt können Sie es ändern. Ab heute können Sie Ihren Hund statt mit mitleidigem Blick mit ganz neuen Augen betrachten und vielleicht seine eigentliche Persönlichkeit kennen lernen.

GUTE ÜBUNG

Versuchen Sie, einen Tag mit einem Hund zu verbringen, ohne seine Mimik oder Gesten zu interpretieren. (Er guckt so, als würde er gerne gestreichelt werden. Er überlegt, ob er sich nicht doch an mich herantrauen sollte. Er überlegt, ob es in der Speisekammer nicht etwas Besseres für ihn gibt als in seinem Napf etc.) Halten Sie es wenigstens einen Tag lang mit Erich Fried: „Es ist, wie es ist."

DIE SUCHE
— *nach dem Wunschhund*

LEVI STRAUSS & CO.
CALIFORNIA
501

Was darf's denn sein?

Jetzt kann der Spaß los gehen: Die wichtigsten Fragen sind geklärt und alle Zweifel ausgeräumt, nun können Sie sich auf die Suche nach Ihrem Hund machen.
Manchmal hat man Glück, und man findet seinen Hund direkt beim Nachbarn, der seinen Hund aus irgendwelchen Gründen abgeben muss. Meistens findet man seinen „Hund aus zweiter Hand" aber in Kleinanzeigen von Privat, in Tierheimen, in rassespezifischen „Nothundegruppen" wie z. B. „Cocker in Not", „Windhund in Not", „Retriever in Not" und wie sie alle heißen. Außerdem findet man Hunde aus zweiter Hand in den unterschiedlichsten Tierschutzportalen oder -netzwerken oder auf den Seiten europäischer Tierschutzorganisationen, die vor allem Hunde aus dem europäischen Ausland retten und vermitteln.
Wo auch immer Sie Ihren Hund suchen, mit wem auch immer Sie in Kontakt treten: Hören Sie genau hin, was Ihnen über den Hund erzählt wird. Achten Sie darauf, ob derjenige Ihnen auch von selbst etwas über den Hund erzählt, oder immer nur Ihre Fragen beantwortet. Beschreiben Sie der Person, die für den Hund verantwortlich ist, genau, was Sie sich wünschen, und fragen Sie ganz offen, ob der Hund, für den Sie sich interessieren, diesen Vorstellungen entspricht. Fragen Sie die Pflegestelle, den Tierheimpfleger, den Besitzer ganz offen, ob Probleme dieses betreffenden Hundes bekannt sind, wie er sich gegenüber anderen Hunden verhält, wie er fremde Tiere findet, ob er futterneidisch ist, wie er Leute mit Hut findet, etc. Wenn Sie die Möglichkeit haben, ihn zu sehen, beobachten Sie ihn gut: Ist er fröhlich und offen, oder zurückhaltend, aber nicht scheu? Wenn Sie sich hinknien und ihn ansprechen, wirkt er offen und interessiert (bei einem Hund, der gerade 20 Stunden aus dem Ausland im Transporter hergereist ist, können Sie das eher nicht erwarten)? Wenn Sie sich einfach irgendwo hinsetzen, kommt der Hund, um

Kontakt zu Ihnen aufzunehmen? Wenn Sie über eine Wiese laufen (sofern es einen Garten oder einen Auslauf gibt), interessiert er sich wenigstens ansatzweise für Sie, oder tut er so, als wären Sie nicht da? Kennt er irgendwelche Hörzeichen? Fragen Sie nach, wie er sich mit Männern, Kindern, Katzen oder Frauen verhält, falls die Teil Ihres Lebens sind.

Wenn Sie kleinere Kinder haben, sollte der Hund, für den Sie sich interessieren, wirklich fröhlich und interessiert aussehen, wenn er Ihre Kinder sieht. Was auch immer er für Baustellen haben mag – wenn er mit Kindern in einem Haushalt zusammenleben soll, *muss* er Kinder grundsätzlich prima finden. Die Risiken sind einfach zu groß, wenn er sich Kindern gegenüber zurückhaltend verhält, die Kinder anstarrt oder sogar „einfriert“, also bewegungslos verharrt bei ihrem Anblick. Ein Hund, der Kinder nur toleriert oder meidet, kann mit Kindern in Situationen geraten, in denen er sich zur Wehr setzt.

Nehmen Sie sich Zeit. Setzen Sie sich hin und beobachten Sie den Hund in aller Ruhe (ohne ihn anzustarren) und prüfen Sie genau, ob er Ihnen gefällt, ob dies der Hund sein könnte, mit dem Sie die nächsten zehn, zwölf Jahre verbringen möchten.

Klein, aber oho: Nur weil er niedlich aussieht, kann er trotzdem ein wahrer Teufelsbraten sein.

Vom Umgang mit Tierschutzorganisationen

Neben dem nächsten, dem übernächsten oder einem ganzen anderen Tierheim im Umkreis gibt es private Tierschutzorganisationen, die im In- und Ausland Tiere aufnehmen und weiter vermitteln.

SERIÖSE TIERSCHUTZ-ORGANISATIONEN

Gerade der Auslandstierschutz ist mittlerweile so geläufig, dass viele Leute gar nicht mehr auf die Idee kommen, vielleicht erst einmal im Tierheim vor Ort oder im Umkreis von 200 Kilometern nach einem geeigneten Hund zu suchen. Gerade weil der Auslandstierschutz mittlerweile so verbreitet ist, gibt es unter den Organisationen auch viele, die nicht seriös arbeiten, immerzu bei irgendwelchen ausländischen Züchtern deren ausrangierte Welpen aufkaufen, Interessenten unter Druck setzen, Hunde anbieten, über die sie keine oder kaum Informationen haben, oder einen fünfjährigen, 12 Kilo schweren Mischling anbieten – und der Hund, der dann ankommt, ist eher zehn oder zwölf Jahre alt und wiegt 28 Kilo (wie es einer Freundin passiert ist).

Woran man eine seriöse Tierschutzorganisation erkennt:

— Eine vernünftige Tierschutzorganisation ist ein eingetragener Verein, das bedeutet, dass die Gelder, die ihnen gespendet werden oder die sie als sogenannte „Schutzgebühr“ für die vermittelten Hunde einnehmen, überprüft und auch kontrolliert ausgegeben werden.
— Eine seriöse Tierschutzorganisation vermittelt keine unkastrierten Hunde, es sei denn, die Hunde sind noch kein Jahr alt – in diesem Fall wird der neue Besitzer verpflichtet, den Hund innerhalb eines bestimmten Zeitraumes kastrieren zu lassen.
— Eine seriöse Tierschutzorganisation macht keinen Druck und versucht auch nicht, den Interessenten zu manipulieren, sondern lässt ihm Zeit, sich für einen Hund zu entscheiden und nimmt seine Bedenken und Fragen ernst.
— Eine seriöse Tierschutzorganisation macht eine Vor- wie auch eine Nachkontrolle. Das bedeutet, dass Vertreter der Organisation zu Ihnen kommen (wahrscheinlich sogar mit Hund) und die Gegebenheiten begutachten, evtl. die Höhe Ihres Gartenzauns (falls Sie sich für einen Klettermax oder eine Hupfdohle interessieren), sie sehen sich an, wo der Hund schlafen soll, etc. Wenn der Hund ein paar Monate bei Ihnen ist, kommen sie noch einmal, um zu sehen, wie der Hund sich eingelebt hat, ob er fröhlich und gesund aussieht – und Sie auch. Das alles geschieht nicht, um Sie zu piesacken – aber Tierschützer haben schon die fürchterlichsten Dinge erlebt, sind belogen und

Vier von 100 Familienmitgliedern aus einer Animal-Hoarding-Situation nach ihrer Abgabe im Tierheim

betrogen worden, haben einen Hund, den sie in ein „liebevolles Zuhause" vermittelt hatten, von einem Strick abschneiden müssen, mit dem er an einer Hundehütte festgebunden war, mussten feststellen, dass der Hund einfach weggegeben worden war, etc.

— Eine seriöse Tierschutzorganisation vermittelt möglichst viele Informationen über den betreffenden Hund, seine Vorgeschichte (falls bekannt), sein Wesen, seine medizinische Geschichte, seine Marotten, seine Ängste. Während der Hund in der Obhut der Organisation ist, wird versucht, möglichst viel herauszufinden, was der Hund alles kennt und wovor er sich offensichtlich fürchtet.

— Eine seriöse Tierschutzorganisation achtet darauf, dass Hund und Mensch gut zueinander passen. Sie stellen möglicherweise Fragen, die dem Interessenten „sehr privat" vorkommen, aber es geht den Damen und Herren wirklich nur darum, sich ein Bild davon machen zu können, ob der betreffende Hund in das neue Leben passt. Immerhin möchten sie ja, dass der Hund im neuen Zuhause bleibt und nicht aufgrund einer dusseligen Kleinigkeit, die übersehen wurde, dort nicht bleiben kann.

- Eine seriöse Tierschutzorganisation bleibt über die Vermittlung hinaus Ansprechpartner, wenn mit diesem Hund Probleme auftauchen oder bei „streunerspezifischen", „windhundspezifischen" Fragen etc.
- Eine seriöse Tierschutzorganisation gibt Auskunft über den gesundheitlichen Zustand des zu vermittelnden Hundes und legt Ihnen die entsprechenden Unterlagen vor (wie Impfpass, Mittelmeertests, evtl. Röntgenbilder, etc.).
- Seriöse Tierschutzorganisationen vermitteln einen Hund nicht ohne Schutzvertrag. Ein schriftlicher „Übernahmevertrag" oder ggf. „Pflegestellenvertrag" wird bereits vor der Aufnahme des Hundes ausgefüllt, unterschrieben und ausgetauscht. Eine Schutzgebühr beträgt gewöhnlich zwischen 300 bis 420 Euro, je nachdem, wo der Hund herkommt. Die Organisation erklärt gerne, wofür die Schutzgebühr verwendet wird (medizinische Kosten wie Impfung und Kastration, Transport, und ein kleiner Betrag wird gewöhnlich als Spende verwendet, um Futter, Operationen, etc. von anderen Hunden der Organisation bezahlen zu können).
- Wenn es mit dem Hund überhaupt nicht klappen sollte, findet eine seriöse Tier-

In guten Tierheimen gibt es gepflegte Ausläufe, in denen die Hunde spielen und Sozialkontakte haben können.

schutzorganisation Lösungen im Sinne des Hundes.

— Eine seriöse Tierschutzorganisation vermittelt gewöhnlich keine Hunde, die jünger sind als vier Monate. Welpen, die im Ausland auf der Straße gefunden oder mit der Mutter eingefangen werden, sind normalerweise verwurmt, von anderen Parasiten befallen, unternährt, dehydriert und bekommen auch oft Parvovirose. Die Welpen müssen erst untersucht werden und sich erholen, bevor man überhaupt an eine Impfung denken kann. Würde man diese sehr jungen Hunde zu früh auf die große Reise durch Europa schicken, bräche durch den Stress auf dem Transport ihr Immunsystem zusammen. Gleichzeitig könnten die neuen, unbekannten Keime in der neuen Umgebung ihre Gesundheit zusätzlich angreifen, und die jungen Hunde würden dieses frühe Umsetzen in ein weit entferntes Zuhause mit dem Leben bezahlen.

Was Tierheime und Tierschutzorganisationen nicht sind:

Tierheime und Tierschutzorganisationen sind kein Online-Shop für Hunde, bei dem man reklamieren kann, wenn sich der Hund eines Tages anders benimmt, als Sie es von ihm erwartet hatten, oder er sich verletzt (mit der Begründung, man habe schließlich „ein gesundes Tier" adoptieren wollen). Tierschutzorganisationen machen Tierschutz. Auch bei größtmöglicher Sorgfalt können sie nicht für die Gesundheit eines ihrer Tiere garantieren (selbst Hunde vom Züchter können trotz prämierten, erbgesunden Eltern und größter Sorgfalt in der Aufzucht krank werden).
Manchmal sind die Einschätzungen der Mitarbeiter im Ausland nicht richtig. Das liegt u. a. an den Umständen, unter denen die Tiere dort gehalten werden, die größtenteils nicht ideal sind. Sie haben häufig (saisonbedingt) viel zu viele Hunde, die in Pensionen, Zwingern und großen Ausläufen zusammenleben, die teilweise überängstlich, traumatisiert, krank oder auch nur sehr erholungsbedürftig sind. Manche Hunde wirken auf den ersten Blick gelassen, bis man später feststellt, dass sie sich nur „zusammengerissen" haben und eigentlich zutiefst verunsichert sind. Viele der Tierschutzmitarbeiter im Ausland haben mehrere Jobs gleichzeitig, um zu überleben, und sind in ihrer wenigen Freizeit ununterbrochen auf Achse, um Tiere aufzulesen, damit wiederum die überleben. Manche von ihnen sind keine Hundeexperten, sondern einfach Menschen, die die Situation der Hunde in ihrem Land unerträglich finden.
Seriöse Tierschutzorganisationen versuchen zu helfen, wo sie können. Aber Tierschutz ist ein gemeinsames Projekt der Organisation mit dem Adoptant. Die Tierschutzorganisation ist das Werkzeug, der Motor (weshalb es wichtig ist, den Motor gut zu prüfen), aber sie ist nicht IKEA, die eine lebenslange Garantie versprechen können. Letztlich ist jeder selbst verantwortlich, welchen Hund er sich aussucht, auf welche Ratschläge er hört oder nicht. Die Entscheidung, einen bzw. welchen Hund ins eigene Leben zu lassen, ist Ihre. Sie müssen diese alleine für sich und mit Ihrer Familie treffen, bevor Sie sich für einen Hund entscheiden, ihn reservieren und die Tierschutzorganisation alle Vorbereitungen treffen lassen.

Eine Tierschutzorganisation kann keine Illusionen erfüllen

Viele Hunde aus dem Tierschutz sind beschädigt, zumindest haben sie kleine Risse. Jeder neue Hund, der bei Ihnen einzieht, muss erst Ihr Hund werden, muss Sie erst kennen lernen, so wie Sie ihn. Das kann tatsächlich manchmal bis zu sechs, acht Monate dauern. Sie brauchen Zeit – und der Hund, für den *Sie* sich entschieden haben, auch.

So sieht ein Fragebogen einer Tierschutzorganisation aus:

FRAGEBOGEN

Name:

E-Mail-Adresse:

Straße:

Ort:

Land:

Telefonnummer:

Bitte geben Sie den Namen des Hundes an, für den Sie sich interessieren:

Bevorzugen Sie eine Hündin oder einen Rüden?

Hat das einen bestimmten Grund?

Haben Sie bereits Hundeerfahrung?

Lebt schon ein Hund im Haushalt?

Wenn ja, beschreiben Sie ihn bitte (Rasse, Alter, Geschlecht, Charakter, kastriert?)

Hatten Sie bereits einen Hund?

Was ist mit ihm geschehen?

Welche anderen Haustiere leben bei Ihnen?

Sind alle Familienmitglieder mit einem Hund einverstanden?

Haben Sie ein Haus, eine Wohnung, Garten?

Eigentum oder Miete?

Ist der Garten eingezäunt?

Wie hoch ist der Zaun?

Falls Miete, benötigen Sie eine Erlaubnis des Vermieters zur Hundehaltung? Liegt diese vor?

Wieviele Personen leben in Ihrem Haushalt?

Und wie alt sind die Kinder?

Betrachten Sie den Hund als Familienmitglied?

Wer kümmert sich in Ihrer Familie als „Hauptperson" um den Hund?

Wieviel Zeit hätten Sie, um sich mit dem Hund zu beschäftigen?

Und wie stellen Sie sich diese vor?

Kennen Sie eine gute Hundeschule?
(keinen Kasernenhof-Hundeplatz!)

Würden Sie eine von uns empfohlene Hundeschule besuchen?

Haben Sie ausreichend Möglichkeiten, den Hund draußen zu bewegen (Feld, Wiesen Auslaufflächen, eingezäunte Hundewiesen etc.)?

Wo würde der Hund nachts schlafen?

Wo würde sich der Hund tagsüber aufhalten?

Wer kümmert sich um den Hund, wenn Sie Urlaub haben oder z. B. krank sind?

Sind Sie berufstätig?

Wie sind die Arbeitszeiten?

Wie lange müsste der Hund maximal alleine sein?

Kennen Sie eine örtliche Tierarztpraxis?

Wie hoch schätzen Sie die normalen, jährlich anfallenden Tierarztkosten ein?
(Impfungen, Entwurmung, kleine Verletzungen, evtl. Zahnreinigung, Schutz vor Parasiten etc.)

Sind Sie sich darüber bewusst, dass Ihr neuer Hund aus einem Mittelmeerland kommt, d. h. trotz aller Vorsicht von unserer Seite aus ein Ausbruch der Mittelmeerkrankheiten (bis zu sieben Jahren) möglich ist?

Sind Sie sich darüber bewusst, dass nach dem Umzug Tierarztkosten auf Sie zukommen können?
(Klimawechsel, Umzugsstress, Futterumstellung etc.)

Bitte schreiben Sie noch etwas über sich.

Diese drei Methusalems bekamen in jungen Jahren eine zweite Chance.

DIE EIGENE MOTIVATION ÜBERPRÜFEN

Überprüfen Sie bei der Suche nach Ihrem Hund immer wieder ehrlich Ihre Motivation. Sehr häufig suchen wir uns Hunde aus, die nur zu der augenblicklichen Situation passen, in der wir uns befinden – und nicht zu unserem eigentlichen, ganzen Leben. Will heißen: Wenn wir in diesem Moment ein bestimmtes Bedürfnis haben, geben wir diesem mit der Auswahl unseres Hundes nach. Wir alle kennen die Geschichten von Leuten, die sich aus einem unerfüllten Kinderwunsch einen Hund anschaffen, der umsorgt und verwöhnt wird, bis plötzlich doch ein Kind kommt – und für den Hund ist emotional kein Platz mehr. Genauso geht es oft Leuten, die eine depressive Phase haben, sich nach einer Trennung gerade sehr einsam fühlen oder gerade schwer krank sind: Sie neigen dann dazu, sich einen Hund auszusuchen, dem es noch schlechter geht als ihnen selbst – vielleicht, um sich unterbewusst zu versichern, dass sie immer noch eine wichtige Aufgabe haben und gebraucht werden. Versuchen Sie unbedingt zu überprüfen, aus welcher Motivation heraus Sie sich gerade für diesen oder jenen Hund interessieren. Um es einmal ganz hart zu sagen: Es kann sein, dass der sehr ängstliche und unsichere Hund in dem Moment, in dem es Ihnen endlich wieder besser geht und Sie das Haus wieder viel mehr verlassen, wieder in die Ferien fahren und sich auf der Straße mit Nachbarn unterhalten, nicht mehr in Ihr Leben passt. Schwer vorzustellen jetzt in diesem Moment, aber vielleicht trotzdem ein paar Gedanken wert.

Die meisten von denen, die mit der Vermittlung von Tieren zu tun haben, bekommen immer wieder Hunde zur Weitervermittlung, die von jemand anderem aus dem Ausland geholt wurden, weil der sich „unsterblich" in sein Foto verliebt hatte. Kaum angekommen, passte der Hund dann irgendwie doch überhaupt nicht ins eigene Leben oder die vorhandenen Hunde kamen erst einmal nicht mit dem Neuling zurecht – und so musste er möglichst schnell woanders hin vermittelt werden. Manche dieser Hunde landeten dann sogar beim Tierarzt zum Einschläfern, weil die ehemals unsterblich verliebten Adoptanten nach kurzer Zeit so überfordert waren, dass ihnen kein besserer Ausweg mehr einfiel.

DER FALL MOZART

von Karin Petra Freiling

Mozart kam aus Rumänien aus einer Tötungsstation. Er ist ein fünf Jahre alter ehemaliger Straßenhund und wurde als ausgesprochen ängstlich beschrieben, fand aber bald eine Interessentin, die ihn „retten" wollte. Als er dann da war, übertraf er offenbar die Erwartungen, die seine Interessentin bezüglich seiner Ängstlichkeit hatte: Mozart bellte und jaulte, knabberte Türen und Fenster an und wollte nichts anderes als nach draußen – obwohl er für den dreitägigen Transport aus Rumänien sediert worden war. Ich kenne dieses Verhalten von Tierschutzhunden nach dem Transport und bot der Dame an, Mozart mit Tellington TTouch zu behandeln: Erfahrungsgemäß hilft es solchen Hunden sehr, wenn sie ihren Körper mithilfe bestimmter Berührungen wieder „spüren" können, und man ihnen eine respektvolle, fokussierte Aufmerksamkeit und viel Ruhe zugesteht.

Obwohl wir in den kommenden Tagen häufig telefonierten, kam die Dame nicht mit Mozart bei mir vorbei. Drei Tage später, am Tag meiner Abreise zu einer Seminar-Tournee, rief sie auf einmal weinend an und erklärte, sie müsse den Hund nun einschläfern lassen. Sie wäre gerade in der Tierklinik, dort hatte man ihn für die Untersuchung mit einem Blasrohr betäubt und der Besitzerin daraufhin geraten, Mozart einschläfern zu lassen, weil Hunde sich in diesem Alter nicht mehr verändern könnten oder würden. Ich konnte es nicht fassen: Ein Hund, der aus der Tötung gerettet worden war, anschließend drei Tage hochgradigen Stress während des Transportes nach Deutschland erleben musste, dann wiederum drei Tage Stress in der Eingewöhnungszeit hinter sich hatte, sollte nun getötet werden, weil den Beteiligten nichts besseres einfiel. Wie achtlos wurde hier mit einem kostbaren Leben umgegangen! Ich empfand das Verhalten der neuen Besitzerin wie auch das der behandelnden Tierärzte als grob fahrlässig. Der Stresshormon-Level von Mozart war am Anschlag. Er hatte keine Ahnung, wo er war. Er hatte bisher als Straßenhund gelebt und kannte keine beengenden Wände um sich herum und die direkte Nähe zu einem Menschen. Er wusste nicht, wie man sich in einem Haus verhält und reagierte mit Unruhe und instinktivem Verhalten – wenn man sich nur ein bisschen mit Psychologie, der Physiologie und dem Hormongeschehen von Tieren auseinandersetzt, zeigte er ein absolut zu erwartendes Verhalten: In einem

Kritischer Blick ins neue Leben: Mozart

solchen SOS-Zustand schaltet das Gehirn von Säugetieren auf das Emotionszentrum, das limbische System um. Der Cortex, der für bewusstes und logisches Denken zuständig ist, wird sozusagen abgeschaltet, und damit auch die Präfrontallappen, die für angepasstes Verhalten verantwortlich sind. Erstens wusste Mozart überhaupt noch nicht, was „angepasst" im menschlichen Sinne bedeutete, zum anderen war er aufgrund seiner Lebenserfahrungen auf Flucht und Überlebenssicherung eingestellt. Vermutlich hatte er als Straßenhund in Rumänien nur wenig freundliche Kontakte zu Menschen. Er wurde dort von der Straße weggefangen, kam in die Tötung, wurde von dort nach Deutschland gebracht, weil sich jemand in sein Foto verliebt hatte, und sollte das jetzt mit dem Leben bezahlen. Und so hörte ich mich sagen: „Bring ihn mir – alles andere ist in meinen Augen Mord." Das sagte ich, obwohl ich zwei Stunden später mit fünf anderen Hunden aufbrechen sollte, um zwei Wochenseminare zu leiten.

Als sie mir Mozart brachte, sah er schlimm aus. Er war schwer sediert, in seinem Ohr war eine rumänische Erkennungsmarke wie man sie von Schweinen kennt – nicht einmal die hatte man in der Tierklinik entfernt. Die viel zu langen Krallen waren nicht geschnitten, die Ohren nicht gesäubert. Ich entfernte die Marke, putzte seine Ohren und schnitt die Krallen, während ich ihn mit Tellington Touch behandelte und leise und beruhigend mit ihm sprach. Mozart hatte es sehr schwer, wach zu werden – nach zwei Tagen wankte er immer noch. Als ich fragte, was er zur Betäubung bekommen hatte, war ich wieder fassungslos: die Dosis hätte für einen Hund mit 80 Kilogramm gereicht. Mozart wog 16 Kilogramm. Er brauchte fünf (!) Tage, um richtig wach zu werden.

In der zweiten Woche kam er mit ins Wohnmobil. Er meisterte die Situation ganz wunderbar. Er kam sogar mit in den Hundekurs, den ich leitete, nahm Leckerli von jedem Teilnehmer und zeigte sich als guter Lehrer für alle. Sechs Wochen war er bei mir, dann wollte die Tierschützerin ihn wieder haben, weil sie ihn so vermisste, wie sie sagte. Rechtlich gesehen gehörte er ihr ja auch. Ich versuchte ihr klarzumachen, dass ein ruhiger Haushalt sicher angenehmer für ihn sei und das Leben in ihrer Hundegruppe viel Stress für ihn bedeutete. Sie meinte nur, dieser Hund würde nie vermittelbar werden. Sie nahm ihn mit.

In der Zwischenzeit hatte sie einen Außenzwinger für ihn gebaut. Sie rief am nächsten Tag an und meinte, dass er oft Urin absetzen würde. Ich nannte ihr ein homöopathisches Mittel. Nach einer Woche sagte sie, der Hund müsse zum Tierarzt wegen seiner Blase. Als ich nachfragte, wie er auf das genannte Mittel reagiert habe, hieß es, die Apotheke hätte es nicht gehabt. Weiterhin berichtete sie, sie habe nun einen Trainer beauftragt, Mozart ein Abbruchsignal beizubringen, damit er „endlich mit dieser Bellerei aufhören würde", denn sie könne so nicht schlafen. Ich dachte an diesen wunderschönen, sanften Rüden und mein Magen zog sich zusammen. Ich bot ihr an, Mozart von unserem Tierschutzverein zu übernehmen. Nach einigem Hin und Her willigte sie ein und brachte den Hund. Er war innerhalb von einer Woche zu einem Schatten seiner selbst geworden: Die Kilos, die er bei mir zugenommen hatte, waren sichtlich wieder verschwunden, seine Rippen deutlich zu sehen, er litt an Durchfall, einer Blasenentzündung, Husten und hatte stumpfes Fell. Seine rechte Pfote war stark angeschwollen. Ich behandelte ihn sofort mit Tellington TTouch und entschuldigte mich bei ihm. Nach nur einer Woche strahlen seine Augen wieder, sein Fell glänzt, er nimmt mehr und mehr zu und macht in jeder anderen Hinsicht große Fortschritte, ein normaler, wenn auch besonderer Hund zu werden, der in der menschlichen Welt gut zurechtkommt.

Wenn Sie einen Hund gefunden haben, der „der Richtige“ zu sein scheint, machen Sie die „Wunschliste“ (siehe auch Seite 18) andersherum: Fragen Sie sich ganz realistisch, warum Sie sich eigentlich gerade in diesen Hund verliebt haben. Machen Sie eine Liste. Lassen Sie sie noch einmal zwei Tage liegen und fragen Sie sich noch einmal. Es ist sehr leicht, sein Herz an einen Unglücksraben zu verlieren – natürlich wollen wir einem Hund helfen, der zurückweicht, wenn man ihn streicheln möchte und die Welt durch Augen voller Angst betrachtet. Wir, die wir Hunde aus tiefem Herzen lieben, möchten diesen Hunden so gerne helfen, diese Angst zu verlieren und ihnen zeigen, wie schön das Leben und die menschliche Welt sein können. Wir kennen viele Hunde, die nach ihrer Rettung ein glückliches, fröhliches und angstfreies Leben führen konnten, weil die Leute, die diese Hunde übernommen haben, genau wussten, was für eine Aufgabe auf sie zukommen würde und sich dieser Aufgabe und dem ganzen Aufwand gestellt haben. Leider kennen wir aber auch eine Menge Hunde, die es nicht geschafft haben, aus ihrem Angstzustand herauszufinden – jedenfalls nicht bei den Menschen, die sie ursprünglich übernommen hatten. Dabei haben alle diese Hunde ein eigenes Zuhause verdient und jemanden, der sie nicht einfach aufgibt, weil er sich selbst überschätzt hat.

Drei, die sich gefunden haben

BIST DU MEIN HUND?

von Meike Böhm

Meike verlor ihren 14-jährigen Collierüden, nachdem er über einen sehr langen Zeitraum sehr krank gewesen war. Sie hatte eine besondere Beziehung zu diesem Hund gehabt und hatte einen langen gemeinsamen Weg mit ihm zurückgelegt. Es war ein starker Einschnitt in ihrem Leben, als er ging.

Stanley, der Glücksfall aus dem Tierschutz

Sie gab sich viel Zeit, um in Ruhe um ihn zu trauern. Sie erklärte, sie wolle jetzt erst einmal keinen Hund nehmen, bis sie genau wüsste, was für einen Hund sie haben wolle. Sie sah sich um; jeden Tag setzte sie innerlich einen Wunsch-Punkt auf ihre Liste. Einige Dinge waren recht schnell klar: Es sollte ein kleinerer Hund sein, falls sie ihn mal tragen musste. Außerdem ist sie beruflich viel unterwegs und wollte einen Hund, der gerne mit im Auto und mit der Bahn fährt, der gut mit Menschen konnte und zu anderen Hunden freundlich ist. Er sollte ohne Probleme frei laufen können und vor allem gesund sein, weil sie nicht gleich wieder die Rolle der Krankenschwester übernehmen wollte, nachdem ihr Collie jahrelang inkontinent war. Der neue Hund solle zwar noch jung, aber schon erwachsen und stubenrein sein.

Jeden Tag sah sie sich die Hunde an, die auf Internetplattformen auftauchten – es waren hunderte. In diesem Jahr hatte sie auch einen schweren Reitunfall und musste dreimal operiert werden. In der Genesungspause, in der sie nicht arbeiten konnte, fiel sie in ein emotionales Tief. Sie war erschöpft, unglücklich und traurig. In dieser Zeit zeigte sie Inga immer wieder Fotos von Hunden, die ihr passend erschienen – aber es waren plötzlich immer Hunde mit massiven Bedürfnissen, dreibeinig, abgemagert, schwer krank, oder Hunde, von denen man auf den Fotos nicht viel mehr erkennen konnte als ein Paar traurige Augen in einem dunklen Verschlag. „Was ist eigentlich mit dir los?", fragte Inga ihre Schwester schließlich. „Ich

Stanley ist alles, was Meike Böhm sich gewünscht hatte.

erkenne dich nicht wieder, du bist schlecht gelaunt, unglücklich, und nun zeigst du mir immer nur Hunde mit einer düsteren Vorgeschichte. Was ist mit deiner Liste passiert?" Sie rang ihr das Versprechen ab, noch ein bis zwei Monate mit der Adoption eines Hundes zu warten, bis zu Hause und im Beruflichen wieder alles entspannt sei. Meike nahm sich diese Bitte sehr zu Herzen und begriff, dass sie sich momentan offenbar nur Hunde aussuchte, die in einer ähnlichen emotionalen Verfassung waren wie sie selbst – denn eigentlich brauchte sie ja Hilfe. Wie sollte sie in diesem „Down-Zustand" eine ausreichende emotionale Stütze für einen Hund sein, der völlig traumatisiert und voller Angst war? Das wäre niemals gut gegangen und für den Hund absolut keine Hilfe gewesen. Sie setzte noch zwei weitere Punkte auf ihre Liste: Der Hund sollte kein „eigenes Thema" mitbringen und das Wichtigste: Sie wünschte sich einen Hund, der sie jeden Tag daran erinnerte, das Leben einfach nicht immer so ernst zu nehmen!" Und siehe da: Ein paar Wochen später schickte Meike ganz andere Bilder von Hunden, für die sie sich interessierte: fröhliche Hunde, kleine Hunde, die frech guckten – lauter Hunde, die ihrer ursprünglichen Liste entsprachen. Und dann fand sie den perfekten Hund: Stanley, einen kleineren Mischling mit massenhaft zotteligem Fell – sie wollte nach ihrer Hand-OP einen Hund mit Fell haben, in das sie richtig reingreifen konnte –, er sah lustig aus, man konnte ihn überallhin mitnehmen, er heiterte die Kunden bei der Arbeit auf und sorgte stets für gute Laune, er fuhr gerne Auto usw. Egal, was Meike vorhatte: Stanley macht instinktiv genau das, was er soll. Tatsächlich findet er jeden Tag immer einen Weg, sie zum Lachen zu bringen. Er ist genau der Hund geworden und noch viel mehr, den sie sich im Vorfeld mithilfe ihrer Liste erträumt hatte.

VERHALTENSWEISEN
— *erkennen und verstehen*

Mehr Schein als Sein?

Manche Verhaltensweisen zeigen Hunde aus dem Tierschutz nur vorübergehend – weil sie furchtbar aufgeregt sind, enormen Stress hatten (Zwingeranlage ohne Rückzugsmöglichkeiten, Transport) oder haben (neues Zuhause, neue Menschen, neue Sprachmelodie). Viele der anfangs gezeigten Verhaltensweisen lösen sich innerhalb von ein paar Wochen von ganz alleine auf, andere bleiben haften, wenn man nichts dagegen unternimmt. Manche gehören zum Hund dazu, und wieder andere treten leider erst nach vielen Wochen oder gar Monaten auf. Manchmal hilft es, wenn man die Vorgeschichte des Hundes kennt, aber eigentlich spielt es keine Rolle, denn ab jetzt lebt er ein neues Leben. Sicher ist nur eines: Jeder Hund verhält sich anders, wenn er in ein neues Leben kommt.

Die Persönlichkeit eines Hundes wird durch seinen Charakter, rassetypische Verhaltensweisen, seine Gesundheit, bisherige Erfahrungen und das neue Umfeld bestimmt:

— **Charakter – Persönlichkeit:** Manche Hunde sind von Natur aus eher unsicher – ganz egal, was sie bisher erlebt haben. Sie sind grundsätzlich vorsichtig und brauchen etwas mehr Zeit, sich an neue Dinge zu gewöhnen. Sie ordnen sich aber gerne ein, weil es ihnen ihr Leben sehr vereinfacht. Dann wiederum gibt es Charaktere, die grundsätzlich sehr selbstbewusst sind und dem Menschen nur dann folgen, wenn es ein gewisses gegenseitiges Entgegenkommen gibt.
Manche Hunde besitzen eine *hohe Grundenergie,* reagieren auf praktisch alle Reize

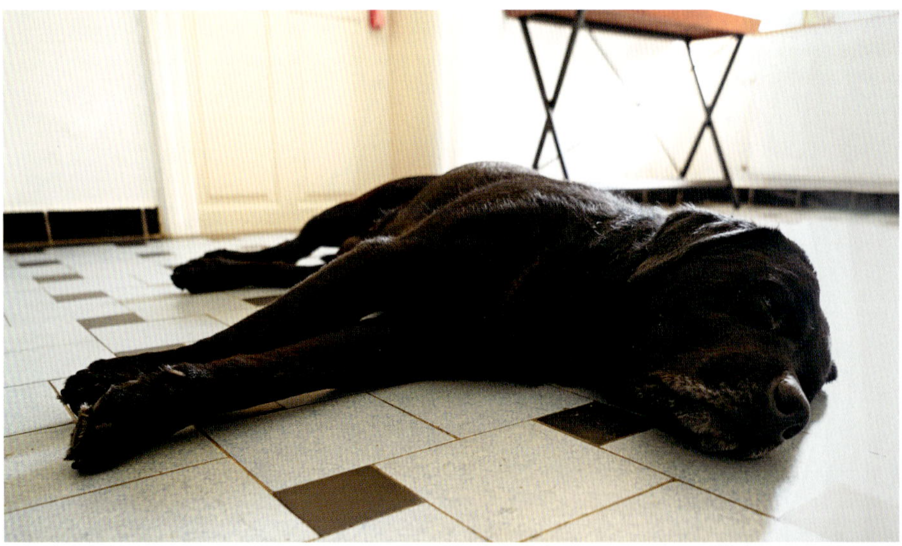

Bei seiner Ankunft war Jack sehr lethargisch und wirkte „alt" – weil er schwer krank war.

in ihrer Umwelt und sind sehr aktiv. Hunde mit *mittlerer Energie* kommen schneller zur Ruhe, haben eine gesunde Neugierde und können sich Stimmungen gut anpassen.
Hunde mit einem *niedrigen Energielevel* schlafen sehr gerne lange aus, begnügen sich mit ruhigen Tagen und kurzen Spaziergängen. Solche Hunde werden gewöhnlich dann verhaltensauffällig, wenn sie überfordert werden.

— **Gesundheit:** Das allgemeine Wohlbefinden eines Hundes (und jedem anderen auch) hängt sehr stark von seiner Gesundheit ab. Medizinische Probleme können das Verhalten eines Hundes stark beeinflussen und auch seine Möglichkeiten, sich an ein neues Zuhause zu gewöhnen. Schmerzen, wie z. B. durch Arthrose, Hüftgelenksdysplasie, Wirbelsäulenprobleme oder Augenkrankheiten, können Angst und/oder aggressives Verhalten auslösen. Bauchweh durch Verdauungsstörungen, Parasiten, wie Giardien, oder Wurmbefall kann starke Verhaltensprobleme auslösen, weil der Hund nie wirklich entspannen kann. Ein zu hoher oder zu niedriger Hormonstatus (z. B. durch Schilddrüsenerkrankungen) bestimmt häufig die Laune und vor allem das Reizniveau. Wenn ein Hund sich beim Anblick fremder Hunde entsetzlich aufregt und auch kaum beruhigen lässt, ist es manchmal gar keine „Leinenaggression", sondern schlicht der hohe Stress-Level, der ihm zu schaffen macht. Andere Krankheiten oder auch falsche Ernährung können zu starker innerer Unruhe oder gar depressivem Verhalten führen. Die Liste ist unendlich lang, aber Tatsache ist: Alles, was dafür sorgt, dass der Hund sich in seiner Haut nicht wohlfühlt, kann Verhaltensprobleme auslösen. Denken Sie nur daran, wie miserabel gelaunt Sie sein können, wenn sie sich schlecht fühlen. Wenn Verhaltensweisen auftreten, die Ihnen merkwürdig vorkommen (vor allem bei Überreaktionen), lassen Sie Ihren Hund gründlich untersuchen, sonst ist das wunderbarste Training sinnlos.

Manche Hunde mit vermeintlich hoher Grundenergie sind einfach nur gestresst.

NANOS GESCHICHTE

von Katharina von der Leyen

Nano kam als junger Galgo zu mir, ca. ein Jahr alt. Er war anfangs sehr unruhig, was an seinem hartnäckigen Giardienbefall lag: Als wir sie endlich besiegt hatten, schlief Nano plötzlich lang und entspannte sich im Haus zusehends, weil er nicht ständig das Bedürfnis hatte, in den Garten und aufs Klo zu gehen. Seine Erziehung klappte sehr gut: Er reagierte fabelhaft auf den Rückruf, behielt mich immer im Auge und war unsi-

cher, aber verträglich mit fremden Hunden. Leider blieb das nicht so. Nach seiner Pubertät wurde er immer aufgeregter. Wenn er am Horizont fremde Hunde sah, stürmte er zu ihnen hin und brüllte sie hysterisch an – selbst Hunde, die weit, weit entfernt außerhalb seiner persönlichen Individualdistanz waren, zielte er an, schoss in rasendem Lauf auf sie zu und verbellte sie, dass einem Hören und Sehen verging. Vor allem ließ er sich kaum noch beruhigen. Als schließlich ein Jogger im gemütlichen Altherren-Tempo 30 Meter entfernt über eine Wiese trabte, auf der Nano ganz entspannt mit seinen Freunden einen tiefen Krater ins Erdinnere gebaut hatte, und Nano plötzlich losschoss, den Jogger verfolgte und anpöbelte, wurde mir klar, dass dieses Verhalten mit Erziehung nichts mehr zu tun hatte. Hier musste die Wurzel des Übels woanders liegen. Ich ließ seine Schilddrüsenwerte untersuchen, und siehe da: Einige Werte waren so niedrig, dass sie gar nicht mehr messbar waren. Seither wird Nano mit Forthyron substituiert. Gleichzeitig haben wir daran gearbeitet, die „Rituale“, die er sich vor lauter Stress angewöhnt hatte, wieder abzubauen, damit Fahrradfahrer, Jogger und Mofas wieder friedlich an uns vorbei konnten, ohne sich zu Tode zu erschrecken.

DER HUND, DER NICHT TRINKEN WOLLTE

von Inga Böhm-Reithmeier

Vor ein paar Jahren hatte ich eine Kundin, die mit zwei Hunden aus dem Tierschutz zu mir ins Training kam: einem großen, etwa vierjährigen schwarzen Mischlingsrüden und einer kleinen, etwa 15 Monate alten Hundedame. Wegen ihr war meine Kundin ins Training gekommen. Das quirlige, lebensfrohe Ding sollte lernen im Freilauf auf ihr Frauchen zu hören. Der Rüde dagegen war trotz seines noch jugendlichen Alters sehr lethargisch, ruhig und zurückhaltend. Man konnte ihn immer frei laufen lassen, da er sich sowieso nicht weit entfernte oder auf Reize reagierte. Obwohl die lustige kleine Hündin bei ihm eingezogen war, wollte er nie mit ihr spielen.

Wasser ist wichtiger als Nahrung.

Als die Hündin im Training eine kleine Böschung hinunter lief, um aus dem Fluss zu trinken, erzählte die Kundin, dass die Hündin immer gut und oft trank, der Rüde dagegen ungern bis fast gar nicht. Das Wasser im Haus wie auch Regenwasser im Garten rührte er kaum an.
Ich riet ihr, dem Rüden jeden Tag ein bis drei kleine Müslischalen mit Wasser anzubieten und mit einem Schluck Milch, Sahne oder Brühe aufzupeppen.
Zwei Wochen später trafen wir uns im Training wieder. Der Rüde machte einen ganz anderen Eindruck. Er wirkte offen und fröhlich, kam gleich zu mir und begrüßte mich, was er zuvor noch nie gemacht hatte. Er spielte sogar plötzlich ein bisschen mit der süßen kleinen Hündin und nahm zu meinen Hunden freundlichen Kontakt auf. Es war, als hätte sie den Hund ausgetauscht. Als ich fragte, was geschehen war, was den Rüden so zum Positiven verändert hatte, antwortete sie, dass er jetzt jeden Tag drei Müslischüsseln mit aufgepepptem Wasser trank, und das sogar sehr gerne.

Auch wenn einem Hund immer frisches Wasser zur Verfügung steht, bedeutet das nicht, dass er auch genug trinkt. Achten Sie unbedingt auf solche Kleinigkeiten! Dies war auch das erste Mal, dass ich erlebt habe, dass eine permanente leichte Dehydrierung über Jahre das Wohlbefinden eines Hundes so stark beeinflusst hat.

- **Rassetypische Verhaltensweisen:** Vorstehhunde zeigen häufig ein sehr freundliches, offenes Verhalten Menschen gegenüber. Auf den Spaziergängen entfernen sie sich aber oft hunderte Meter von ihren Menschen, weil das zu ihrem angezüchteten Verhalten gehört. Ganz anders ein Hütehund, der mit Fremden eher wenig zu tun haben möchte, dafür aber möglichst in der Nähe seiner Menschen bleibt. Andererseits fällt er häufig bereits durch Objekte, die sich schnell bewegen, ins Hüteverhalten: Es kann passieren, dass er Kindern hinterherjagt und sie in die Beine zwickt (so sollte er das ja schließlich jahrhundertelang bei Kälbern und Schafen auch machen). Ein Herdenschutzhund wiederum ist Fremden gegenüber eher reserviert oder sogar abwehrend und hält ein Wachverhalten (besonders bei Dämmerung) für seine Aufgabe – was ihn zu einem denkbar schlechten Bürohund oder Hund für große Familien mit vielen Freunden und einem offenen Haus macht. Spitz- und terrierartige Hunde bellen gerne und viel und behalten auch am liebsten das letzte Wort. Windhunde dagegen sind im Haus meistens sehr angenehm und ruhig, neigen aber zu ausgeprägtem Jagd- und Hetzverhalten und kennen dabei auch kein Pardon.

- **Bisherige Erfahrungen:** Man muss zwischen „schlechten Erfahrungen" und „fehlenden Erfahrungen" unterscheiden. Beides kann zu situationsbedingter Angst, Unsicherheit oder Aggressionen führen. Ein Hund, der gut sozialisiert war, in prägenden Abschnitten seines Lebens also gewisse positive Erfahrungen machen konnte, wird schneller zu „therapieren" sein als ein Hund, dem bestimmte positive Erfahrungen in der wichtigen Sozialisierungsphase schlicht fehlen. Aber auch dem Hund mit fehlenden Erfahrungen kann man helfen, sicherer, selbstbewusster und mutiger zu werden, wenn man weiß, wie.

- **Umfeld:** Wir sind, wer wir sind, nicht zuletzt durch unser jeweiliges Umfeld. So ist das Leben mit einem jagdlich hochmotivierten Windhund deutlich einfacher, wenn er sich vor allem in Parks bewegen kann (z. B. im Englischen Garten in München) und der Freilauf für ihn einfacher und sicherer, weil er nicht ständig mit Wild konfrontiert wird. Wohnt man dagegen sehr ländlich und der Hund wird mit sämtlichen Sinnen ständig Wild ausgesetzt, kommt er dauernd in Jagdstimmung und wird im Freilauf nur schwer zu händeln sein, falls man sich überhaupt traut, ihn laufen zu lassen.
  Ein Herdenschutzhund wird in einem Zuhause mit wenig Besuchern und überschaubaren Paketbotenbesuchen besser untergebracht sein, als wenn er beispielsweise in einer Werbeagentur leben muss, denn dann kommt er angesichts der vielen Boten, UPS-Fahrer und Kunden gar nicht mehr aus seiner Wachbereitschaft heraus – und kann sehr ungemütlich oder sogar gefährlich werden.
- Bei Hunden, die in ihrem bisherigen Leben nur wenigen Reizen ausgesetzt wurden, führen neue Erlebnisse meist schnell zu Stress. Diese Hunde werden häufig völlig überfordert, wenn sie in einer Großstadt leben sollen, wo sie ständig an neuen Menschen vorbei müssen und mit ungewohnten Situationen konfrontiert werden, jeden Tag U-Bahn fahren oder mit in die Fußgängerzone müssen. Für solche Hunde ist es viel angenehmer und stressfreier, auf dem Land zu leben, wo sie mehr Ruhe haben. Dann können sie übrigens auch ein selbstsicheres Verhalten zeigen.

Die häufigsten Arten von Verhaltensproblematiken

Solange man an den Hund aus dem Tierschutz (oder an fremde Menschen, überhaupt an alle um sich herum) keine Erwartungen stellt, kann die Erwartung auch nicht enttäuscht werden. Dadurch bleibt man offen und kann dem anderen genügend Raum geben, sich zu entwickeln.
Für viele Hunde aus dem Tierschutz – vor allem aus dem Ausland –, ist es häufig viel einfacher (für alle Beteiligten), wenn bereits ein Hund oder Hunde vorhanden sind, gerade weil man dadurch weniger Erwartungen an den neuen Hund stellt. Ob er kuscheln möchte oder nicht, ist nicht so wichtig, denn es ist ja schon einer zum Kuscheln da. Ob er sich gleich freut, wenn wir nach Hause kommen oder nicht, spielt auch keine große Rolle, denn es ist ja ein anderer Hund da, der sich angemessen freut. Allerdings hilft es, wenn man auf bestimmte Problematiken zumindest vorbereitet ist – man soll sie nicht erwarten, aber zumindest auf das gefasst sein, was auf einen zukommen könnte.

Man sollte den Hund aus dem Tierschutz wie ein vollgeschriebenes loses Blatt betrachten.

DER ÄNGSTLICHE HUND

Nicht alle ängstlichen Hunde haben etwas Furchtbares erlebt. Ängstlichkeit kann viele Hintergründe haben. Der häufigste Grund ist mangelnde Sozialisierung – Hunde, die mit zu wenig „normalen" Außenreizen aufgewachsen sind und zu wenig erlebt und kennengelernt haben. Andere Hunde haben Angst vor Dingen oder Menschen, die sie mit bestimmten schlechten Erfahrungen verknüpfen. Dabei ist übrigens ein Hund, der nicht oder nicht ausreichend sozialisiert wurde (weil er beispielsweise in einem Zwinger oder Verschlag aufgewachsen ist), ein größeres Rehabilitationsprojekt als ein vernachlässigter oder misshandelter Hund. Ängstlichkeit kann auch angeboren sein und über ein „normales" Scheuverhalten Menschen gegenüber hinausgehen. Die meisten Hunde dagegen sind selektiv ängstlich, fürchten sich vor ganz bestimmten Dingen, besondere laute Geräusche, Gewitter oder Applaus oder z. B. große schwarze Hunde.

Selten können Hunde auch *neophobisch* sein, d. h. sie bekommen Panik bei allem Neuen (das Gegenteil von Neugier). Diese Hunde brauchen von uns Menschen ein geradezu übermäßiges empathisches Verständnis, denn ihr Gehirn hat in ihrer Hauptentwicklungsphase nicht gelernt, mit neuen Reizen umzugehen. Es fällt ihnen schwer, neue Erlebnisse angemessen zu bewerten und einzusortieren. Liebe allein reicht in solchen Fällen leider bei Weitem nicht aus. Es ist ein langer Weg, einem solchen Hund zu helfen, denn auch neophobischen Menschen kann man nicht mit „logischem Denken" oder der Aufforderung, sich jetzt „mal zusammenzureißen" helfen.

Neophobische Hunde brauchen sehr viel Zeit und einen Menschen, der ihnen ein gutes Vorbild ist. Wenn man es schafft, sich in sie hineinzuversetzen, wird es möglich sein, vorausschauend und mit viel Verständnis den Alltag mit ihnen zu meistern und neu zu erleben. Diese Hunde können große Fortschritte machen, was das Vertrauen zu ihrer Umwelt betrifft – vor allem in einem überschaubaren, eher ländlichen und reizärmeren Umfeld. Sie werden aber über Jahre hinweg ein größeres Rehabilitationsprojekt bleiben als ein Hund, der nur bei ganz bestimmten, identifizierbaren Dingen Angst oder Unsicherheit zeigt.

Alle ängstlichen Hunde profitieren sehr von einem sicheren Zweithund, an dem sie sich orientieren können und der ihnen zeigt, dass das Leben eigentlich eine prima Sache ist.

ANGST UND PANIK, FURCHT UND UNSICHERHEIT

In der klinischen Definition wird zwischen Angst, Furcht und Phobie unterschieden. **Furcht** ist wie eine starke Unsicherheit, eine Reaktion auf einen Reiz, den der Hund nur als einigermaßen gefährlich erachtet. Der Hund ist aber psychisch und körperlich in der Lage, den Reiz entweder zu erforschen oder sich zurückzuziehen. Hierbei kann der Hund noch denken oder eine bewusste Entscheidung treffen. Eine **Phobie** tritt gewöhnlich als panische Reaktion auf bestimmte Reize auf, die in Wirklichkeit für den Hund keine Gefahr darstellen, wie gewisse Geräusche, Männer, Gewitter, etc. Ein Hund, der etwa eine Phobie vor Männern mit Hut hat, gerät bei deren Anblick in Panik, flieht blindlings und kann keinen klaren Gedanken mehr fassen. **Angst** ist eine heftige Verhaltensreaktion auf einen Reiz, den der Hund als sehr gefährlich ansieht. Er gerät dabei in eine vermeintlich ausweglose Situation, weil er weder psychisch noch körperlich in der Lage ist, dem Reiz zu entkommen oder ihn genau anzusehen. Auch Angst schaltet Denken ab und instinktives Verhalten zur Überlebenssicherung ein: Fluchtverhalten, Angriffs- oder Verteidigungsverhalten oder völliges Einfrieren. Hunde mit Angst zeigen körperliche Symptome wie erhöhte Herzfrequenz, Hecheln, Speicheln, Schwitzen an den Pfoten oder setzen unkontrolliert Harn oder Kot ab.

Es gibt verschiedene Gründe, weshalb Hunde zu Angstproblemen neigen. Dazu gehören:

- **Genetische Gründe (angeborene Angst)** Hunde werden mit genetischen Dispositionen geboren. Auch während der Trächtigkeit kann die Mutterhündin durch emotionale Stressfaktoren beeinträchtigt werden, oder wenn die postnatale Zeit für die Mutterhündin extrem anstrengend war (Straßenhunde oder Hunde aus Welpenfabriken), kann dies dazu führen, dass die Welpen reaktive Charaktereigenschaften entwickeln. (Hilfe durch Management, Ritualisierung)
- **Mangelnde Sozialisierung** Wenn ein Hund Angst oder Furcht vor Menschen zeigt, wird häufig davon ausgegangen, dass er schlechte Erfahrungen mit Menschen gemacht haben muss. Stattdessen leidet der Hund allerdings meistens unter mangelnder Sozialisierung: Er hat Angst, weil er den Umgang mit Menschen (oder Männern oder Kindern) schlicht nicht kennt. Angst vor dem Unbekannten ist ein genetisches Programm bei *allen* Hunden und dient dem Überleben. Durch frühe Sozialisierung und Gewöhnung kann dieser Instinkt unterdrückt werden, sodass der Hund offen und neugierig statt ängstlich wird. Angstprobleme, die durch mangelnde Sozialisierung entstanden sind, können meistens durch Gewöhnung gelöst werden. (Hilfe durch Management, Ritualisierung)
- **Misshandlung** Wurde ein Hund körperlich malträtiert, bekommt er natürlich Angst vor dem Menschen/dem Menschentyp, der daran beteiligt war. Solche Hunde reagieren häufig sehr empfindlich auf Berührungen und bestimmte Bewegungen (z. B. erhobene Hand, schneller Schritt nach vorn, Hantieren mit einem Besen). Mit Geduld und Freundlichkeit kann man diese Ängste gewöhnlich wieder verändern. (Hilfe durch Management, Desensibilisierung und positive neue Verknüpfungen)
- **Traumata** Brachiale Erlebnisse wie schwere Unfälle, Gewalteinwirkung (Überfall, Misshandlung) oder Naturkatastrophen können massive psychische Erschütterungen auslösen: Der Hund war nicht in der Lage, das jeweilige Ereignis – ganz gleich, ob es nur kurz andauerte oder über einen längeren Zeitraum – zu verstehen oder einzuordnen, wodurch das Vertrauen in sich selbst und seine Umwelt vollkommen zerstört wurde. Er befindet sich in einem Zustand der totalen Hilflosigkeit. (Hilfe durch stabile Bezugsperson oder souveränen Artgenossen, TTouch, Management)
- **Erlernte oder assoziierte Ängste** Manche Ängste sind die Folge von Erfahrungen: Plötzlich möchte der Hund nicht mehr in den Garten (gestern hat genau hinter der Hecke ein Auspuff geknallt), oder er fürchtet sich vor kleinen Mädchen (weil die Freundin Ihrer Tochter ihn immer wieder am Halsband hochgezogen hat, um ihm Männchen beizubringen), etc. Bei erlernten oder übernommenen Ängsten (von einem anderen Hund oder Menschen) stehen die Chancen gut, dass diese Ängste auch wieder verlernt werden können – wenn man mit detektivischem Geschick herausfinden kann, was eigentlich der Auslöser für die Angst war. (Hilfe durch neue Verknüpfungen schaffen, Ritualisierung, Desensibilisierung)
- **Krankheit/Schmerzen** Wenn eine bestimmte Verhaltensveränderung bei einem Hund ganz plötzlich auftritt, sollten Sie ihn gründlich untersuchen lassen. Das Auftreten von Ängsten gehört z. B. zu den Symptomen der Schilddrüsenunterfunktion. Auch ein Hund, der nicht

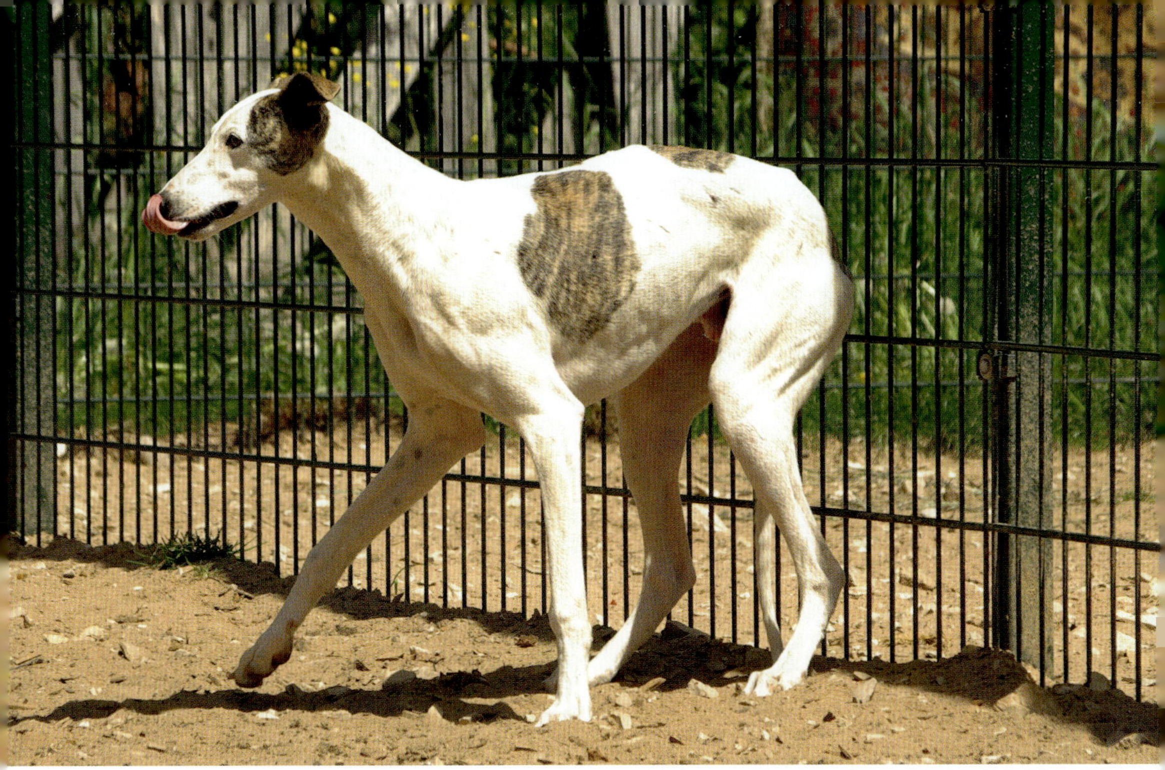

Typisch ängstliche Körperhaltung: Der Hund macht sich klein, legt die Ohren an und wendet sich ab.

mehr gut sehen kann, kann sich plötzlich erschrecken und dann merkwürdige Verknüpfungen machen: Er hat sich vor einem bestimmten Geräusch erschreckt, während er gleichzeitig von einem bestimmten Lichteinfall geblendet wurde – in Zukunft könnte er sich also jedes Mal erschrecken, wenn das Licht auf Marmorfliesen fällt. Auch anhaltende Schmerzen können einen Hund stark verunsichern und seine Nerven buchstäblich blanklegen, sodass er sich auch bei bisher vertrauten Reizen plötzlich erschreckt. (Hilfe durch Untersuchung und medikamentöse Behandlung)

DER VERNACHLÄSSIGTE HUND

Hunde aus zweiter Hand sind ganz häufig Opfer eines gewissen Grades der Vernachlässigung – und sei es nur, dass niemand rechtzeitig auf die Idee kam, den niedlichen Welpen zu erziehen, sodass er aufgrund seiner mangelnden Manieren immer mehr vom Zusammenleben ausgeschlossen wurde, bis er ab einem gewissen Punkt überhaupt nur noch im Hausflur lebte, oder im Garten, oder sein Körbchen im Keller stehen hatte.
Auch dieser Hund hat viel zu wenig kennengelernt. Er lässt sich oft nicht pflegen, weil er es gar nicht kennt, dass ihn jemand bürstet, die Krallen schneidet, die Ohren und Zähne überhaupt anguckt, geschweige denn säubert, etc. Oft wissen diese Hunde nicht, wie sie eine Bindung zum Menschen eingehen sollen, denn auch das hat ihnen in ihrem bisherigen Leben niemand gezeigt.
Diesen Hunden gegenüber kann man sich als Mensch anfangs nicht viel „erlauben“ – denn erst, je enger die Bindung und Beziehung, desto mehr kann man fordern und verzeihen. Katharinas Galgo Nano ließ sich sechs Monate lang nicht die Krallen scheiden, sondern wurde geradezu hysterisch und zeigte sogar die Zähne aus Angst, wenn er die Krallenschere nur sah (ohne dass ihm je Schaden zugefügt worden wäre). Erst nachdem Nano beschlossen hatte zu bleiben, also

wirklich eine Bindung aufgebaut hatte, wurde es sogar möglich, ihm beiläufig, im Stehen und nebenbei die Krallen zu schneiden.
Ein hervorragender Türöffner sind hier natürlich Kekse, also Leckerlis – damit man für den neuen, vernachlässigten Hund überhaupt interessant wird, der ja bisher noch nicht gelernt hat, dass es sich lohnen kann,

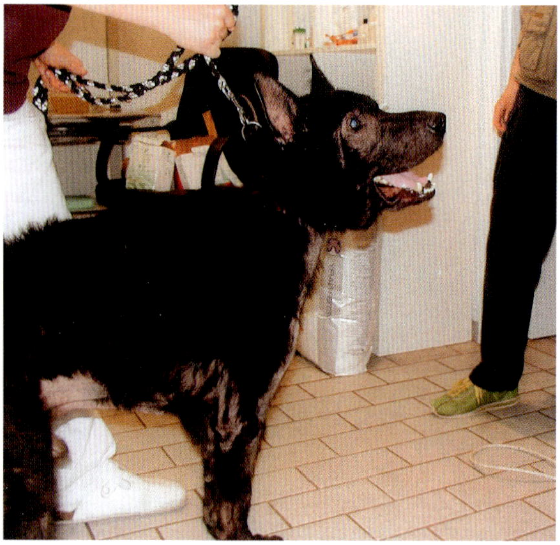

01

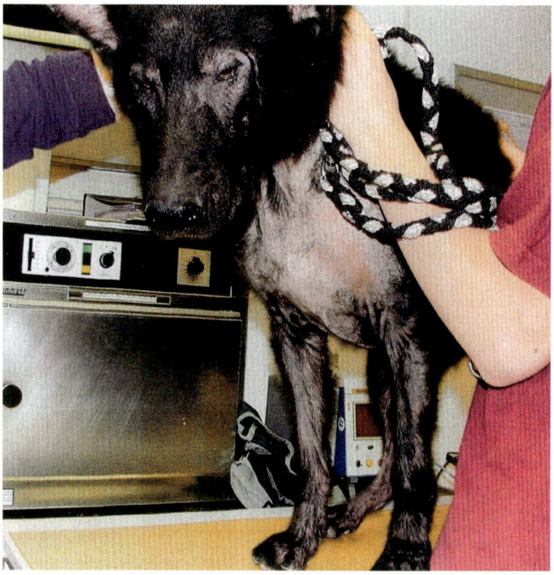

02

mit dem Menschen zusammen zu kommunizieren und zu arbeiten. Ein sehr starke bindungsfördernde Maßnahme ist Teilen: Essen, gemeinsam verbrachte Zeit und Dinge zusammen zu erkundschaften (wie z. B. gemeinsam den Garten nach Keksen absuchen oder zusammen einen Karton aufmachen, um herauszufinden, dass ein Spielzeug oder etwas Köstliches darin versteckt ist). Das, was Sie gerade essen zu teilen, ist grundsätzlich für alle Lebewesen eine sehr soziale Geste. Deshalb setzen wir Menschen uns ja zum Essen gemeinsam an einen Tisch: Aktiv etwas von dem abgeben, was ich auch esse, ist eine sehr starke Freundschafts- und Friedensgeste (womit wir nicht meinen, abends auf der Couch dem Hund unsere Chips einzuwerfen – aber ein Butter- oder Leberwurstbrot zwischendurch ist eine gute Idee – *außer* natürlich bei Hunden, die bereits mit starkem Bettelverhalten ins Haus kommen. Die wollen wir nicht auch noch in ihrer Unsitte unterstützen).
So sind wir zwar immer noch sonderbar für den neuen Hund, aber immerhin angenehm dabei.
Eine andere Form der Vernachlässigung betrifft Hunde, die schon bei jemandem gelebt und eine Beziehung zum Menschen erlebt haben, dann aber aus irgendwelchen Gründen zurück in den Tierschutz kamen und anschließend sehr lange auf ein neues Zuhause warten mussten. Diese Hunde lechzen nach Kontakt. Sie kleben an ihrem neuen Besitzer und übertreiben ihre Liebesbezeugungen bis hin zur Lästigkeit. Das geht gewöhnlich vorbei, sobald sich der Hund seiner neuen Bezugsperson sicherer geworden ist und man ihm außerdem liebevoll, aber fest zeigt, dass man derlei nicht

01 – 02 Neo kam in diesem Zustand mit sechs Jahren zu seiner jetzigen Familie, nachdem er zuvor ein Jahr im Tierheim gesessen hatte. Davor hatte er bei einer Familie gelebt, zeigte aber alle Symptome eines immer vernachlässigten Hundes.

TIPP
Hunde, die aus schweren Fällen von Animal-Hoarding stammen und dadurch extrem reizarm aufgewachsen sind und gehalten wurden, die eine Art Kaspar-Hauser-Syndrom aufweisen (also eine Form des Hospitalismus; Bewegungsstereotypen durch Dauerstress), die irgendwie ohne jegliche Außenreize überlebt haben, brauchen einen Fachmann, um das normale Leben lernen zu können. In einer normalen Familie und mit einem normalen Trainer ist es so gut wie unmöglich, solchen Hunden zu helfen – für solche Projekte muss man tatsächlich ausgebildet sein.

möchte (kein anderer Hund würde sich z. B. übermäßiges Ablecken gefallen lassen oder permanenten Körperkontakt). Wenn der Hund drei, vier Wochen bei einem ist, kann man anfangen, die Klotür hinter sich zu schließen – er muss lernen, dass man sich nicht durchs Klofenster heimlich verdrückt, nur weil man die Tür zumacht. Er wird nicht wieder isoliert, nur weil er allein in einem Raum bleiben muss. Der Hund muss das lernen, sonst wird ein Zusammenleben auf Dauer mit ihm unmöglich. Dazu kommt, dass es sehr anstrengend ist, dem Menschen immerzu hinterherlaufen zu müssen: So kann der Hund nie zur Ruhe oder in eine Tiefschlafphase kommen, denn er muss ja immer aufpassen, dass der Mensch sich nicht bewegt. Ständige Aufbruchstimmung ist ungesund.

Diese Hunde brauchen feste Rituale, an die sie sich halten können. Machen Sie sich einen genauen Plan, wann Ihr Hund Aufmerksamkeit, Spiel, Spaß und Erziehung bekommt, und wann er sich einfach parken lassen muss. Nehmen Sie die Aufmerksamkeit gezielt weg von Ihrem Hund, und achten Sie streng darauf, dass Sie das Verhalten nicht versehentlich unterstützen („Ach, gehst du schon wieder mit? Ich mach' mir doch nur einen Tee!"). Das Leben ist schließlich kein kommentierter Film. Er darf da sein, aber er braucht keine andauernde Aufmerksamkeit – keinen Blickkontakt, kein Anfassen, Ansprechen, kein dauerndes An-ihn-Denken, stattdessen aktives nichtbeachten. Kein Hund muss acht Stunden täglich gestreichelt werden, weil er die letzten zwei Jahre nichts davon gehabt hat.

Es hilft gewöhlich sehr, den Raum zu verkleinern, in dem der unruhige Hund sich aufhält. Denn ein kleiner Raum vermittelt mehr Schutz und Geborgenheit als ein großer. Darum sind für solche Hunde häufig Transportboxen als Hundebett hervorragend geeignet, weil man den Hund nicht genau sieht und nicht dauernd versehentlich Blickkontakt aufbauen kann.

DER MISSHANDELTE HUND

Der misshandelte Hund hat gewöhnlich große Angst vor Menschen oder bestimmten Menschentypen, die er mit früheren schlechten Erfahrungen verbindet. Misshandelte Hunde neigen zu Angstaggressionen und/oder einer Art autistischer Störung, indem sie sich völlig von der Umwelt

Drei Jahre lang lebte die Jagdhündin bei ihrem Jäger in diesem Käfig.

Seit zwei Jahren genießt Happy ihr neues, freiheitliches Leben.

abkapseln, als ginge sie das Leben um sie herum überhaupt nichts an. Solche Hunde müssen sehr, sehr vorsichtig erzogen und gut geführt werden und sollten ausschließlich in erfahrene Hundehalterhände. Misshandelte Hunde übersetzen oft ganz falsch, was man von ihnen möchte, und neigen nicht selten dazu, bei Stress „vor" zu gehen, d. h. anzugreifen, abzuschnappen oder massiv zu drohen, weil sie missverstanden haben, was man von ihnen möchte. Sie profitieren meistens sehr von Clickertraining, bei dem wenig mit Emotionen gearbeitet wird (also nicht: „Braaaaav! Feeiiiiiin gemacht!" und viel Gestreichel), sondern dem Hund mithilfe eines Markergeräusches vermittelt wird, dass bestimmte Dinge jetzt ausgesprochen erwünscht sind (siehe Seite 168).

Diese Hunde müssen viel in Ruhe gelassen werden und die Möglichkeit bekommen, sich sozusagen beiläufig und „aus der Ferne" ansehen zu können, dass Misshandlungen in diesem neuen Leben nicht mehr vorkommen. Misshandelte Hunde können sehr viel besser resozialisiert werden, wenn sie sich an einem vorhandenen zweiten Hund orientieren können.

Misshandelte oder stark traumatisierte Hunde dürfen nur von erfahrenen Hundemenschen übernommen werden: Man muss sein Handwerk wirklich gut beherrschen, um bei solchen Hunden Vertrauen und Zutraulichkeit aufbauen zu können, ohne versehentlich andere oder neue Fehler zu machen.

DER NICHT ERZOGENE HUND

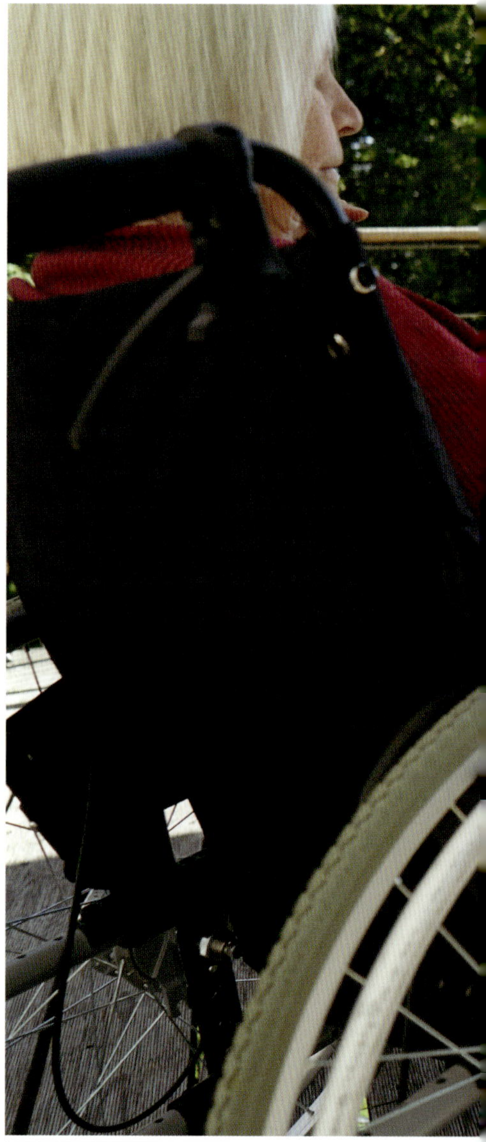

Der nicht erzogene wie auch der vernachlässigte Hund wurden normalerweise abgegeben, weil sich niemand ausreichend mit ihm beschäftigt und ihm keinerlei Grenzen gezeigt hat. Das ist eigentlich gar nicht schlimm, nur häufig sehr nervend und anstrengend, weil dieser Hund bisher von niemandem gezeigt bekommen hat, wie weit er eigentlich gehen kann. Nicht erzogene Hunde testen ihre Umwelt immer wieder, weil sie buchstäblich Halt suchen: Darf ich das? Das auch nicht? Was ist denn, wenn ich aufs Sofa springe? Und auf den Tisch? Und wenn ich mich auf das Kind setze, was passiert dann? Ist das dein Schnitzel oder meines? Nicht erzogene Hunde haben es häufig sehr, sehr schwer, weil ihr gesamtes Verhalten übertrieben ist. Jeglicher Ausdruck von Freude und Hurra – weil sie endlich für zwei Sekunden Anerkennung gefunden haben – wird viel zu stark ausgeführt, weshalb sie dann wieder von allen Menschen und anderen Hunden abgewehrt werden. Ein nicht erzogener Hund hat keine Frustrationstoleranz, weil ihm niemand bisher gezeigt hat, dass es zum Leben dazu gehört, auch mal etwas *nicht* zu tun, nicht zu dürfen und einfach mal ruhig zu sein. Er zeigt viel zu starke Beschwichtigungssignale, weil er für die meisten Dinge, die er gemacht hat, von allen anderen immer gleich „eins auf die Mütze" bekommen hat („Anschreien" statt Erziehen und Trainieren). Nicht erzogenen Hunden fehlt häufig der Bezug zu Menschen. Sie haben nicht gelernt, eine Bindung aufzubauen und können sich nur schlecht auf Aufgaben konzentrieren, die ihnen der Mensch vorgibt – was wiederum etwas mit den ihnen fehlenden Grenzen zu tun hat, was andauernd zu Stress bei allen Beteiligten führt. Nach anfänglichem Unverständnis sind diese Hunde meist sehr leicht zu führen, weil sie so erleichtert sind, wenn ihnen endlich jemand zeigt, wo und in welchen Bahnen es lang geht. Nicht erzogene Hunde brauchen dringend eine verlässliche Struktur und die entsprechenden Rahmenbedingungen – will heißen: einen Schritt-für-Schritt-Plan, was sie wann und wie lernen sollen, ohne sie zu überfordern. Einen nicht erzogenen Hund gleich mit ins Büro oder ins Restaurant mitnehmen zu wollen, würde ihn heillos überfordern. Sogar die Aufmerksamkeit,

die ihm zuteil wird, muss wohldosiert werden – er darf in seinen „Aus-Zeiten" nicht einmal mentale Aufmerksamkeit bekommen, denn die würde ihn sofort wieder in Unruhe und Aktivität bringen. Sobald sie heraus haben, wie unglaublich lustig es sein kann, das Hirn zu nutzen und dafür auch noch Anerkennung zu bekommen, sind sie häufig nicht mehr zu bremsen und bieten ständig neue Aufgaben an.

Der Beagle Emil wurde als Welpe von einer Familie angeschafft und einfach nicht erzogen. Er lernte keine Grenzen kennen, nicht an der Leine zu gehen, durfte nie frei laufen, weil er kein Kommando kannte und bellte draußen ununterbrochen.
Mittlerweile arbeitet er mit seiner neuen Besitzerin tageweise als therapeutischer Bespaßer in einem Altenheim und beherrscht nicht nur alle Kommandos, sondern auch wertvolle Kunststücke.

ARMER HUND

von Katharina von der Leyen

Ernie, ein puscheliger, zehn Wochen alter Golden Retriever mit herzerweichendem Blick, war ursprünglich ein Geburtstagsgeschenk.

Die blonde elfjährige Daniela wohnte in München, zu ihren Leidenschaften gehörten Miley Cyrus und ihr Smartphone. Ihre Eltern wollten ihr ein besonderes Geschenk machen, etwas, was ihr ein Gefühl für „Verantwortung" vermittelte. Sie wünschte sich schon lange einen Babyhund und schwor, sich darum zu kümmern. Ihre Eltern stellten sich lange Familienspaziergänge im Wald vor, einen braven Hund, der im Garten spielte, während sie Unkraut jäteten, oder der sie zu Schulfesten begleitete.

Die Eltern fuhren zu einem namhaften Züchter und überraschten Daniela. Es war Liebe auf den ersten Blick: Der kleine weiche Welpe durfte bei Daniela im Bett schlafen. In den nächsten Wochen spielte und schmuste sie stundenlang mit Ernie. Nur leider konnte auch Ernie Daniela nicht dazu bringen, mehr ins Freie und spazieren zu gehen und sich weniger für ihre Lieblingsserien und WhatsApp zu interessieren.

Dazu kamen Hausaufgaben, Klavier, Sport und Ballett. Außerdem fand sie den heranwachsenden, haarenden, wilden Ernie längst nicht mehr so süß wie die Baby-Version, die sie ursprünglich bekommen hatte.

Danielas Eltern arbeiteten viel. Der Haushalt wurde von der Haushälterin geführt, die Ernie mühsam und lästig fand. Es dauerte ewig, bis er stubenrein wurde, weil sich keiner richtig darum kümmerte.

Ernie machte die normalen Heranwachsens-Phasen durch, wie alles ankauen, alle anspringen, wie verrückt durchs Haus rasen, vor Aufregung unter sich pieseln und wurde immer lästiger. Seine Familie überließ ihn sich selbst und ließ zu, dass er ständig Dinge tat, für die sie ihn anschließend bestraften und anschrien und immer weniger mochten. Sie klagten, Ernie sei „hyperaktiv", „wild" und „schwierig" – dabei war er nur unerzogen, durcheinander und unausgelastet, was jeder Trainer sofort erkannt hätte.

Weil ihm niemand Regeln aufzeigte, wurde er immer unsicherer. Er sprang alle an, zog an der Leine und bellte dauernd. Daniela konnte ihn längst nicht mehr halten. Die Haushälterin ging einmal mit ihm um den Block, dann sperrte sie ihn in den Garten, weil er im Haus nur Unsinn machte.

Zwei Jahre lang musste ich mit ansehen, wie Ernie immer neurotischer wurde. Das Seelenvolle verschwand aus seinen Augen. Er ist immer noch freundlich und ungefährlich, aber er hat keine Ahnung, wie er sich benehmen soll, weder seiner Familie, noch anderen Menschen, noch anderen Hunden gegenüber. Er bellt fast permanent, wenn jemand in seine Nähe kommt, also kommt kaum noch jemand. Mittlerweile lebt er fast ausschließlich im Garten.

Als ich seiner Familie vorschlug, ein anderes Zuhause für Ernie zu finden, gerieten sie außer sich. „Er wurde noch nie geschlagen, bekommt das beste Futter und tierärztliche Versorgung", fauchte Danielas Mutter.

Das stimmte natürlich. Aber Ernie bekam nicht das, was im Leben eines Hundes das Wichtigste ist: Jemanden, der emotionale Verantwortung für ihn übernimmt. Er hatte keine Beziehung zu irgendeinem Menschen. Für diese Art von Tierquälerei gibt es keinen Tierschutz. Emotionale Vernachlässigung eines Hundes ist nicht gesetzeswidrig. Ich konnte Ernie nicht helfen.

HUNDE MIT VERLASSENSÄNGSTEN

Viele Hunde aus zweiter Hand leiden sehr unter starken Verlassensängsten, was ja auch kein Wunder ist. Ein völlig neues Leben zu beginnen ist durchaus mit einem Trauma verbunden, auch wenn das neue Leben besser, schöner, liebevoller und gerechter wird – es ist trotzdem etwas völlig Neues und nicht Einschätzbares für den Hund. Sie haben sehr große Angst davor, wieder isoliert, allein gelassen oder verlassen zu werden. Hunde mit *Isolationsangst* können leicht beruhigt werden, wenn eine andere Person als die Bezugsperson in ihrer Nähe ist, manchmal reicht auch ein anderer Hund. Verlassensangst dagegen hat mit der einen Bezugsperson zu tun, der der Hund sich nun angeschlossen hat. So schmeichelhaft das für den neuen Besitzer sein kann, geht eine – manchmal auch nur kurzzeitige – Trennung von der Bezugsperson gewöhnlich mit sehr zerstörerischem Verhalten einher, der Hund macht vor lauter Stress ins Haus, rennt auf und ab und hechelt sich fast in eine Ohnmacht oder fängt an, sich selbst Schaden zuzufügen.
Sehr viele Hunde aus dem Tierheim scheinen unter Verlassensängsten zu leiden – wobei sich die Frage stellt, ob sie diese Ängste erst im Tierheim entwickelt haben, oder ob sie abgegeben wurden, *weil* sie nicht alleine bleiben konnten. Häufig dürfte es eine Kombination aus beidem sein. Die Hunde wurden zu früh zu lange alleine gelassen, bevor sie in angemessenem Alter lernen konnten, dass der Mensch immer wieder kommt und sie nicht in Gefahr sind, wenn sie alleine bleiben. Diese Ängste lassen sich beheben, aber häufig nicht in den ersten zwei, drei Wochen und auch nicht, wenn man geregelt berufstätig ist. Für Therapie braucht man immer mehr Zeit als für Erziehung. (Hilfe durch Desensibilisierung, Ritualisierung und klare Führungstechnik)

DER STRASSENHUND

Diese Hunde sind häufig sehr unabhängig. Meistens misstrauen sie Menschen und müssen erst lernen, was Bindung zum Menschen bedeutet. Das Schwierige im Umgang mit ihnen ist meistens, dass ein Straßenhund so viel Aufmerksamkeit und Nähe von Menschen nicht gewohnt ist – und auch nicht, dass er seinen Rückzugsort plötzlich mit Menschen teilen soll. Er stiehlt Essbares, verzeiht Erziehungsfehler oder Ungerechtigkeiten oft schlecht, lässt sich wenig gefallen und muss gemeinsames Spielen mit dem Menschen erst lernen. Sich von Menschen etwas sagen zu lassen oder gar Kommandos entgegenzunehmen, ist für Straßenhunde ein völlig fremdes Konzept.

Straßenhunde sind häufig extrem unabhängig.

Straßenhunde haben häufig ein sehr gutes Gespür für schlechte Stimmungen und halten sich dann lieber fern.

Manche Straßenhunde sind Menschen gegenüber sehr offen (wenn auch vorsichtig), weil sie an Touristen-Hotspots gelebt haben und gelernt haben, ihren Charme einzusetzen, um gefüttert zu werden. Diese Hunde haben auch einen hervorragenden Radar für schlechte Stimmungen des Menschen.
Andere Straßenhunde sind Meister im Unsichtbarsein und suchen sich ihre Essensreste in kleinen, wenig frequentierten Gassen mit möglichst wenig Kontakt zu Menschen.
Hunde, die auf Müllhalden lebten, halten sich von Menschen eher fern. Sie haben eine grundsätzliche Scheue, denn aufgrund ihres unhygienischen Lebensortes werden sie meistens beworfen, weggescheucht und getreten. Wieder andere sind nur nachts unterwegs, leben von irgendwelchen Resten, die sie finden, und sind extrem scheu Menschen gegenüber. Oft werden diese Hunde unter großen Schwierigkeiten eingefangen (häufig reagieren sie, sobald man in die Hocke geht, mit Panik: HILFE, FREIHEITSBERAUBUNG!, weil häufig über Wochen versucht wurde, sie auf genau diese Weise einzufangen).
Außerdem gibt es die Reisegruppen-Bespaßer, die als vorübergehende Touristenbegleiter in Ferienhaussiedlungen leben und sich jeweils für die Dauer des Aufenthalts z. B. einer Familie anschließen bis zu deren Abreise – danach suchen sie sich neue Leute. Wenn diese Hunde nach Hause mitgenommen werden, fordern sie häufig ihren Freiraum ein, indem sie Nachbarn besuchen, Kneipen, sich an Bushaltestellen mit viel Charme neue Freunde auf zwei Beinen suchen – weil diese Art der Überlebensstrategie sie schlicht geprägt hat.
Straßenhunde, die für ihr Überleben sorgen mussten, gehorchen häufig mit ca. fünf Sekunden Verzögerung. Sie brauchen etwas länger, weil sie erst einmal die Stimmung prüfen. In ihrem bisherigen Leben mussten

sie stets alle Sinne einschalten, wenn sie irgendwohin wollten und alles genau überprüfen, um sich nicht in Gefahr zu bringen, nicht überfahren zu werden, etc. Sie sind echte Künstler im Erspüren der menschlichen Grundstimmung – wenn die allerdings stimmt und sie das Kommando positiv verknüpft gelernt haben, kommen sie ganz schnell.
Weil sie gelernt haben, ihr Futter selbst suchen zu müssen, nehmen die meisten Straßenhunde jeden Unrat von der Straße oder von Parkwegen auf. Dieses Verhalten (so grausig wir ihren Geschmack auch finden mögen) ist tief in ihnen verankert, manchmal schon seit Generationen (Labradore sind aber – egal, was sie Ihnen weismachen wollen –, nie Straßenhunde gewesen!). Manchmal lässt der Zwang, alles zu fressen nach, wenn sie einmal verstanden haben, dass sie von jetzt an immer regemäßig gefüttert werden. Bei diesen Hunden hilft nur Management: Lassen Sie sie z. B. während der Grill-Saison in Parks an der Leine, ebenso, wenn Sie in ein gefährdetes Abfall-Gebiet kommen.
Außerdem stehlen die meisten von ihnen auch im Haus – gerade Straßenhunde können nicht verstehen, dass Essen einfach so herumsteht. Vorhandenes Essen muss „genutzt“ werden, denn man weiß ja nie, wann man nochmal was bekommt. Ein gesunder Hund lässt keine Chance vergehen – wieso sollte man eine halbe Pizza ungenutzt herumstehen lassen? Das macht für Hunde einfach keinen Sinn.
Viele Straßenhunde sind es nicht gewöhnt, in geschlossenen Räumen zu leben und reagieren auf diese große Herausforderung mit Unruhe, Hecheln und Nervosität (erinnern Sie sich an den Film „Crocodile Dundee“? Der schlief in Hotels auch immer auf dem Boden, weil er keine Betten gewohnt war). Auch Stubenreinheit muss erst erlernt werden mit vielen kleinen Lösegängen.

Oft können sie später mit Kissen nichts anfangen.

AUF ABSTAND

von Inga Böhm-Reithmeier

Ich hatte eine Kundin mit einem Hund, der aus der Türkei gekommen war und aus einem ländlichen Bezirk stammte. Die Dame hatte schon mehrere Hundeschulen hinter sich und beschrieb, es würde sie so furchtbar nerven, dass dieser Hund immer nur hinter ihr laufen würde. Immer. Mit 10 bis 30 Meter Abstand. Sie würde ihn heranrufen, er würde wieder hinter ihr laufen, wenn sie ihn aktiv drängte, vor ihr zu gehen, würde er abhauen, jagen gehen oder irgendetwas anderes machen.

Wenn man sich die Herkunftssituation des Hundes einmal genauer betrachtet, sieht man dort häufig einen Hund, der einem Menschen in einem gewissen Abstand folgt. Der Lebensstandard ist dort anders als bei uns auf dem Land: Dort gibt es manchmal keinen Strom, oder die Leute gehen zum Fischen, um die heutige Mahlzeit zu besorgen, Essensreste landen auf der Straße. Der Mensch, dem der Hund folgt, ist also keine Bezugsperson, sondern eine Futterquelle. Die Hunde bekommen z. B. die Fischköpfe oder -innereien hingeworfen. Kommt ein zweiter Straßenhund dazu, wird er von dem ersten Hund verscheucht: Hau ab, das ist meine Futterquelle! Deshalb hält sich auch ein bestimmter Hund vielleicht an einem bestimmten Haus auf: Dort leben drei kleine Kinder, und es landen ziemlich viele Essensreste und Fäkalien hinter dem Haus. Der Hund bewacht dafür dieses Haus als seine Futterquelle. Die Menschen dort halten sich keine Hunde, sie dulden allerdings diesen einen, weil er wiederum andere Streuner von ihnen fernhält. Solche Hunde kennen keine „entspannten Spaziergänge", auf denen man einfach ziellos durch die Gegend läuft, schnuppert und einfach nichts tut. Wenn man das verstanden hat, kann man ganz entspannt bleiben: Der Hund verhält sich entsprechend seiner Herkunft ganz normal. Er hat sich einen Menschen ausgesucht, dem er folgt, weil der ihm irgendwann Futter hinwirft. Luxusspaziergänge sind ihm unbekannt. Dass er einem überhaupt hinterher läuft, ist als Kompliment zu werten, denn er hat einen schon mal als zuverlässige Futterquelle akzeptiert. Je weniger Erwartungen man an ihn stellt, desto häufiger wird er herankommen. Wenn das immer wieder mithilfe von Leckerlis anerkannt wird, wird er mehr in der Nähe bleiben. Man muss diesen Hunden signalisieren: *Ich gehe spazieren, und du darfst mich begleiten.* Damit gibt man dem Hund einen gewissen Freiraum zurück, sich so zu verhalten, wie er das in seinem früheren Leben gewohnt war. Natürlich können wir im Laufe der Zeit ein anderes, uns vertrautes Verhalten von ihm erwarten, wir müssen ihm aber auch entgegenkommen und sein Abstandsbedürfnis anfangs zulassen und dulden.

DER PARIA

Paria-Hunde sind wildlebende Hunde, die am Rande menschlicher Siedlungen leben und sich seit Generationen ohne Einwirkung menschlicher Selektion fortgepflanzt haben. Dadurch haben sich verschiedene Schläge eines stabilen Phänotyps entwickelt: Sie haben meistens kleine Stehohren, sind kurz- oder stockhaarig und haben einen Ringelschwanz – ähnlich wie Dingos oder Basenjis. Es gibt auch weitere, seltenere Schläge windhundartiger oder hütehundartiger Paria-Hunde.
Leider werden diese Parias aus Unwissenheit ausländischer Tierschützer immer wieder vermittelt, was für alle Beteiligten große Probleme mit sich bringt. Parias lassen sich zwar mit der Zeit „zähmen" – ihr Verhalten erinnert aber oft an das eines Wildtiers, denn Domestikation haben sie nie erlebt. Sie können sich an das Zusammenleben mit Menschen gewöhnen, aber haben gewöhnlich einen starken Jagdtrieb und eine übergroße Eigenständigkeit, gepaart mit einem ausgeprägtem Scheueverhalten. Gewöhnlich kann ein Paria – seit Generationen ein ausgesprochenes Rudeltier – nicht alleine eingesperrt bleiben. Der Wachtrieb ist zumeist stark ausgeprägt, und Training und Erziehung sind sehr schwer, denn die Kooperationsbereitschaft, die zum Zusammenleben mit einer fremden Spezies überaus wichtig ist, gehört nicht zu ihrem genetischen Programm. Diese Hunde konnten seit Generationen nur überleben, wenn sie sich auf sich selbst verließen – die Kooperation mit dem Menschen macht für sie keinen oder nur ganz kurz Sinn (so ähnlich, als würde man aus einem Eisbären ein Haustier machen wollen. Ein wirklich einschätzbarer Hausbär wird er nie, weil er eben nicht domestiziert ist). Paria-Hunde lassen sich nicht gerne anfassen, zeigen ein ausgeprägtes Meideverhalten und wollen Fremden grundsätzlich ausweichen (inklusive Fluchtverhalten) und sind meistens futteraggressiv. Sie sind gewöhnlich sehr souverän – aber anders, als wir es gewohnt sind: Sie sind eben keine „normalen Hunde", sondern Wildtiere. Um ihnen gewisse Regeln beizubringen, muss man ihre Neugier nutzen – mit „normalem" Hörzeichen-Training oder Führung kommt man bei diesen Hunden nicht weit. Am besten arbeitet man mit ihnen mit instrumentellem Lernen (siehe „Lernen durch Benennen").

Von Ko Samui nach Bayern

Ein Mischling aus Paria und Thai Ridgeback

JAGDHUNDE AUS DEM TIERSCHUTZ

Jagdhunde aus südlichen Ländern, wie die spanischen Windhunde, Podencos und deren Mischlinge, wie auch die Vorstehhunde wie Pointer, Setter, Bretonen und Segugios, werden ganz anders gehalten als bei uns. Sie müssen ihr jagdliches Geschick selbst mitbringen – beigebracht wird ihnen so gut wie nichts. Sie arbeiten im Team mit anderen Hunden, aber unabhängig vom Menschen.

Entsprechend sind es Hunde, die kaum gelernt haben, eine Beziehung zum Menschen aufzubauen (wenn überhaupt, dann meist nur zu einer einzigen Person) und die tagaus, tagein im Zwinger lebten. Gerade Windhunde besitzen eine ausgeprägte Wildschärfe und teilweise bessere anatomische Fähigkeiten als ihre jeweilige Beute: Sie sind schneller und geschickter, springen weiter und höher als Hasen, Kaninchen und Rehe.

Für ihr neues Leben in einem „normalen" Haushalt birgt dies einige Probleme. Abgesehen davon, dass sie noch nie in einem Haus gelebt haben und weder Klospülung, noch Haarföngeräusche oder Topfgeklapper kennen, sind sie es auch nicht gewohnt, 24 Stunden am Tag Aufmerksamkeit von Menschen zu bekommen.

Alle Jagdhunde, wie auch Windhunde, Galgos und/oder Podencos, besitzen einen starken Jagd- und Hetztrieb, auch wenn von der jeweiligen Tierschutzorganisation möglicherweise erklärt wird, der Hund sei vom Jäger abgegeben worden, weil er „nicht gut genug" für die Jagd war. Das bedeutet nicht, dass er nicht leidenschaftlich jagt, denn die Zucht ist dort ausschließlich auf das eigenständige Jagdverhalten ausgerichtet. Es könnte heißen, dass er seine Beute nicht abgeben wollte, dass er unfreundlich war zu anderen Hunden, dass er die falsche Farbe hatte, dass er einfach bei der Jagd verloren ging, dass er langsamer war als die anderen Hunde oder dass er die Beute zu schnell erwischte (denn man möchte bei der Jagd auch ein gewisses nervenkitzeliges Spektakel, und ein Hund, der strategisch zu gut ist, ist sozusagen ein Spielverderber). Es könnte heißen, dass der Jäger ihn einfach nicht mochte, dass er nicht mehr das richtige Alter hatte, uvm. Leider ist das Verhalten, für das diese Hunde seit Jahrhunderten streng selektiert wurden und für das sie überhaupt Anerkennung und Stolz bekamen, genau das Verhalten, das jetzt, im neuen Leben, unerwünscht ist und häufig sogar ein Problem darstellt. Ein Jagd- und Hetztrieb lässt sich nicht „aberziehen" – aber anders fokussieren. Mit gezieltem Training, ruhiger Führung und im richtigem Umfeld (mit wenig Wildvorkommen) kann man ihnen den entspannten Spaziergang beibringen.

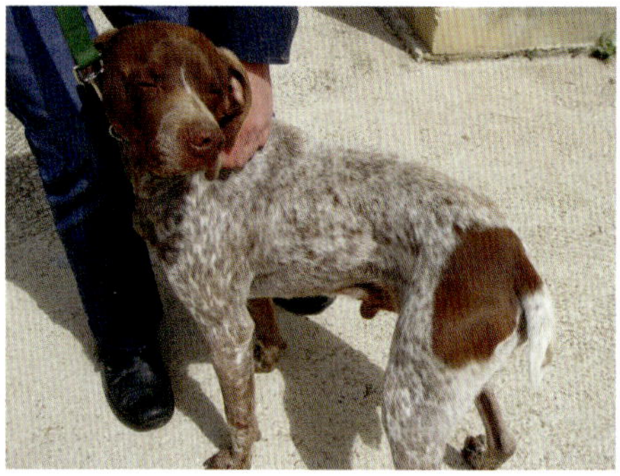

Die dreijährige Braque Française saß zusammen mit vielen ihrer Art in einer der schlimmsten Pererras in Pamplona.

Die Setter- und Pointerartigen Jagdhunde dagegen neigen dazu, sich so sehr in ihr Stöberverhalten hineinzusteigern, dass sie gar nicht mehr ansprechbar sind. Lässt man sie frei laufen, entfernen sie sich sehr weit von ihren Menschen, zwischen 100 bis 500 Metern. Wildschärfe zeigen diese Hunde nicht, aber dafür auch nicht das geringste Verständnis für das, was wir unter einem „normalen Spaziergang" verstehen. Diese Hunde müssen erst einmal ganz neu lernen, wie man sich im neuen Leben draußen entspannt verhält.

Ein Hund von einem deutschen Jäger hatte meistens ein etwas anderes Leben. Bei diesen Hunden handelt es sich gewöhnlich um einen sogenannten „Allrounder" (Deutsch Drahthaar, Terrier, Dackel, Vorsteh- und Stöberhunde), dem sehr viel abverlangt wurde und der manchmal tierschutzwidrigen und/oder sehr harten Trainingsmethoden ausgesetzt war, wie Stachelhalsungen, Strom, Starkzwang (besonders beim Zwangsapport), Stockhiebe, heftiges Rucken an der Leine und ein allgemein rauer Ton.

Das Wunderbare ist: Jagdhunde vergeben meistens sehr schnell und orientieren sich an dem, der es von nun an gut mit ihnen meint. Allerdings sind die Kommandos, die über Starkzwang und Meidemotivation aufgebaut wurden, ein Leben lang negativ belegt. In einem neuen Zuhause sollte man mit dem Hund alle Grundkommandos vollständig neu aufbauen – nämlich mit positiver Verstärkung und ganz neuen Begriffen (man kann z. B. ein früheres „Platz" in „Leg Dich" verwandeln, ein „Fuß" in „Seite" oder „Bei mir", etc.).

Eders neue Besitzerin hoffte, den Rüden als Jagdbegleithund führen zu können. Tatsächlich lernte er nicht nur, Schweißfährten zu folgen, Flächen mit hoher Nase abzusuchen, ausgelegte Hasen und Federwild zu finden und zu apportieren: Nach nur einem Jahr bestand er die beiden Anlagenprüfungen des Vereins für französische Vorstehhunde, ein Jahr später die – sehr ansruchsvolle! – Bayerische Brauchbarkeitsprüfung und die umfangreiche Alterszuchtprüfung. Eder ist ein großartiger Beweis dafür, dass man mit Geduld und Verständnis auch mit einem Perrera-Hund viel erreichen kann, wenn beide so viel Spaß am gemeinsamen Arbeiten haben.

Stark traktierte oder gar misshandelte Jagdhunde haben das Vertrauen in die Zusammenarbeit mit dem Menschen verloren. Es gibt keine Kooperationsbereitschaft mehr, der Hund schenkt dem Menschen keine Aufmerksamkeit, sondern macht eindeutig „die Schotten dicht". Diese Hunde tun aus reinem Selbstschutz einfach so, als wären wir nicht da.

Würde man nun versuchen, den Hund aktiv zu motivieren oder bestimmte Handlungen gar einfordern, würde dies lediglich inneren Widerstand beim Hund bewirken. Am besten dreht man den Spieß um: Der Hund soll nicht das Gefühl haben, wir würden ihn trainieren, sondern stattdessen er *uns*. Dies erreicht man am besten und einfachsten mit Clickertraining. Man wirft ihm, ohne ihn anzusehen oder weiter zu beachten, irgendwo etwas wirklich Besonderes zum Fressen hin – und wenn er es (irgendwann) ansieht: Click. Wenn er es beschnüffelt: Click. Wenn er es frisst: Click – und dann werfen Sie etwas weiter entfernt wieder etwas zum Fressen hin und wiederholen das Spiel. Früher oder später (wir reden hier von großen Zeiträumen, manchmal Tage oder sogar Wochen) wird er Sie ansehen, ob da noch was kommt. Gewonnen! Auf diese Weise kann man den Hund ohne zu viel Intensität und Emotion zum Mitmachen bewegen.

EHEMALIGE SCHUTZHUNDE

Auch diese Hunde haben gewöhnlich viel zu wenig kennengelernt und sind einen normalen Alltag mit Kindern, Begegnungen mit anderen Hunden, einen aktiven Haushalt und Spazierengehen nicht gewöhnt. Sie wurden in den meisten Fällen mit Starkzwang und über den Wehrtrieb ausgebildet, weshalb auch für sie völlig neue Begriffe für die Grundkommandos gefunden werden müssen. Alles Bisherige wurde ja negativ aufgebaut mit Stachelhalsband, Tele-Tak, Gebrüll und/oder Prügel.

Wenn man mit dem Gedanken spielt, einen ehemaligen Schutzhund zu übernehmen, sollte man sich unbedingt vorher die Ausbildung ansehen, damit man weiß, womit man es zu tun hat. Die Ausbildungsmethoden über Wehrtrieb sind ausgesprochen unangenehm und funktionieren über psychischen Druck und körperliche Bedrohung – die Hunde werden so massiv in die Ecke gedrängt und bedroht, bis sie endlich beißen. Wenn der Hund dann endlich so reagiert, wie er soll, lässt der Druck (die Bedrohung durch den Menschen) endlich nach. Natürlich werden auch Schutzhunde immer öfter nicht mehr über den Wehr-, sondern über den Beutetrieb ausgebildet. Allerdings sind auch über diese Methode erlernte Verhaltensweisen für einen friedlichen Familienalltag mit Spaziergängen in Parkanlagen nicht ganz einfach und ungefährlich.

Diese Hunde sollten wirklich nur in erfahrene Hände kommen und in Zusammenarbeit mit einem guten Trainer übernommen werden, der Erfahrung mit diesen Hunden hat und mit positiver Verstärkung arbeitet.

Natürlich neigen diese Hunde immer zu ausgeprägtem Wach- und Schutzverhalten. Sie können auch immer wieder in das Verhalten verfallen, das ihnen in der vorherigen Ausbildung abverlangt wurde: stellen oder beißen. Sie haben meistens eine niedrige Reizschwelle – was in ihrem Schutzhundleben ja durchaus erwünscht war. Außerdem wurde ihnen die natürliche Hemmschwelle, Menschen nicht zu verletzen, aberzogen. Aggressives Verhalten stand bei diesen Hunden stets im Vordergrund – dass es noch ganz andere Optionen gibt, sich im Leben zurechtzufinden, müssen sie erst lernen. Beim Spaziergang mit diesen Hunden muss man extrem aufpassen – Flanieren ohne Ziel kennen sie nicht, und plötzlich auftauchende

Schäferhund Maxi sollte eigentlich Polizeihund werden, reagierte aber so massiv auf die Ausbildungsmethode, dass er in Privathand abgegeben wurde. Maxi war so schwierig, dass der neue Besitzer eine Ausbildung als Trainer machte, um mit dieser entsicherten Handgranate in Hundeform leben zu können. Mittlerweile sind sie ein sensationelles Team, und der Hund arbeitet als Wasser-Rettungshund beim DLRG.

Menschen können mit Figuranten verwechselt und gestellt, dicke Daunenjacken mit Schutzarmen verwechselt werden. Wenn diese Hunde Stress haben, gehen sie nach vorne. Wurden sie über den Beutetrieb ausgebildet, sind sie gewöhnlich Spieljunkies und gehen von 0 auf 100, sobald sie einen Ball oder ein Dummy sehen. Von nun an gibt es nie mehr Spielzeugmotivation für sie, tatsächlich sollte man grundsätzlich nicht mehr mit Ex-Schutzhunden spielen. Die Gefahr, dass das Spiel in Aggressionsverhalten umschlägt, ist zu groß.

Aufgrund ihrer Selektion und bisherigen Haltung, sind Ex-Schutzhunde normalerweise nicht sozial im Umgang mit anderen Hunden. Wenn Sie also planen, mit Ihrem Hund lange Spaziergänge im Park zu machen, um dabei neue Kontakte aufzubauen, ist ein ehemaliger Schutzhund nicht der richtige Hund für Sie.

Auch wenn man diese Hunde sehr gut unter Kommando-Kontrolle bringen kann – denn sie sind es ja gewohnt, Ansagen zu folgen – profitieren sie sehr von fröhlichem, spielerischem Training und /oder Clickertraining, weil es ihnen ein ganz neues Konzept zeigt. Sie brauchen ein klares Auftreten und klare Ansagen von ihren Menschen – alles andere verunsichert diese Hunde total.

EHEMALIGE LABOR-HUNDE

Es gibt verschiedene Lebensweisen für Hunde im Labor: Das eine findet in Zwingern ohne Tageslicht statt mit Neonröhren als einzige Lichtquelle, ohne frische Luft oder Auslauf. Die Erfahrung mit Menschen reduziert sich auf gefüttert, gesäubert oder untersucht werden, darüberhinaus gibt es keine Bindung zum Personal. Die Hunde werden zu schmerzhaften oder verängstigenden Testzwecken benutzt und führen ein insgesamt sehr verunsicherndes, isoliertes Leben. Sie sind furchtbar unsicher, kennen keinerlei Alltagsreize und ziehen sich gewöhnlich vor Menschen zurück. Sie sind nicht stubenrein, kennen meistens keine Leine und nur andere Beagle. Im neuen Leben müssen sie lauter neue Programme lernen, weshalb man langsam und sehr behutsam über positive Verstärkung mit ihnen arbeiten muss. Am besten arbeitet man mit Clickertraining, um keinerlei Druck auf sie auszuüben, außerdem profitieren sie – wie eigentlich alle Hunde – sehr von TTouch und Aromatherapie (und Sie auch!). Diese Hunde brauchen vor allem Zeit und eine sanfte, klare Führung.

Das andere Versuchshundeleben findet in großzügigen, gestalteten Zwingeranlagen mit Tageslicht an der frischen Luft statt, mit Bezugspersonen, die mit ihnen in Welpengruppen gehen und täglich Spaziergänge machen. Dies sind die Versuchshunde bzw. die sogenannten „Vergleichshunde" für Futtermitteltests. Diese Hunde leben sich meistens schnell in ein neues Zuhause ein, denn sie sind ja einen gutgelaunten Umgang mit verschiedenen Menschen in unterschiedlichen Umgebungen gewöhnt. (Hilfe durch TTouch, souveräne Führungsperson, evtl. souveräner Ersthund)

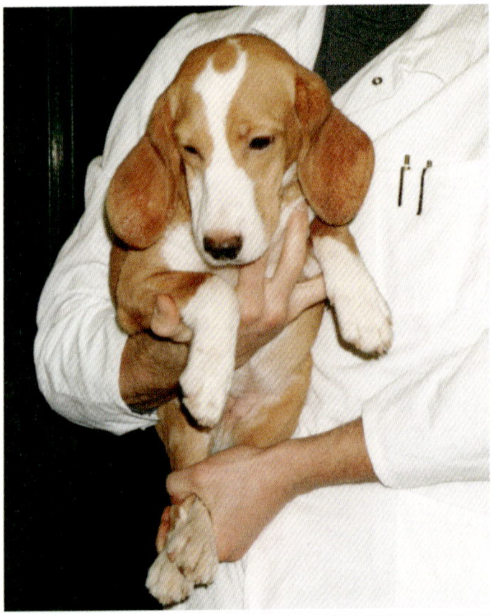

Über das Leid der Labor-Beagle wird ungern geschrieben, weil die Konzerne dann die Zusammenarbeit mit Tierschützern ablehnen.

DER HUND MIT „HANDICAP"

Im Tierschutz gibt es immer eine ganze Reihe von kranken Hunden oder solchen, die nach Unfällen schwere Operationen durchmachen mussten: Dreibeinige, solche mit Platten und Schrauben in den Knochen nach Brüchen, einäugig, taub, mit abgeschnittenen Ohren oder Ruten.

Das Gute an Hunden ist, dass sie alle Situationen, in denen sie sich wiederfinden, hinnehmen („Es ist, wie es ist") und das Bestmögliche daraus machen. Sie bemitleiden sich nicht selbst – und entsprechend ist auch unser Mitleid absolut kontraproduktiv für ihr Wohlergehen.

Vor der Anschaffung eines Hundes mit Behinderung sollte man sich sorgfältig Gedanken machen, ob man der jeweiligen Behinderung tatsächlich gerecht werden kann. Auch finanzielle Gesichtspunkte gilt es zu bedenken: Hunde mit akuten oder chronischen Erkrankungen müssen häufiger zum Tierarzt, brauchen oft regelmäßig Medikamente, und beeinträchtigte Glied-

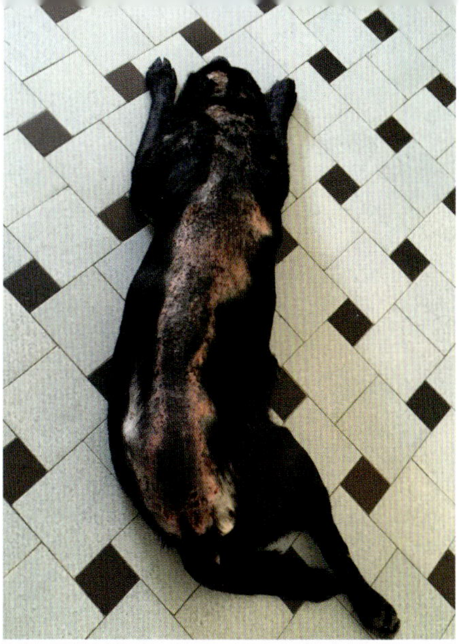

Auch schwere Hauterkrankungen gehören zu den „Handicaps“

Vier Monate nach täglichem Baden, Einsalben, homöopathischen Behandlungen und Futterumstellung sah Jack wieder gut aus.

maßen oder Gelenke können später Arthrosen und deren Behandlung nach sich ziehen. Hunde mit kranken oder fehlenden Gliedmaßen haben es schwer in einem Haus mit vielen Treppen – andererseits lernen sie auf ebenerdigem Gelände hervorragend, auch auf drei Beinen durch die Gegend zu toben und Unsinn zu machen. (Wir kennen einen ehemaligen Tierschutz-Malinois, der heute als Schießpulver-Suchhund in Afrika einen Ranger im Krüger-Nationalpark unterstützt. Ihm wurde von einem Nashorn-Wilderer ein Vorderlauf weggeschossen – aber er arbeitet mit ungebrochener Leidenschaft weiter, spielt mit seinem Kong, tobt im Wasser und balanciert bei rasendem Tempo im PickUp seines Herrn.)
Hunde mit nur einem Auge oder Hunde, die sehr schlecht sehen können, sind oft schreckhaft, wenn sich unverhofft Licht in Fenstern spiegelt oder sich plötzlich etwas ihrer blinden Seite nähert.
Völlig erblindete Hunde sind im Zusammenleben für den Menschen eine Herausforderung: In der Wohnung Möbel verrücken oder gar umräumen bedeutet ein großes Orientierungsproblem für den blinden Hund, der zumeist leicht stressbar ist, was vom Menschen immer wieder aufgefangen werden muss.
Wenn Sie einen blinden Hund aufnehmen, sollten Sie mit ihm gemeinsam an einer Leine die ganze Wohnung ablaufen, um ihm zu zeigen, welche Möbel und Gegenstände an welcher Stelle stehen. Freilauf ist gewöhnlich problematisch, denn dabei kommt buchstäblich zu viel auf ihn zu, was er nicht sehen kann – wobei der Hund im eigenen, übersichtlichen (nicht zu großen) Garten durchaus lernen kann, sich sicher zu bewegen.
Nachdem Hunde hauptsächlich über Körpersprache miteinander kommunizieren, fällt bei einem blinden Hund dieses wichtigste Kommunikationsmittel aus. Daher sind blinde Hunde auch meistens nicht als Zweit- oder Dritthund geeignet, wenn die vorhandenen Hunde nicht außerordentlich tolerant sind: Der blinde Hund kann im täglichen Zusammenleben mit üblichen kleinen Konflikten die Droh- und/oder Beschwichtigungssignale der anderen Hunde ja nicht sehen. Als Mensch ist man gehalten, den blinden Hund niemals spontan anzufassen. Bauen Sie Signale wie „Jetzt anfassen“, „Jetzt anleinen“ oder „Jetzt bürsten“ auf, damit Sie Ihren Hund immer darauf vorbereiten können, was jetzt gleich passiert. Es ist auch eine Sache des Respekts.

Taube Hunde dagegen sind im Grunde nicht problematisch, weil man sie sehr gut mit optischen Signalen ausbilden kann. Mithilfe spezieller Vibrationshalsbänder können taube Hunde so konditioniert werden, dass sie den Besitzer ansehen, sobald das Halsband vibriert. Freilauf ist allerdings nur in sicherer, übersichtlicher Umgebung möglich, denn gehörlose Hunde können herannahende Radfahrer, Autos oder Kinder natürlich nicht hören (dafür hat man keinerlei Sorgen mit ihnen an Silvester oder lauten Kindergeburtstagen. Taube Podencos sind auch 1A Familienhunde, weil sie die Mäuse unter der Erde nicht mehr hören können). In Stresssituationen (z. B. Mobbing durch andere Hunde) darf man sie allerdings nicht sich selbst überlassen, denn sie können ja nicht ständig Blickkontakt halten – wenn sie verloren gehen, nützt es ja nichts, hinter ihnen herzurufen.

Bevor man einen „Hund mit Handicap" übernimmt, sollte man auch bedenken, dass viele dieser Hunde oft über lange Zeit oder gar ein Leben lang Medikamente, Physiotherapie und regelmäßige tierärztliche Untersuchungen brauchen, was eine finanzielle Belastung bedeuten kann.

DER GESTOHLENE HUND

Auch in Deutschland werden regelmäßig Hunde gestohlen. Manchmal aus durchaus ehrenwerten Gründen, um den jeweiligen Hund etwa aus schlechten Haltungsbedingungen zu befreien, manchmal aus Neid oder anderen egoistischen Gründen. Das Fatale daran ist, dass der betroffene Hund nicht auf den Besitzerwechsel vorbereitet wurde, dem normalerweise ein gewisser mentaler Prozess des alten Besitzers vorangeht, sogar dann, wenn dieser den Hund vielleicht gar nicht mochte oder nur als Ware behandelt hat. Der Hund kann nicht verstehen, warum er jetzt woanders ist. Gestohlene Hunde sind häufig verwirrt und bauen nur schwer eine Bindung zu ihrem neuen Menschen auf. Tatsächlich würde solchen Hunden eine Art mentaler Arbeit gut tun, ein „nachgespielter" Abschied und Ankommen. Auch Straßenhunde, die mit einer Schlinge oder einer Lebendfalle von der Straße weggefangen wurden, können mit dem abrupten Situationswechsel häufig nicht umgehen. Der Hund kann nicht einsortieren, was passiert ist und wo er sich überhaupt befindet. Räumen Sie ihm mit mentalen Bildern einen Platz in Ihrem Zuhause ein, heißen Sie ihn mental willkommen. Wenn Sie jetzt denken, wir haben nicht alle Tassen im Schrank, verstehen wir das, bitten Sie aber, trotzdem einmal darüber nachzudenken: Tiere kommunizieren nicht nur über Worte oder Körpersprache miteinander, sondern auch über Bilder (deshalb kann ein Hund, der hinter den anderen läuft, denen an der „Front" bestens mitteilen, dass jetzt alle geschlossen in die andere Richtung rennen sollen). Versuchen Sie es einfach: Stellen Sie sich die Situation vor, in die Sie Ihren Hund jetzt bringen werden und beobachten Sie, ob es ihm nun leichter fällt, die neue Situation zu akzeptieren. Sie haben ja nichts zu verlieren.

Es ist übrigens tatsächlich ein Unterschied, ob man Hunde mit Schlingen und Padautz einfängt, oder ob man einen Hund auf das „Einfangen" vorbereitet, indem man wochenlang versucht, sich ihm zu nähern, ihn immer wieder mit Futter anlockt, in seiner Nähe sitzen bleibt, etc. Wenn ihm dann an irgendeinem Punkt das Halsband umgelegt wird, ist der Hund einverstanden (sonst würde es nicht klappen). Umziehen in ein neues Leben ist immer ein wichtiger Prozess (auch bei Menschen). Das Gehirn muss vorbereitet werden, denn von nun an nimmt der Hund eine völlig andere Rolle ein als bisher, der Kulturschock durch den Ortswechsel ist riesig.

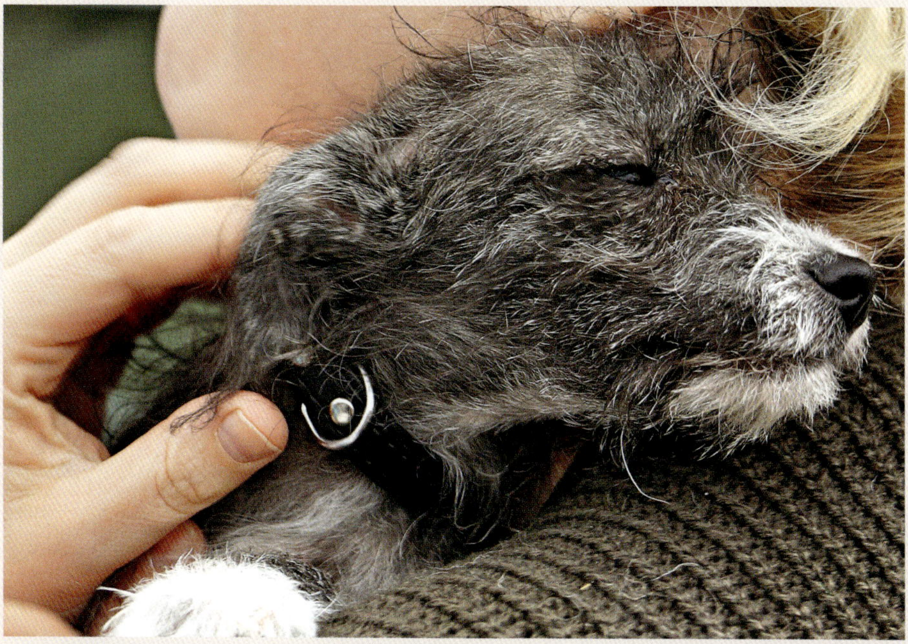

Endlich zu Hause

BIST DU DER, ZU DEM ICH NUN GEHÖRE?

von Katharina von der Leyen

Bei der Ankunft ausländischer Tiertransporte lässt sich häufig etwas ganz Erstaunliches beobachten: Die Hunde, die seit Wochen von ihren neuen Besitzern oder Pflegestellen erwartet werden, werden nacheinander aus ihren Transportboxen gelassen und scheinen meistens genau zu wissen, wer auf sie wartet. Manche Vereine verfügen über den Luxus eines eingezäunten Geländes, in dem die angekommenen Hunde sich erst einmal frei bewegen und lösen können, bevor sie mit ihren neuen Menschen die Reise in ihr richtiges Zuhause antreten. Sie laufen herum, schnüffeln, dehnen sich nach dem 20-stündigen Transport aus Spanien, lassen sich von allen Seiten mit Begrüßungsleckerchen vollstopfen – und kehren immer wieder zu der Person zurück, die sie bisher ja nur einmal kurz (und aufgeregt) kennengelernt, sie einmal auf dem Schoß gehalten hat.

Ich weiß keine andere oder bessere Erklärung, als dass diese Menschen, die sich wochenlang auf die Ankunft des ersehnten Hundes vorbereitet haben, längst mentale Bilder an die Hunde verschickt haben, sich hundertmal verschiedene Situationen mit ihrem neuen Familienmitglied erträumt und vorgestellt haben, und auf diese Weise miteinander in Kontakt getreten sind.

LABRADOR-MISCHLINGE

— im Tierschutz

Im Tierschutz werden immer wieder Mischlinge bestimmter Rassen vermittelt, die in Wirklichkeit mit besagten Rassen nicht das Geringste zu tun haben.

Beispielsweise gibt es eine erstaunliche Menge angeblicher „Labrador-Mischlinge" im Internet, die bis auf ein oder beide Hängeohren und schwarzer oder blonder Fellfarbe nicht das geringste mit einem Labrador gemein haben – zumal sie oft aus Ländern kommen, wo es kaum Labradore gibt, wie etwa Thailand.

Wir wollen gar nicht unterstellen, dass die Tierschutzorganisationen mit Absicht falsche Rassen als Beschreibung aufführen. Häufig ist es nichts weiter als fehlendes Hundewissen, das dazu verführt, einen schwarzen Hund oder einen Hund mit dickem Kopf als Labrador-Mischling zu beschreiben. Es ist allerdings auch unbestreitbar ein gutes „Vermittlungsargument": Labrador Retriever haben viele Eigenschaften, die sie als idealen Familien- oder Anfängerhund gelten lassen. Das Problem dabei ist: Wer einen Labrador sucht, macht dies nicht, weil er sich bei seinem Hund ein bestimmtes Aussehen wünscht, sondern ein bestimmtes Verhalten. Nämlich einen offenen, freundlichen, sozialfreudigen Hund mit großer Kooperationsbereitschaft. Wenn es aber ein Mischling aus einem Herdenschutzhund ist, hat er höchstwahrscheinlich die gegenteiligen Charaktereigenschaften. Er wünscht sich nicht Besuch, Spiel und Partystimmung, sondern will seine Ruhe, möchte, dass seine Besitzer ebenfalls in Ruhe gelassen werden, dass sich niemand seinem Haus nähert. Wer es doch versucht, wird auf den nächsten Baum gescheucht, wenn er Pech hat. Der vielbesungene „Will

to please" ist seine Sache nicht. Wenn also ein solcher Hund per Foto an eine Familie vermittelt wird und einem gegensätzlichen Charakterbild entspricht als dem, womit sie gerechnet hatte, sind die Chancen groß, dass der Hund nicht in der Familie bleiben kann. Er bekommt ein Zuhause und verliert es nach großem Stress, Verzweiflung und Enttäuschung wieder, weil seine Beschreibung schlicht falsch war.

Wir haben in den letzten Monaten immer wieder auf den einschlägigen Tierschutz-Portalen nach Labrador-Mischlingen gesucht. Unter den Hunden, die angeboten wurden, fanden wir Mischlinge aus Herdenschutzhunden, aus ländlichen Wach- und Hofhundschlägen, aus Kampfhund- oder Molosserrassen, schnauzerähnliche oder schlicht Mischlinge aus verschiedenen Jagdhunderassen, die z. B. oft eine deutlich geringere Kooperationsbereitschaft im Freilauf aufweisen als Labrador oder Golden Retriever. Sogar blonde und schwarze Pariahunde wurden als Labrador- oder Golden-Retriever-Mischlinge beschrieben.

Es waren vielleicht fünf von 40 Hunden, die wirklich so aussahen, als hätten sie den ein oder anderen Retriever unter ihren Ahnen. Wenn es Ihnen tatsächlich um einen Mischling einer bestimmten Rasse geht, prüfen Sie die Beschreibung genau – im Zweifelsfall mithilfe eines Tierarztes oder jemandem, der sich mit Hunderassen wirklich gut auskennt, vielleicht sogar einem Trainer, der in Rassekunde geschult ist. Das kann Ihnen und dem Hund einiges an Leid ersparen.

WILLKOMMEN

— *im neuen Leben*

HOME

Bevor der Hund ankommt

VORBEREITUNGEN

Sie haben eine Entscheidung getroffen: Herzlichen Glückwunsch! Ob Sie Ihren Hund nun im örtlichen Tierheim, im Ausland, über Kleinanzeigen oder einen Zufallswurf gefunden haben: Sie werden bald stolzer Besitzer eines neuen Familienmitgliedes sein. Aber bevor Ihr brandneuer Hund aus zweiter Hand die Pfoten über Ihre Schwelle setzt, sollten Sie vorbereitet sein.

EINIGKEIT IN DER FAMILIE

Wenn dies Ihr erster Hund ist, sollten Sie sich im Vorfeld Gedanken über die Lebensart Ihres neuen Hundes machen. Die ganze Familie sollte sich über die Hausordnung für den Hund einig sein, wo er schlafen soll, wer ihn füttert, wer mit ihm spazieren geht, ob er auf dem Sofa liegen darf oder nicht, usw. Ihr neuer Freund wird wahrscheinlich über die ganzen Veränderungen in seinem Leben einigermaßen gestresst sein, und je strukturierter, berechenbarer und zuverlässiger sein neues Umfeld ist, desto leichter wird es für ihn, sich zu entspannen und das neue Leben zu akzeptieren. Wenn eines der Kinder den neuen Hund zu sich ins Bett holt, die Mutter deshalb aber einen Wutanfall bekommt, wird der Hund zusätzlichen Stress haben und verwirrt sein.

WO SOLL ER SCHLAFEN?

Je enger Ihr Hund mit Ihnen zusammen leben darf, desto schneller und stärker baut sich Bindung auf. Es ist wichtig, dass der

Galgo Nano schlief in den ersten sechs Wochen nach seiner Ankunft praktisch durchgehend, weil er endlich entspannen konnte.

Gerade Hunde aus warmen Ländern müssen sich an unsere klimatischen Verhältnisse erst gewöhnen.

neue Hund möglichst viel von Ihnen mitbekommt, vor allem, wenn er keinen guten Start ins Leben hatte. Wenn der neue Hund nur in der Küche, im Flur und im Keller leben darf, wird es mit einer engen Bindung zu Ihnen und dem Rest der Familie schwer werden. Zwingerhaltung oder Haltung im Freien kommt für uns grundsätzlich nicht infrage: Hunde sind Gruppentiere und wollen da sein, wo Sie sind, Punkt!
Am besten ist es, überall dort ein gemütliches Hundebett aufzustellen, wo Sie (oder die Familie) sich häufig aufhalten – aber auch an einem Ort, an den er sich zurückziehen kann, im Flur zum Beispiel.
Wir haben beide kein Problem damit, wenn Hunde nachts bei uns im Bett schlafen, es ist eher eine Sache des persönlichen Empfindens und des Platzes (wie viele Hunde/Kinder/Männer passen zusammen in ein Bett, bevor man selbst sich bescheiden am Fußende zusammenringeln muss?). Junge Hunde schlafen am besten in gemütlich ausgestatteten Transportboxen, damit sie Bescheid sagen müssen, wenn sie aufs Klo müssen. Manche Hunde möchten auch nur im Schlafzimmer, aber in ihrem eigenen Bett schlafen.

Checkliste

WAS SIE ALLES BRAUCHEN

- ☐ Futter- und Wasserschüsseln
- ☐ Hundefutter
- ☐ Ein gut sitzendes Geschirr (achten Sie darauf, dass die Schnallen nicht am Ellenbogen sitzen; das führt auf Dauer zu Fehlhaltungen der Vorderläufe. Außerdem darf es nirgends scheuern, und wenn der Hund noch wachsen sollte oder zunimmt, sollte es mitwachsen können.)
- ☐ Verstellbares Halsband (bei Hunden mit schmalem Kopf ein Zugstopp-Halsband, *kein* Würgehalsband)
- ☐ Eine normale Lederleine, ca. 1,20 m Länge
- ☐ Eine 3-Meter-Leine, die gut in der Hand liegt (Fettleder oder gummiert) und nicht rutschig ist, besonders bei nassem Wetter. Drei Meter geben dem Hund genügend Freiraum, und er kann sich ein wenig entspannter mit uns bewegen, als mit einer kurzen Leine.
- ☐ Gravierter Anhänger für Halsband oder Geschirr mit Ihrer Handynummer
- ☐ Hundebett(en)
- ☐ Transportbox fürs Auto und für zu Hause
- ☐ Hundespielzeug (verschiedene Sorten: Ball, Plüschtiere, Tauspielzeug, Kong, Futterspielzeug)

WAS, WO UND WANN SOLL ER FRESSEN?

Geregelte Mahlzeiten sind wichtig – für Menschen, wie auch für Hunde. Mahlzeiten sind ein gutes Werkzeug für Bindung, denn der Hund lernt, dass von Ihnen gute Dinge zu erwarten sind, und außerdem kann er sich darauf freuen. Wenn das Futter stattdessen immer zur Selbstbedienung herumsteht, sind Sie dafür schon mal nicht wichtig, außerdem bemerken Sie nicht gleich, wenn Ihr Hund mal schlecht oder gar nicht fressen will.

Erwachsene Hunde sollten zweimal täglich gefüttert werden. Wir füttern unsere Hunde, bevor wir essen, damit wir anschließend in Ruhe und so lange essen können, wie wir wollen (außerdem kommen satte Hunde eher nicht auf die Idee, bei Tisch zu betteln). Dass der „Anführer" zuerst essen muss, ist ein Mythos aus der Zeit der Weimarer Republik und Unsinn. Der „Anführer" isst, wenn es ihm passt.

Stellen Sie seinen Wasser- und seinen Futternapf an eine Stelle, an der er in Ruhe fressen kann – ohne dass ständig jemand vorbeimarschiert kommt oder die Kinder mit dem Bobbycar am Futter- oder Wassernapf herumkurven.

Wer den Hund füttert, ist nicht so wichtig wie die Regelmäßigkeit. Das heißt nicht, dass Sie jeden Morgen um Punkt acht den Löffel schwingen müssen: Unsere Hunde werden normalerweise irgendwann zwischen acht und zehn gefüttert, und dann noch einmal zwischen halb vier und halb sechs.

Falls Ihr neuer Hund ein Problem mit einer im Haushalt lebenden Person hat, könnte es nützlich sein, ihn von ebendieser Person füttern zu lassen – beiläufig und ohne dass derjenige dann neben dem Hund stehen bleibt und ihm beim Fressen zusieht: Er sollte eher als Lieferant guter Dinge auftreten und auch so empfunden werden. Liebe geht schließlich nicht selten durch den Magen.

DAS ABHOLEN

Bitten Sie die jeweiligen Vorbesitzer oder Pfleger Ihres neuen Hundes, Ihren Hund nicht kur vor Ihrer Ankunft zu füttern. Ihr neuer Hund merkt, dass irgendetwas sehr, sehr anders ist heute, und Sie wollen die Reise ins neue Leben so positiv wie möglich gestalten. Da ist es besser, er übergibt sich nicht als Erstes in Ihrem Auto.

— Holen Sie Ihren Hund nicht alleine ab, wenn es irgend geht. Nehmen Sie eine zweite Person mit – Sie wissen nicht, was auf Sie zukommt, auch wenn Sie erfahren sind und schon viele Hunde in Ihr Leben gebracht habe: Sie werden trotzdem aufgeregt und ein bisschen durcheinander sein, genau wie der neue Hund. Außerdem ist es immer gut und hilfreich, wenn man jemanden dabei hat, dem man den Hund in die Hand drücken kann, wenn man aufs Klo muss, irgendetwas unterschreiben, etc.

— Wenn Sie alles unterschrieben haben, seinen Impfausweis und mögliche weitere Papiere eingesteckt haben, machen Sie einen kleinen Spaziergang. Wenn der neue Hund sehr ängstlich oder unsicher ist, nützt Ihnen das nichts, aber in allen anderen Fällen hilft es der Entspannung auf der Fahrt enorm, wenn Sie einander ein bisschen kennengelernt haben. Und wenn er mit entleerter Blase und Darm reisen kann.

— Wenn der neue Hund aus einer Tierschutzsituation stammt – also Autofahren möglicherweise nicht gewohnt ist, müssen Sie ihn zwingend mit Geschirr im Auto sichern, noch besser in einer Transportbox. Wenn eine solche nicht in Ihr Auto passt, lassen Sie den Hund im Auto an der Leine und befestigen Sie diese im Auto, z. B. an der Kopfstütze oder den Haltegriffen, wenn auch so, dass der Hund sich umdrehen kann.

- Fahren Sie möglichst schnurstracks nach Hause ohne Umwege. Wenn das Zuhause weit weg ist und man einen Zwischenstopp einlegen muss: Achten Sie auf so viel Ruhe wie irgend möglich. Übernachten Sie nicht bei Freunden mit vielen Kindern oder einer (von Natur aus lauten) großen Familie – gehen Sie lieber in eine Pension. Gehen Sie auch nicht unterwegs noch ins Restaurant. Denken Sie daran, dass im Augenblick *alles Stress* ist für Ihren neuen Hund. Aber weil Sie sich so gut vorbereitet haben, müssen Sie nicht auch noch schnell am Supermarkt halten.
- Wenn Sie Pausen einlegen, leinen Sie Ihren Hund im Auto bei geschlossenen Türen an (der Hund kennt Sie noch nicht und könnte, wenn er sich erschreckt, an Ihnen vorbei durch die Tür entwischen).
- Bei einer langen Fahrt müssen Sie evtl. einen kleinen Spaziergang einlegen: Der Hund muss dabei *immer* am Geschirr und am Halsband angeleint bleiben.

Aslan am Tag seiner Ankunft – am Geschirr im Auto gesichert

FLECKI IST WEG – FERIEN AN DER AUTOBAHN

von Katharina von der Leyen

Am Autobahnparkplatz eben mal Pause machen und dann weiter nach Hause – von wegen: Im Sommer 2015 ging die Geschichte eines Paares durch die Zeitungen, das zwei Wochen lang auf dem Parkplatz Kemmental an der Autobahn A8 bei Ulm darauf wartete, dass Flecki wieder auftauchte. Nach einem lauten Knall war der Mischlingsrüde aus dem Auto gesprungen und im Wald verschwunden. Sofort seien sie ihrem schwarzen Hund mit weißen Flecken an Bauch und Pfoten hinterhergerannt – ohne Erfolg. Dann hieß es für die Besitzer: abwarten. Sie campierten an einer Stelle, die jeder Mensch eigentlich schnellstmöglich wieder verlässt; Autos und Lkw rauschten und donnerten vorbei. Dazu kamen die Explosionen von der anderen Straßenseite, wo ein Tunnel ins Gestein getrieben wurde. Flecki zeigte sich immer mal wieder. „Er kam einige Male 15 bis 20 Meter ans Auto heran", erzählten sie. Da der Hund aber sehr scheu sei, habe er sich wieder zurückgezogen. „Unsere Bindung ist noch nicht so stark." Sie hatten den Hund erst drei Tage vor ihrer Heimfahrt übernommen. „Es war Liebe auf den ersten Blick." Die Geschichte sprach sich schnell herum. Leute aus den Nachbargemeinden halfen bei der Hundesuche, brachten Lebendfallen an, Jäger legten sich auf die Pirsch, Bauern durchsuchten ihre Scheunen, andere Unterstützer brachten Essen und Getränke zum Parkplatz und ein freundlicher Helfer stellte dem Paar sogar seinen Wohnwagen zur Verfügung, damit es die jungen Leute etwas komfortabler und gemütlicher als im engen Auto hatte. Beim Förster durften sie duschen. Auch an freiwilligen Helfern mangelte es nicht: alles gut gemeint, aber völlig unkoordiniert. Die Sucher bretterten teilweise mit Pferden und Motocross-Motorrädern durch den Wald. Auch etwa 200 läufige Hündinnen waren dabei. Alles hatte nur ein Ergebnis: Das scheue Tier wurde nachhaltig vertrieben. Teilweise standen 30 Leute um den Wagen herum. Flecki habe sich zwar immer wieder in der Nähe des Autos blicken lassen. „Aber der Lärm und die Hektik haben ihn verscheucht." Nach über drei Wochen wurde der Hund völlig erschöpft in einem Garten in Blaubeuren gefunden und konnte dann endlich sein neues Leben bei seinen überglücklichen Besitzern beginnen.

Absolut alles, was nun kommt, ist neu für den Hund.

ANKOMMEN ZU HAUSE

Halten Sie die Willkommensparty klein! Es sollten zwar möglichst alle da sein, die zum Haushalt gehören, aber keine Nachbarn, Freunde und Verwandten. Wichtig ist jetzt, dass der Hund einen Überblick bekommt, wer wirklich zum engeren Kreis dazu gehört und an wem er sich orientieren soll. Viele Hunde aus dem Tierschutz sind untersozialisiert, sodass zu viele Menschen auf einmal sehr viel Stress bei ihnen auslösen können – dabei soll sich der Hund in diesem neuen Leben und Zuhause unbedingt sicher fühlen. Auch die ungewohnt konzentrierte Aufmerksamkeit, die nun auf sie gerichtet ist, ist sehr verunsichernd für Hunde. (Stellen Sie sich vor, Sie haben eine lange, anstrengende Reise hinter sich und wollen nur duschen und ihre Ruhe haben, vielleicht ein bisschen fernsehen – und dauernd klopft es, ständig will einer was, immerzu muss man etwas beantworten ...)
Die Nachbarn und die besten Freunde sollen bitte erst in ein bis zwei Wochen kommen. Der neue Hund bleibt ja schließlich noch gut acht, zehn, vierzehn Jahre – alle Beteiligten haben also Zeit. An ganz Ungeduldige kann man übrigens auch Fotos verschicken.

Die 3-Meter-Leine ließ Aslan genug Raum, um von sich aus und ohne Zwang zu entscheiden, durch das Tor zu gehen.

Katharinas Schultern gaben ihm die Richtung vor, in die er sich bewegen sollte.

Der abgewandte Blick ließ ihm Zeit, nach eigenem Gutdünken durch das Gartentor zu gehen.

SO KLAPPT DAS ANKOMMEN

- Wenn Sie einen Garten haben, führen Sie Ihren neuen Hund an der 3-Meter-Leine im Garten herum. Zeigen Sie ihm alles, auch die Grenzen des Gartens. Beobachten Sie ihn: Haben Sie den Eindruck, er überprüft die Zäune auf Möglichkeiten des Entkommens? Wenn ja, können Sie das gleich auf die Liste schreiben mit den Dingen, die Sie mit Ihrem neuen Hund bearbeiten müssen.
- Das Gleiche machen Sie im Haus bzw. in Ihrer Wohnung. Machen Sie eine Führung, zeigen Sie ihm alle Zimmer, das Bad, den Keller, wo er schläft, wo sein Wasser steht, etc.
- Halten Sie die Willkommensparty möglichst klein und beschränken Sie sich auf die engen Familienmitglieder, die allerdings möglichst alle da sein sollten, wenn der Hund ins Haus kommt, damit er gleich versteht, wer alles dazu gehört.
- Miezmiezmiez: Falls Sie eine Katze haben, sollte auch die im Haus dabei sein. Es wird nichts passieren, keine Sorge – der neue Hund ist jetzt psychisch noch gar nicht in der Lage, die Katze zu jagen. Sie sollte ihm aber gleich präsentiert werden, damit er sich darauf einstellen kann, dass sie zum Haushalt dazu gehört. Wenn die Katze sich fürchterlich aufregt über den Familienzuwachs, machen Sie es ihr leichter, indem Sie ihr ein Bett auf dem Schrank o. Ä. einrichten, sodass sie die Übersicht behalten und sich dabei trotzdem sicher fühlen kann.
- Sehen Sie zu, dass der Hund zur Ruhe kommen kann – laufen Sie selbst nicht zu viel herum (er muss sonst immer aufstehen und mitkommen; er kennt sich ja noch nicht aus), nehmen Sie die Aufmerksamkeit von ihm, sprechen Sie ihn nicht ständig an, filmen Sie ihn nicht ununterbrochen, und wenn er schläft, lassen Sie ihn schlafen. Gehen Sie alle zwei Stunden mit ihm zum Lösen hinaus.
- Wenn Ihr Hund abends ankommt: Geben Sie ihm keine volle Mahlzeit mehr zu fressen, höchstens ein paar trockene Hundekuchen (Wasser sollte natürlich frei verfügbar sein). Aufregung schlägt sich bei Hunden gewöhnlich auf den Darm nieder, und es wäre für alle Beteiligten doch schön, wenn man diese erste Nacht tief durchschlafen kann.
- Halten Sie in den nächsten Tagen und Wochen seine Welt klein. Es gibt so viel in Ihrem/seinem direkten Umfeld zu entdecken, zu verarbeiten, zu beobachten und zu begreifen, dass er in den nächsten paar Wochen keine Abenteuerspaziergänge, keine langen Ausflüge und keinen zusätzlichen Trubel braucht. Hunde, die lange Transporte aus dem Ausland mitgemacht haben, brauchen in den ersten Wochen extrem viel Schlaf und Ruhe, viel dringender als alles andere. Wenn der Hund nicht zur Ruhe kommen kann, wird alles Neue zu Stress.

Gehen Sie alle Zäune und Grenzen im Garten gemeinsam ab.

Stellen Sie dem Neuen die vorhandenen Hunde nacheinander und mit genügend Raum vor.

WENN SIE MEHRERE HUNDE HABEN

Nehmen Sie sich genug Zeit, den Neuling Ihrem oder Ihren bereits vorhandenen Hunden vorzustellen. So aufregend es auch ist, einen neuen Hund zu bekommen, kommt es einem entspannten Familienleben in den nächsten Tagen extrem zugute, je friedlicher und entspannter die Ankunft abläuft.

- Wenn es noch andere Hunde im Haushalt gibt, führen Sie den Neuen erst einmal *ohne* die anderen Hunde durch den Garten, damit er sich orientieren und lösen kann.
- Anschließend wird der Neuankömmling den bereits vorhandenen Familienhunden möglichst auf neutralem Boden vorgestellt (für viele Hunde ist der eigene Garten und erst recht das eigene Haus vermintes Gebiet). Wenn Sie keinen Garten haben, treffen Sie sich mit einem anderen Familienmitglied oder einem Freund/Freundin auf der nächstgelegenen Wiese (oder Nachbars Garten nach Absprache). Nähern Sie sich einander mit den beiden Hunden nicht schnurstracks in einer geraden Linie, sondern kommen Sie einander in großen Bögen näher, sodass die Hunde genügend Zeit haben, sich von Weitem zu betrachten. Achten Sie darauf, dass die Leinen locker bleiben – Zug auf der Leine erhöht die Anspannung. Wenn einer der Hunde nervös und/oder zickig ist, gehen Sie mit der Hilfsperson eine kleine Runde. Lassen Sie die Hunde nicht direkt nebenein-

Der Junghund Barthl geht sehr forsch auf Aslan zu, was dem unheimlich ist.

Barthl zeigt wenig Sensibilität für Aslans Unsicherheit.

— Wenn der vorhandene Hund eine Miene zieht wie drei Tage Regenwetter und damit droht, auf der Stelle auszuziehen, gehen Sie nicht zu sehr darauf ein. Stattdessen sollten Sie Ihrem alteingesessenen Hund erklären, dass Sie dringend seine Hilfe brauchen, damit der Neue sich eingewöhnen kann und anständig erzogen wird. Machen Sie ihn zu Ihrem Helfer – dann fühlt er sich wieder wichtig.

ander gehen, sondern so, dass die Hunde rechts und links außen laufen, die Menschen nebeneinander.

— Wenn die Hunde entspannt wirken, lassen Sie sie später einen nach dem anderen im Garten zu dem Neuling dazu kommen. Den neuen Hund einfach in die vorhandene Gruppe zu „werfen“ ist für alle Hunde extrem anstrengend und bedeutet sehr viel Stress. Fangen Sie mit dem freundlichsten, jüngsten, verträglichsten an und lassen Sie den Hunden viel Zeit, einander zu beschnüffeln und zu beobachten, bevor Sie den nächsten dazu lassen.

— Im Haus räumen Sie vorher jeglichen „Sprengstoff“ weg, wie Kauknochen und Spielsachen, damit es keine Auseinandersetzungen darüber gibt.

DIE POST-ANKOMMENS-DEPRESSION

Die Frage: War ich eigentlich völlig irre, mir (noch) einen (oder: diesen) Hund anzuschaffen?, gehört dazu. Wenn Sie sich vorher ausreichend mit der Hundeanschaffung auseinandergesetzt haben, vergeht diese Phase wieder, keine Sorge.

Wenn Sie diese „Oh Gott"-Gedanken bekommen, erinnern Sie sich daran, dass das nur unzuverlässige Gefühle sind, die auf den jeweiligen Moment bezogen sind. Gefühle kommen und gehen wie das Wetter. Sie bedeuten häufig nicht sehr viel – wir sind ja nicht einmal für sie verantwortlich. Nehmen Sie diese Gefühle nicht so ernst. Wenn sich nach vier Wochen herausstellt, dass Sie und Ihr auserwählter Hund tatsächlich nicht zueinander passen, dann hilft Ihnen die (seriöse) Tierschutzorganisation, von der Sie den Hund hatten, für ihn ein anderes Zuhause zu finden.

Er wird räumlich abgegrenzt, damit Aslan seine Ruhe hat.

Barthl hält daraufhin Abstand und Aslan hat gelernt, dass auf ihn aufgepasst wird.

FUSSBÖDEN SIND AUCH NICHT MEHR DAS, WAS SIE MAL WAREN

von Inga Böhm-Reithmeier

Birdy kam 2008 im Alter von etwa drei Jahren aus Spanien zu mir. Sie war mein erstes Tierschutzabenteuer: ein Mischling aus Spanischem Schweißhund und Cocker Spaniel. Ich musste den Hundetransporter aus Spanien auf einem Autobahnparkplatz treffen und die kleine Birdy entgegennehmen. Das war sehr riskant, weil sie verstört und verängstigt war, und nur zu bereit wirkte, jeden Moment wegzulaufen. Sie trug lediglich ein altes Lederhalsband, das locker um ihren Hals lag – und nur fünf Meter daneben die Autos, die über die A3 rasten. Ich war heilfroh, als ich sie endlich in mein Auto bugsiert hatte.

In unserem Haushalt lebten damals eine zehnjährige Mischlingshündin und unser achtjähriger Deutsch-Kurzhaar-Rüde. Birdy interessierte sich für die beiden überhaupt nicht – als wären sie gar nicht da. Unsere Hunde verloren nach kurzem Beschnuppern auch rasch das Interesse an diesem neuen Schlappohr. Birdy legte sich in der Küche ins Körbchen, das in der Nähe der Gartentür stand, und verließ diese „sichere Insel" daraufhin nicht mehr für die nächsten zwei Wochen, wenn ich sie nicht in den Garten trug. Der Grund hierfür war, dass unsere Wohnung zu 90 Prozent gefliest ist – und Birdy felsenfest davon überzeugt war, dass man Fliesen nicht betreten konnte, oder man würde sofort tot umfallen. Wenn ich sie anhob und auf die Fliesen stellte, verkrampfte sich ihr ganzer Körper, sie machte sich steif und spreizte ihre Füße und Zehen, als würde sie auf einem zugefrorenen, glatten See stehen, während man das Eis brechen hörte. In ihren Augen lag nackte Angst.

Damit sie auch mal von sich aus in den Garten gehen konnte, legte ich ihr eine Handtuchbrücke bis zur Gartentür. So musste sie die Fliesen nicht mit den Pfoten berühren. Sie nutzte die Handtücher zwar, aber nur im Notfall und zögerlich, als wäre es eine wackelige Hängebrücke über einem reißenden Fluss, in dem viele hungrige Krokodile nur darauf warteten, dass sie herunterfiele. Ich versuchte, ihren Mut zu fördern, indem ich ihr ab dem dritten Tag das Futter nicht mehr in ihr Körbchen stellte, sondern knapp davor. Und von Fütterung zu Fütterung stellte ich die Schüssel ein bisschen weiter weg.

Sie schaffte es nur, solange die Hinterbeine noch vollständigen Halt in ihrem Körbchen fanden – der restliche Körper wurde immer länger. Stand die Schüssel zu weit weg, sodass die Hinterbeine nicht mehr in die „sichere Insel" reichten, ging sie stoisch in den Hungerstreik. Also baute ich eine Handtuchbrücke zur Futterschüssel. Sie fraß, aber nur verkrampft.

Beim Spaziergang war sie die ersten Wochen angeleint, beachtete aber überhaupt keine anderen Hunde, auch unsere eigenen nicht. Sie tat einfach so, als wären keine Hunde da. Das macht sie übrigens bis heute, acht Jahre später. Sie hat keine direkte Angst vor Hunden, aber nicht das geringste Interesse. Nach zwei Wochen kam abends eine Freundin mit ihren Hunden zu Besuch. Wir

ließen alle Hunde für den gesamten Abend bei uns zu Hause, während wir weggingen. Ich habe keinen Schimmer, was sich in der Zwischenzeit tat – aber als wir vier Stunden später nach Hause kamen, begrüßten uns fünf Hunde an der Haustür. Birdy bewegte sich völlig selbstverständlich auf den Fliesen, als hätte sie nie etwas anderes getan. Ein Wunder! Seitdem waren die Fliesen nie wieder ein Thema.
Ihre zweite Baustelle war das Autofahren. Das musste sie mit mir täglich: zum Spazieren gehen, zum Einkaufen und zu meinen Trainingsterminen. Sie speichelte einen Wasserfall und übergab sich auf jeder Fahrt zwei bis fünf Mal ins Auto. Meine anderen beiden Hunde, die beim Autofahren völlig entspannt waren, waren ihr offenbar leider kein beruhigendes Vorbild. Interessanterweise war das Einsteigen ins Auto nie ein Problem. Sie war sogar immer die erste, die reinsprang. Drei Monate lang spuckte sie in mein Auto, danach wurde es etwas besser. Auf geraden Strecken ging es, aber in Kurven ging es sofort wieder los. Ehrlich gesagt, stresste mich das fürchterlich, denn ich musste ständig mein Auto putzen. Natürlich überlegte ich, mit ihr weniger Auto zu fahren, aber dafür hätte ich meinen ganzen Tagesablauf ändern müssen. Ich dachte mir, wenn der Hund in mein Leben passen soll und bei mir bleiben möchte, dann muss sie da jetzt durch. Ich versuchte Bachblüten, Homöopathie, Reisetabletten und Fahrten auf nüchternen Magen, aber nichts änderte sich. Bisher fuhr sie in meinem Auto in einem großen, runden Körbchen mit hohem, weichen Rand. Aus einem Impuls heraus besorgte ich ihr ein kleines Körbchen mit Rand, gerade so groß, dass sie sich einrollen konnte wie eine Hauskatze. *Das* half! Ich denke, es gab ihr mehr Halt in den Kurven und dadurch mehr Sicherheit. Außerdem hatte ich inzwischen resigniert und nahm es eben hin, dass ich nach jeder Fahrt das Auto säubern musste. Das Spucken und Speicheln verringerte sich im Laufe der nächsten Monate. Nach einem Dreivierteljahr übergab sie sich nur noch einmal pro Woche in meinem Auto. Nach einem Jahr hörte es ganz auf. Ich war so erleichtert!
Birdy ist eine Bereicherung für mein Leben, auch für meine Arbeit als Hundetrainerin. Sie und mein jetziger Rüde begleiten mich regelmäßig im Training und haben vielen Hunden geholfen, ihre Angst vor anderen Artgenossen zu überwinden. Auch wenn der Anfang mit Birdys Baustellen holprig und teilweise auch sehr nervig war, hat sich alles mit der Zeit doch von ganz alleine gelöst. Ich beobachte das auch oft bei meinen Kunden: Genau wie ich damals möchten sie für alles möglichst sofort eine Lösung parat haben, um unerwünschtes oder den Alltag blockierendes Verhalten sofort abzustellen. So funktionieren andere Lebewesen aber nicht. Das beste Hilfsmittel ist es, ganz gelassen zu bleiben und dem Hund Zeit zu geben. Dann lösen sich viele Probleme von ganz alleine.

Birdy beim todesmutigen Überqueren ihrer Handtuch-Brücke

Die Honeymoon-Phase

Ein Bild sagt mehr als tausend Worte.

Nach dem Ankommen beginnen sozusagen Ihre Flitterwochen mit dem neuen Hund. In dieser Phase benimmt er sich gewöhnlich fabelhaft und macht den Eindruck, er sei ein absoluter Traumhund. (Sie kennen das von sich selbst: Wenn man sich noch ganz fremd fühlt, schaltet man auf hochwohlerzogen und zeigt sich von seiner besten Seite – oder wenigstens ganz unauffällig.) Tatsächlich ist er noch ziemlich unentspannt, beobachtet uns ganz genau und probiert verschiedene Verhaltensweisen aus, um herauszufinden, was in diesem neuen Leben funktioniert. Sie wiederum sollten diese Zeit nutzen, um ihn zu beobachten: Was er mag, was er nicht mag, was ihm Angst macht oder Stress verursacht. Meistens ist er noch sehr vorsichtig und auf „Streber-Modus“ programmiert und zeigt sich von seiner besten und unkompliziertesten Seite. Machen Sie das Beste aus dieser „Schonzeit“ und nutzen Sie sie, um die Basis für Vertrauen, Grundkommandos und die wichtigsten Regeln im Haus zu legen, solange er sich noch hauptsächlich auf Sie konzentriert. Auch wenn Ihr Hund aus

TIPP

Wenn nach drei Monaten immer noch ein Beziehungsproblem besteht (mit dem anderen Hund, dem Partner, dem Sohn), dann hilft oft ein kleine gemeinsame Reise übers Wochenende: In der Fremde besinnt man sich auf das, was man kennt. Eine neue Umgebung, gemeinsame Abenteuer schweißen zusammen. Fragen Sie Ihren Ehe-Berater.

Unsicherheit noch sehr damit beschäftigt ist, Sie nicht aus den Augen zu lassen, sollten Sie Rückruf-Kommandos üben, Leinenführigkeit, etc. – damit diese Anforderungen schon „sitzen", wenn Ihr Hund anfängt, sich sicher zu fühlen und eine Art Pubertätsphase einlegt: So kann er hinterher jedenfalls nicht behaupten, er habe von den ganzen Kommandos nichts gewusst.
Die Honeymoon-Phase dauert in den meisten Fällen zwischen einem Monat und etwa drei Monate an. Will heißen: Das ist die Zeit, die Sie für die Basis-Arbeit nutzen sollten, selbstverständlich, ohne den Hund dabei zu überfordern. Es geht eher um die „Hausregeln", die er jetzt lernen soll. Sobald Ihr Hund anfängt, Blödsinn zu machen, ist er „angekommen".
Freuen Sie sich also, wenn er dummes Zeug macht, denn das bedeutet, er fühlt sich bei Ihnen sicher genug, um sich mal etwas Unerhörtes zu trauen.

DER UMGANG

— *mit dem Secondhand-Hund*

Nicht anders als die anderen

Auch wenn es manchmal so aussehen mag, als ob Hunde aus dem Tierschutz anders sind als andere Hunde, „funktionieren“ in Wirklichkeit alle Hunde nach den gleichen wissenschaftlichen Prinzipien wie alle Säugetiere. Wir alle wollen uns gute, wertvolle Dinge sichern und bewahren und negative Dinge vermeiden. Wir alle verhalten uns entsprechend unserer bisherigen – positiven oder negativen – Erfahrungen. Wenn unser Hund aus zweiter Hand aus einer guten Ersthand kommt, seine Erziehung auf gegenseitigem Vertrauen, gerechtem Grenzensetzen und positiver Verstärkung basierte, werden Sie die wenigsten Probleme haben, denn er hat ja gelernt, dass Menschen grundsätzlich voll in Ordnung sind, auch wenn's mal brenzlig wird. Wenn Sie allerdings einen Hund übernommen haben, der vor allem mit Druck, Leinengeruckel und lauten Tönen erzogen wurde, müssen Sie ihm erst beweisen, dass Sie eine Quelle nie versiegender Freude, Spaß und Abenteuer sind und genau die richtige Person, zu der man rennen sollte, wenn's mal schwierig wird oder draußen donnert. Das kann manchmal dauern, aber es ist wahnsinnig spannend, wenn Sie verfolgen können, wie sich im Laufe der Wochen und Monate sein Ausdruck in den Augen verändert, wie er lernt, Ihnen so zu vertrauen, dass Sie auch mal ungeduldig und genervt sein dürfen, ohne dass er Ihnen sein Vertrauen gleich wieder entzieht. Nichts ist wundervoller als der Gesichtsausdruck eines eher misstrauischen Hundes, wenn man vor ihm an langer Leine mit Gummistiefeln durch einen Bach platscht und er einen völlig erstaunt ansieht: „Meinst du das ernst? Wir machen *zusammen* etwas, was lustig und sinnlos ist?“

Machen Sie einfach mal zusammen ganz gezielt nichts.

Stress und wie man ihn reduziert

Stress wird ausgelöst, wenn der Hund physisch oder psychisch über- oder unterfordert wird. Ein gestresster, unausgeglichener Hund reagiert instinkt- und triebgesteuert, anstatt an die jeweilige Situation angepasst zu reagieren. Für Hunde, die aufgrund einer unschönen Vorgeschichte ängstlich, unsicher, aggressiv oder überdreht sind, ist es sehr wichtig, von uns möglichst bald in einen Zustand der Ausgeglichenheit gebracht zu werden – das fällt in unsere Sorgfaltspflicht.

ZUVIEL STRESS

Ein Zuviel an Stress versetzt den Hundekörper in einen Alarmzustand. Die Körperfrequenzen laufen auf Hochtouren, Blutdruck und Herzfrequenz steigen an, die Leber schüttet Glukose in den Blutkreislauf aus, das Gehirn reagiert, als sei eine lebensbedrohliche Situation eingetreten und der Körper ist ständig in Flucht- oder Angriffszustand. Das Denken wird eingestellt, um das Überleben zu sichern: Ab jetzt läuft alles nur noch über Reflexe. Wenn ein Hund in einem Stress-Dauerzustand steckt, kommt es durch die ständigen Stresshormonausschüttungen zu einem gestörten hormonellen Gleichgewicht, was ungesunde körperliche Folgen hat. Der Körper schafft es nicht mehr, sich zu regenerieren. Für Hunde, die unter großem Stress stehen, ist es sehr wichtig, dass sie gezielt und hochwertig gefüttert werden (siehe Seite 210 ff.).

Lange Transportwege, die vom Tierschutzverein aus organisiert werden, um den Hunden ein neues Zuhause im Ausland zu geben, sind eine große Anstrengung für alle Hunde. Viele sind so aufgeregt, dass sie den Einzug in das neue Zuhause und die Menschen im Haushalt kaum bewusst wahrnehmen und einige Tage brauchen, um wieder eine Orientierung zu bekommen. Für viele Hunde aus dem Ausland sind Fön, Staubsauger, Mixer und Fernseher ein häufiger Stressauslöser, da sie noch nie in einem menschlichen Haushalt gelebt haben. Damit sich der allgemeine Stresslevel abbauen kann, was über mehrere Wochen und Monate der Fall ist, ist es wichtig, dass solch ein Hund am Anfang wenig Neues erlebt und viel Ruhe bekommt – ist dies nicht der Fall, so kann der Stresslevel sich sogar noch steigern.

Die goldene Eingewöhnungsregel lautet: So viel wie möglich Vertrautes, so wenig wie möglich Neues.

BESCHWICHTIGUNGS-SIGNALE

Für ein gemeinsames Zusammenleben ist es wichtig, dass man die Signale des anderen erkennt und die wichtigsten Umgangsformen lernt – auch in einer fremden Sprache. Zu den wichtigsten Vokabeln unseres Hundes gehören die Beschwichtigungssignale, die sogenannten *Calming Signals.* Hunde setzen sie gezielt zum Vorbeugen von Konflikten ein. Sie nutzen sie auch, um sich selbst zu beruhigen. Dazu gehören:

— Sich kratzen
— Bögen laufen und langsam gehen
— Spielposition
— Kopf abwenden, sich abwenden
— Herumschnüffeln
— Gähnen
— Wegsehen
— Über die Nase lecken
— Sich schütteln
— Pfote heben
— Hinsetzen/Hinlegen

Zeigt Ihr Hund eines oder mehrere dieser „Calming Signals" in einer angespannten Situation, macht er das, um Sie oder sich selbst zu beruhigen. Sie sind einerseits ein gutes Zeichen, denn es bedeutet, dass der Hund ein Kommunikationswerkzeug einsetzt, um sich einer anstrengenden Situation zu stellen – und sie zu bewältigen. Andererseits bedeutet es, dass er Stress empfindet.

Auch große, runde Augen und angelegte Ohren sind ein Zeichen für Stress.

Ohren angelegt, Pfote gehoben

Vorderkörper-Tiefstellung, Gähnen

Schnuppern, Blick abwenden, langsame Bewegungen

Gähnen, Blinzeln, Ohren anlegen, Kopf abwenden

Einfrieren, Blinzeln, Ohren anlegen

Blinzeln, Hecheln, Blick abwenden

Kopf abwenden, Ohren anlegen

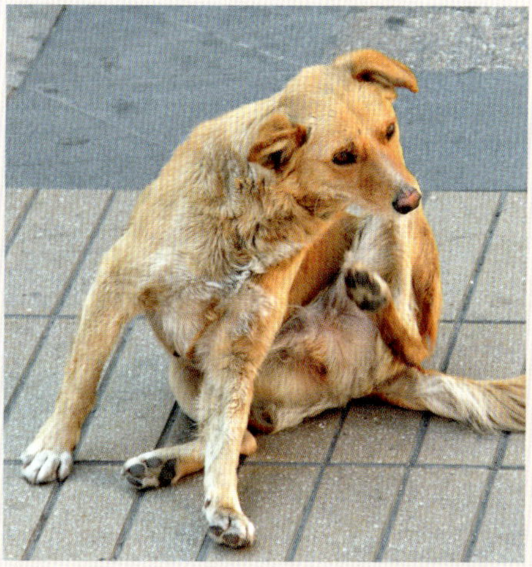

Hinsetzen, sich kratzen

Schütteln, sich abwenden

Bauch zeigen, einfrieren, Ohren angelegt

Fang lecken, Blinzeln

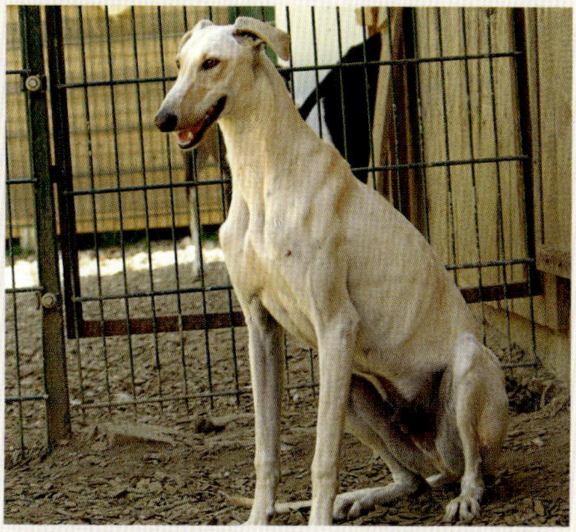

Hinsetzen, ins Leere blicken

Will heißen: Wenn Ihr Hund erst einmal herumschnüffelt, nachdem Sie ihn gerufen haben, dann macht er das, weil möglicherweise Ihre Köpersprache oder Ihre Stimme nicht einladend sind und er sie nicht deuten kann und er mit dem Schnüffeln Zeit gewinne möchte – vielleicht ändert sich ja noch etwas. Wenn jemand ein Zimmer betritt, und Ihr Hund leckt sich plötzlich über die Nase, dann nicht, weil die Person nach Leberwurst riecht, sondern weil irgend etwas an dieser Person nicht geheuer ist (vielleicht auch nur die Tatsache, dass sie überhaupt ins Zimmer kommt). Wenn das Kind sich in das Hundekörbchen zum Hund legt und dieser gähnt, dann nicht, weil er müde ist, sondern weil das Kind ihm zu nahe ist und er Stress mit der Situation hat.
Achten Sie darauf, ob Ihr Hund Beschwichtigungssignale aussendet. Sie können ihm helfen, indem Sie ihm ein Beschwichtigungssignal senden: also Ihrerseits den Blick abwenden, wenn Sie ihm z. B. das Geschirr anlegen. Wenn der Hund das „Kommen“ noch nicht gewohnt ist, drehen Sie sich seitlich, machen Sie ihm den Weg frei, damit er nicht frontal auf Sie zu laufen muss. Wenn ein Hund in den ersten Tagen überhaupt nicht zur Ruhe kommt, setzen Sie sich hin und gähnen immer mal wieder, bis der Hund zur Ruhe kommt. Sie signalisieren ihm damit, dass Sie ihn verstanden haben und er nicht auf sich gestellt ist.

STRESS-REDUKTIONS-MANAGEMENT

— Sorgen Sie für einen entspannten Tagesablauf. Versuchen Sie, wenigstens in den ersten zwei Monaten einen genau ritualisierten Tagesablauf einzuhalten. Rituale geben Sicherheit.
— Die wichtigste Voraussetzung für einen entspannten, gelassenen Hund ist Ihre eigene Gelassenheit. Wenn Sie nicht entspannt sind, kann Ihr Hund es auch nicht sein. Die Mitglieder einer Hundegruppe orientieren sich in ihren Stimmungen immer an den „Anführern“ – also agieren Sie als ruhiges Vorbild, auch wenn's schwer fällt.

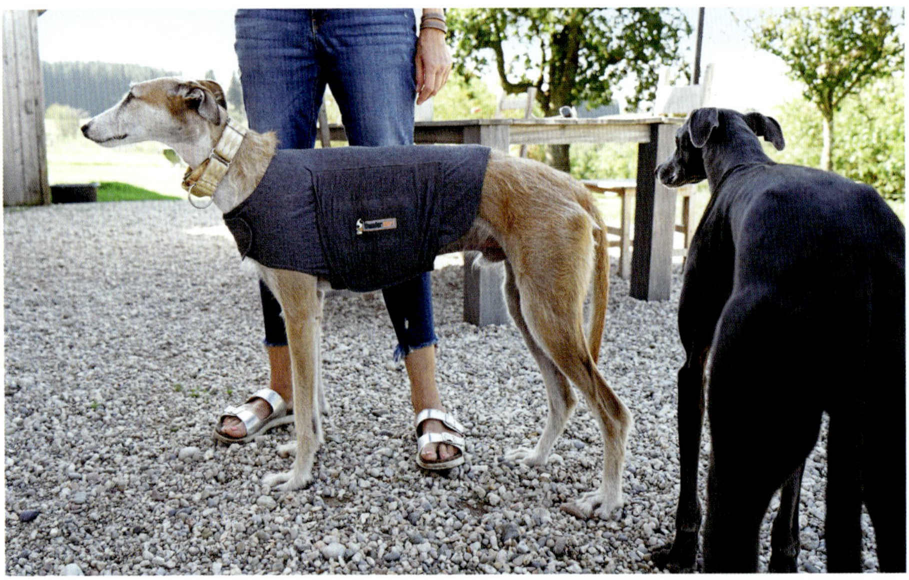

Das Thundershirt umschließt den vorderen Teil des Körpers und gibt das Gefühl von Halt.

Gezielte, kreisende Bewegungen beim TTouch

— Der *Tellington-TTouch* ist eine sanfte und gleichzeitig konzentrierte Methode der Körperarbeit, die von der weltweit anerkannten Tierexpertin Linda Tellington-Jones entwickelt wurde. Die TTouch-Körperarbeit ist eine Kombination aus gezielten kreisenden, streichenden und hebenden Berührungen, die Stress reduzieren, Verspannungen lösen, Emotionen ins Gleichgewicht bringen und die Bindung fördern. TTouches wirken sowohl auf das Nervensystem als auch auf den Muskeltonus. Wir haben schon sehr viele Tiere erlebt, die durch den Tellington TTouch schneller in ihre Ruhe fanden und in tiefe Entspannung kamen, die sogar Traumata aufzulösen vermochten. Es ist nicht schwer, diese gezielten Berührungen zu erlernen – Ihr Hund wird es Ihnen danken. Weitere Ausführungen würden leider den Rahmen dieses Buches sprengen, deshalb nennen wir Ihnen weiterführende Literatur hierzu im Serviceteil und möchten Ihnen dringend raten, sich damit auseinanderzusetzen.
— Desensibilisierung und Management
— Ein Zerstäuber mit synthetischen Pheromonen, den man einfach in die Steckdose steckt, kann sehr gut helfen: Adaptil kann Hunde nachweislich beruhigen.
— Thundershirt: Das Thundershirt ist eine Art stabiles T-Shirt aus hochwertigem Material, das mithilfe verschiedener „Zipfel“ und fester Klettverschlüsse den Hund einrahmt, sodass er sich sicherer fühlt. Nach wissenschaftlichen Untersuchungen löst es bei 80 Prozent der Hunde eine deutliche Besserung bei Geräuschangst, Reisekrankheit, Trennungsangst und allgemeiner Nervosität aus.

Aslan liebte das Thundershirt und entspannte sich damit sofort.

Die geeigneten homöopathischen oder pflanzlichen Mittel können hervorragend zur Entspannung beitragen.

HOMÖOPATHIE

Mit den richtigen homöopathischen Mitteln kann man bei angstvollen, gestressten Hunden sehr viel erreichen – hierzu ist es sinnvoll, einen erfahrenen Heilpraktiker zurate zu ziehen, um für den Einzelfall die passenden Mittel zusammen zu stellen. Im Serviceteil nennen wir Ihnen außerdem Bücher, nach denen Sie eine sinnvolle „Erstversorgung" selbst verabreichen können. Als wichtigste Mittel seien nur folgende genannt:

- **Opium C 200** bei Schock und Traumata, auch wenn diese schon eine ganze Weile zurückliegen. In akuten Fällen halbstündlich drei Globuli unter die Lefzen schieben, bei länger zurückliegenden Fällen viermal täglich.
- **Arnica C200** ist ebenfalls sehr wirksam nach Schockerlebnissen, nach Operationen und Prellungen oder massiven Verletzungen, die mit Schreck einhergehen.
- **Aconitum C200** ist auch ein hervorragendes Mittel bei Schock.

PFLANZLICHE MITTEL ZUR UNTERSTÜTZUNG

- **Vicano NeuroCalm** In der Therapie von sehr unruhigen, nervösen Hunden hat sich dieser pflanzliche Saft bei uns hervorragend bewährt. Er enthält eine Kombination aus Magnesium, Vitaminen

des B-Komplexes, L-Tryptophan und Baldrian und lässt sich leicht dosieren und unters Futter mischen. Der rein pflanzliche Wirkstoffkomplex erlaubt Hunden, eine Art „Stresspuffer" aufzubauen, wodurch der Hund stressige Situationen etwas entspannter „durchmachen" kann. Idealerweise verabreichen Sie es Ihrem Hund zweimal täglich, bis eine deutliche Besserung seines Verhaltens eingetreten ist und Sie das Mittel absetzen können.

— **Baldrian** wird seit Jahrhunderten zur Therapie von Unruhe, Stress und Nervosität eingesetzt. Am leichtesten lässt sich Baldrian in Form von Kapseln verabreichen, die man unter das Futter mischt.

— **Lavendel** Diese Heilpflanze hat ein breites Wirkungsfeld: Die über 2000 im Lavendel enthaltenen Wirkstoffe wirken antibakteriell, antiviral, antimykotisch (z. B. gegen Hautpilz und Nagelpilz), entzündungshemmend, pflegend und beruhigend und helfen sogar bei Magen und Darmbeschwerden. Wenn Sie das Kissen Ihres Hundes mit verdünntem ätherischem Lavendelöl einsprühen, werden Sie sich wundern, wie gerne er sich in sein Bett zurückzieht! Katharina hat im Garten so viel Lavendel angepflanzt, dass sie ihn im Sommer und Herbst ernten kann und die zerriebenen Blüten in die Füllung der Hundekissen streut, was die Hunde lieben. Sie können natürlich auch Lavendelöl verwenden. Das ätherische Öl des echten Lavendels gilt als besonders edel und hochwertig.

— **Bachblüten** Wir haben mit Bachblütenmischungen immer wieder beeindruckende Ergebnisse bei ängstlichen, gestressten, nervösen oder traumatisierten Hunden erzielt. Die bekannteste Mischung ist sicherlich die „Rescue Remedy", die Sie bei Schreck, Stress und Schock direkt aus der Pipette auf die Mundschleimhaut tropfen. Seite 228 nennen wir Ihnen ein sehr gutes Buch, mit dem Sie mit Ihrem Hund arbeiten können.

Die richtigen Bachblüten wirken erstaunlich effizient.

Erziehung, Sozialisierung, Training und Führung

Alles dasselbe, könnte man denken, ist es aber nicht. Erziehung, Sozialisierung, Training und Führung sind die Grundfeste, auf denen ein entspanntes Zusammenleben mit einem Hund basiert.

Erziehung heißt, erwünschte Verhaltensweisen durch Bestätigung und kontinuierliche Wiederholungen zu formen und gleichzeitig unerwünschte Verhaltensweisen durch ritualisiertes Grenzensetzen dauerhaft zu verhindern.

Sozialisierung ist die Gewöhnung eines Hundes an das neue Leben im Umgang mit allen Arten von Umwelteinflüssen.

Training bedeutet, mithilfe von Konditionierungen Verknüpfungen zu erstellen, indem bestimmte Verhaltensweisen auf Kommandos hin ausgelöst werden. Damit werden dem Hund die Grundkommandos beigebracht.

Führung heißt, mit einer souveränen inneren Haltung und einer klaren Ausrichtung im Umgang mit dem Hund die Richtung zu bestimmen, sodass wir eine Vorbildfunktion einnehmen und der Hund sich bei uns sicher fühlen kann. Gute Führung bedeutet, dass wir agieren statt reagieren und klare, vorher durchdachte Kommandos geben (also keine Kommandos, die der Hund momentan nicht befolgen kann, die Stimme unter Kontrolle haben, usw.).

DOMINANZ, HIERARCHIE UND BEZIEHUNG

Um es gleich zu sagen: So etwas wie einen „dominanten Hund" gibt es nicht. „Dominanz" und „Unterwerfung" sind in der Tat Teil des sozialen Umgangs miteinander, sind aber immer von einem Gegenüber abhängig. Ein Hund kann eine starke Persönlichkeit haben, aber um eine Situation zu „dominieren", braucht er ein Gegenüber. Im Übrigen sind Hunde nicht an der Weltherrschaft interessiert. Sie wollen den Menschen keineswegs „anführen", denn dafür sind sie eigentlich zu faul. Sie rennen nicht ungestüm als Erster zur Haustür hinaus, weil sie „dominant" sind, sondern weil sie sich freuen, nach draußen zu kommen und ihnen bisher keiner beigebracht hat, dass „man" das nicht macht. Wenn ein Hund die Küchenanrichte nach Essbarem absucht, dann nicht, weil er „dominant" ist und uns unseren Gouda nicht gönnt, sondern weil er vielleicht lange Zeit selbst für seine Mahlzeiten sorgen musste und außerdem nicht begreifen kann, wieso wir etwas so Wertvolles unbewacht herumliegen lassen.

Wenn allerdings der Mensch seinen Job als Anführer und Beschützer nicht gut genug macht, sieht sich der Hund irgendwann gezwungen, seinerseits zu versuchen, die Führung und Sicherheit der Gruppe zu übernehmen. Es liegt also allein an Ihnen, ob Ihr Hund sich bei Ihnen sicher genug fühlt, um Ihnen zu folgen.

In der ziemlich komplizierten menschlichen Welt kann nur der Mensch den besten Weg kennen und die Richtung vorgeben. Für einen Hund sollten wir ein Chef, ein Schiedsrichter, ein Vorbild, ein Freund, ein Lehrer, sein Tour Guide im neuen Leben, ein angenehmer Gesellschafter und ein Aufpasser sein, der dem Hund Sicherheit gibt. Anstatt sich über den sozialen Status von Ihnen selbst oder Ihrem Hund Sorgen zu machen, sollten Sie ihm lieber Manieren beibringen. Wenn Ihr Hund gelernt hat, höflich und respektvoll zu sein, auf Sie und andere zu achten, sich gegebenenfalls zurückzunehmen und Sie in Ruhe zu lassen, werden Sie merken, dass es überhaupt nicht um Hierarchie geht. Allerdings kann er all dies nur lernen, wenn Sie ihm ein Vorbild sind. Behandeln Sie Ihren Hund ebenso höflich und respektvoll, wie er Ihnen gegenüber sein soll. Lassen Sie ihn in Ruhe, wenn er das braucht, damit er auch Sie in Ruhe lässt, wenn Sie das Ihrerseits einfordern.

Auch Beagles können den Freilauf lernen.

Helfen Sie Ihrem Hund in solchen Situationen.

MYTHEN DER HUNDE-ERZIEHUNG

Mythos 1: Windhunde und Huskys kann man nicht erziehen und Beagles kann man nie frei laufen lassen.

Erziehen und trainieren kann man fast jeden Hund mit einigen seltenen, speziellen Ausnahmen. Beagles können den Freilauf sehr wohl lernen – vielleicht nicht absolut überall und nicht mitten in einem Wildparadies oder in der Nähe von Komposthaufen, aber niemand ist schließlich vollkommen.

Mythos 2: Hunde machen alles unter sich aus.

Nachdem wir Menschen in absolut jeden Bereich unserer Hunde eingreifen, ist es mehr als unfair, sie sich selbst zu überlassen, wenn echte Gefahr droht. Wenn Hunde alles unter sich ausmachen, kann es zu massivem Mobbing kommen. Bei Hetzspielen können sehr kleine Hunde von großen Hunden ernsthaft verletzt werden oder große Hunde sich irgendwann wehren, wenn ein kleiner Hund sie ununterbrochen ankeifen darf. Wir haben die Verantwortung dafür, dass ein Zusammentreffen in unserer Gegenwart so harmonisch wie möglich verläuft.

Mythos 3: Was Hänschen nicht lernt, lernt Hans nimmermehr.
Dieses Sprichwort gilt nur für manche Menschen. Alle anderen – vor allem Hunde, die so unglaublich anpassungsbereit sind – können alles lernen, wenn man es ihnen interessant genug macht. Natürlich ist ein unbeschriebenes Blatt, ein junger Hund also, leichter zu erziehen und zu formen als einer, der reflexartig schon auf viele Erfahrungen zurückgreift. Aber auch alte Hunde können noch lernen, ein fabelhafter Familienhund zu werden.

Mythos 4: Jagdhunde, die zur Jagd eingesetzt wurden, können nicht mehr als Familienhunde leben.
Jagdhunde können wunderbar als Familienhunde gehalten werden, denn die Jagd war ja nur ein Teilaspekt ihres – wahrscheinlich bisher ziemlich kontaktarmen, traurigen Lebens. Im Gegenteil: Weil sie häufig sehr hart behandelt wurden, sind sie unglaublich bescheiden und froh über jedes freundliche Wort, einen warmen, weichen Platz und Spaziergänge, auf denen sie nicht ununterbrochen Pflichten erfüllen müssen. In Deutschland leben übrigens die allermeisten Jagdhunde als Familienhunde, weil es nur noch sehr, sehr wenige Berufsjäger gibt.

Ein Stachelhalsband löst beim Hund einen nicht zu vertretenden Schmerz aus.

Mythos 5: Ein Hund kann nichts lernen ohne Strafen.
Im Gegenteil: Durch „Strafen" lernt ein Hund überhaupt nichts, weil er die Verknüpfung nicht machen kann: „Ich habe die Tapete von der Wand montiert, deshalb werde ich jetzt in die Garage gesperrt" oder „Ich habe die Butter von der Anrichte geklaut, deshalb muss ich jetzt auf meinem Platz im Flur liegen bleiben" macht für Hunde keinen Sinn. Stattdessen müssen sie Grenzen gesetzt bekommen, *bevor* sie irgendwelchen Unsinn anstellen.

Mythos 6: Wenn man Leckerchen oder einen Clicker zum Training einsetzt, wird man nie mehr ohne sie auskommen.
Keksbelohnungen und/oder ein Clicker sind nur dafür da, ein bestimmtes Kommando/erwünschtes Verhalten aufzubauen, also erst einmal das Interesse des Hundes für die Zusammenarbeit zu wecken. Sobald der Hund verstanden hat, was mit einem bestimmten Signal/Wort/Kommando gemeint ist, schleicht man die Belohnung und den Clicker wieder aus. Anders ist das ja auch nicht, wenn man sich wie verrückt freut, wenn der Welpe brav draußen unterm Baum sein Geschäft verrichtet. Aber es wird wohl kein Hundehalter vor Glück außer sich geraten, wenn der gleiche Hund dieselbe Großtat im Alter von fünf, sechs Jahren vollbringt.

Mythos 7: Ein Stachelhalsband ahmt die Zähne eines anderen Hundes im Nacken nach und ist deshalb artgerechte Korrektur.
Ein Stachelhalsband ahmt überhaupt nichts nach, denn in dem Zusammenhang, in dem unsere Hunde ein Stachelhalsband zu spüren bekommen, würde kein anderer Hund seine Zähne einsetzen. Heutzutage gibt es unendlich viele, kommunikativere Möglichkeiten, einem Hund ganz ohne Stachler vernünftiges Gehen an der Leine beizubringen. Wir leben ja nicht mehr im Mittelalter, als

Ein Hund sieht sich in der sozialen Hierarchie über dem Kleinkind.

die Ritter den Streitkolben einsetzten, um ihrem Bruder mitzuteilen, dass sie ihn unsympathisch fanden.

Mythos 8: Aggressive/handscheue Hunde wurden irgendwann misshandelt.
Handscheue Hunde wurden häufig nicht misshandelt, sondern eher gar nicht behandelt. Sie kennen weder freundliche, noch unfreundliche Hände und sind meistens massiv untersozialisiert.

Mythos 9: Der Hund ist in der Familienhierarchie ganz unten.
Hunde wissen nichts über menschliche Hierarchien. Weil sie sich viel schneller entwickeln als Menschenkinder und ein zweijähriger Hund einem zweijährigen Kind körperlich und mental weit überlegen ist, sieht er sich in der sozialen Hierarchie auch nicht „unter" dem Kleinkind, sondern darüber. Und das ist auch gut so, denn deshalb wird er das Kind im Zweifelsfall verteidigen, weil er versteht, dass es seinen Schutz braucht, und sich nicht darauf verlassen, dass das Kind umgekehrt ihn vor einer Gefahr beschützt.

Mythos 10: Ein Hund, der aufs Sofa darf, wird dominant.
Nein. Ein Hund, der aufs Sofa darf, wird danach nur eher nicht mehr freiwillig in sein Körbchen gehen, denn das Sofa ist gemütlicher, riecht nach Ihnen, und Ihr Schoß und Ihre Streichelhände sind ganz bequem verfügbar.

Mythos 11: Mittelmeerkrankheiten sind tödlich.
Mittelmeerkrankheiten *können*, wenn sie unbehandelt bleiben, tödlich enden, aber in den allermeisten Fällen können Hunde mit geringer Medikation ganz normal und sehr lange leben.

PFLEGESTELLEN

— was es bedeutet, einen Pflegehund zu übernehmen

Verlässliche Pflegestellen sind im Tierschutz außerordentlich wichtig. Sie müssen sehr viel leisten, denn eine gute Pflegestelle ist nicht einfach nur eine „Verwahrstelle", die Futter, einen trockenen Schlafplatz und Halsband und Leine zur Verfügung stellt: Eine gute Pflegestelle schafft die Basis für einen Neuanfang in einem neuen, besseren Leben.

Sie ist ein Zwischenstopp im Leben des Hundes, ein Zuhause – auch wenn es nur ein vorübergehendes ist –, wo er so behandelt werden sollte wie ein eigener.
Das bedeutet, dass die Pflegestelle unerwünschte Verhaltensweisen managen und bearbeiten muss, damit er nicht in ihnen oder seinen Unsicherheiten oder Ängsten stecken bleibt. Auch der Pflegehund muss lernen, sich an gewisse Dinge zu gewöhnen, er muss lernen, wie man sich in einem normalen gesellschaftlichen Umfeld verhält – sonst kann er auch im Auffanglager in dem jeweiligen Land bleiben. Er muss lernen, wo er hingehört, auch wenn es nur vorübergehend ist. Er muss auch auf einer Pflegestelle einen Platz und eine Stellung zugewiesen bekommen. Es ist ähnlich wie in einem Internat: Auch das ist ein Zuhause „auf Zeit", wo es feste Bezugspersonen gibt, man erzogen und geführt wird, und wo das Kind einen festen Platz innerhalb dieses Systems hat mit Aufgaben und Pflichten.
Das Wunderbare daran, Pflegestelle zu sein, ist es, dass man die Chance hat, aus einem möglicherweise beschädigten Hund einen starken, fröhlichen, selbstsicheren Hund zu machen. Dass man aus einem unter- oder falsch ernährten Hund eine strahlende Schönheit machen kann, deren Fell mit den Augen um die Wette glänzt. Dass man den Pflegehund so fabelhaft erzieht und ans Leben anpasst, dass man eine neue Familie bzw. einen neuen Besitzer und den Pflegehund sehr glücklich machen kann, wie auch ein älterer Hund, der sich schon beinahe aufgegeben hatte, wieder stolz und schön wird, und dass es unbezahlbar ist, wenn man geradezu zuschauen kann, wie der Blick des Pflegehundes sich verändert, wie er weich, offen und frech wird – und endlich ein normaler Hund.

Amali lernte auf ihrer Pflegestelle Freilauf, alle Kommandos und dass man in Menschenbetten am besten schläft.

Pflegestellen sind wichtig, denn ein Hund benimmt sich völlig anders in der Sicherheit eines warmen Zuhauses als in einem Zwinger eines Tierheimes. In einer Pflegestelle kann man den Hund ganz anders einschätzen, kann abschätzen, ob er Kinder mag, Fahrräder oder Katzen jagt, ob er Zipperlein hat, die berücksichtigt werden müssen. Und er bekommt die Grundregeln des gesellschaftlichen, zivilisatorischen Umganges gezeigt, bevor er in ein endgültiges Zuhause umziehen kann. Pflegestellen sind wichtig und notwendig – auch wenn es viel verlangt sein kann, einen Hund wieder abzugeben, dem man monatelang (manchmal sogar ein, zwei Jahre lang, bevor sich das passende Zuhause findet) mit Geduld und Mühen gezeigt hat, wie das zivilisierte Leben spielt. Dem man Dinge ab- und manche angewöhnt hat, in den man Zeit, Liebe, Pflege und Geld investiert hat – und das alles letztlich nicht zum eigenen Vorteil, sondern um ihn stark, selbstsicher und fit für ein neues, normales Leben in einem anderen Zuhause zu machen. Es ist ein echtes Projekt, dem man sich stellt, das viel verlangt – und viel zurückgibt. Man muss noch viel gerechter sein, als mit dem eigenen Hund, ihn aber genau so lieben. Man muss sich zwingen, ihn neutral zu beurteilen, man muss sich ehrlich seinen fürs moderne Leben schwierigen Eigenschaften oder Angewohnheiten stellen.

Pflegestelle zu sein, ist anstrengend und zeitraubend. Manche Hunde sind zeitaufwendig, viele können nicht an der Leine gehen, lassen sich nicht beiläufig in den normalen Alltag integrieren. Manche Hunde werden erst nach längerer Zeit vermittelt – niemand weiß, wie schnell es gehen und wie lange es dauern kann, auch die Tierschutzorganisation kann das nicht erahnen. Manche Hunde werden sogar zu Dauergästen, auch damit sollte man als Pflegestelle rechnen. Viele Pflegehunde brauchen einen Trainer oder einen Kurs in der Hundeschule, sie müssen dem Tierarzt vorgestellt werden und haben häufig Würmer oder Giardien. Die Pflegestelle muss außerdem die Zeit finden, E-Mails der Interessenten für den Hund zu beantworten, mit ihnen zu telefonieren, regelmäßig neue Fotos von dem Pflegehund zu machen, ihn zu beschreiben und bereit sein, Interessenten zu empfangen und möglichst objektiv einzuschätzen, ob sie für den jeweiligen Pflegehund geeignet sind – und auch nein zu sagen, wenn sie nicht zu passen scheinen, auch wenn man den betreffenden Hund gerne in einem endgültigen Zuhause sähe.

Schlechte Pflegestellen Pflegestellen, die einen Hund nur übernehmen, damit er nicht im Zwinger hocken muss, ohne wirklich die Verantwortung für ihn zu übernehmen und den Hund einfach nur „sein

Durch die anderen Hunde auf der Pflegestelle wurde Amali zum Seehund.

lassen", haben den Tierschutzgedanken nicht zuende gedacht. Einen Tierschutzhund nur zu verwahren, ohne ihm gezielt etwas beizubringen, ist fahrlässig, denn der Hund verharrt ohne Zuhause in einem Zustand des „freien Falls". Eine schlechte Pflegestelle schadet dem Hund mehr, als es der Aufenthalt in einem Auffanglager könnte. Entsprechend ist es auch ein großes Problem, wenn es auf einer Pflegestelle zu viele weitere Pflegehunde gibt. Es ist unmöglich, bei mehr als acht, neun Hunden mit speziellen Bedürfnissen als Einzelperson eine individuelle, angemessene Erziehungs- und Trainingsarbeit zu leisten.

Pflegestelle mit Bleibe-Option Viele Leute übernehmen auch einen Hund als Pflegehund, um erst einmal auszuprobieren, ob dieser Hund zu einem oder zu dem vorhandenen Hund passt. Dagegen ist grundsätzlich nichts einzuwenden, denn gerade, wenn bereits Hunde in der Familie vorhanden sind, ist es manchmal sinnvoll, erst herauszufinden, ob die Hunde zueinander finden. Sollte sich herausstellen, dass der Pflegehund nicht der ideale neue eigene Hund ist, kann man die Verantwortung trotzdem nicht an dieser Stelle einfach wieder abgeben wie einen Schuh, der nicht passt. Tierschutzvereine erleben andauernd, dass der Hund, der irgendwie anders ist, als man sich das vorgestellt hat, das Zuhause dann postwendend wieder verlassen soll – auch wenn gar kein Notfall vorliegt, weil der Hund die vorhandene Katze fressen will, das Kind angeknurrt hat o. Ä.
Das ist weder fair dem Hund, noch der Tierschutzorganisation gegenüber, die ja schließlich kein Online-Versand für Hunde ist, denen man den Hund einfach wieder zurückschickt. Für einen Hund, der nicht in der Familie bleiben kann, muss erst eine neue Pflegestelle gefunden werden, auf die er passt und wo er auf unbestimmte Zeit bleiben kann, und manchmal dauert das.

Checkliste

WAS SIE UNBEDINGT BEDENKEN MÜSSEN, BEVOR IHR PFLEGEHUND BEI IHNEN ANKOMMT:

- ☐ Haben Sie Zeit und Geduld, einen Hund zu erziehen?
- ☐ Haben Sie genug Erfahrung mit Hunden, um auch einem möglicherweise „beschädigten" Hund gerecht werden zu können?
- ☐ Haben Sie unbegrenzt Zeit und Lust, einen Pflegehund aufzunehmen, auch wenn er sich eventuell als Dauergast herausstellt?
- ☐ Haben Sie ausreichend Zeit, falls der Pflegehund krank ankommt, ihn zum Tierarzt zu bringen und anschließend zu pflegen?
- ☐ Halten Sie es aus, wenn Ihr Pflegehund möglicherweise mit Milbenbefall, Giardien und/oder Würmern bei Ihnen ankommt?
- ☐ Können Sie Ihre Teppiche wegräumen, falls das Konzept der Stubenreinheit nicht gleich bei Ihrem neuen Hund ankommt, und würde Ihr Fußboden auch große Pfützen aushalten?
- ☐ Können Sie es dem Pflegehund verzeihen, wenn das edle Hundebett angefressen ist, die Spielsachen der Kinder zerrissen, Ihre Lieblingsschuhe in Sandalen verwandelt und Ihre Brillen zerkaut sind?
- ☐ Sind Ihre Kinder erfahren mit Hunden? Pflegehunde kennen Kinder oft nicht und sind nicht sicher im Umgang mit ihnen.
- ☐ Schafft es der eigene Hund, wenn immer wieder neue Hunde dazu kommen, die wieder abgegeben werden? Ist Ihr vorhandener Hund so sozial und stabil, dass er auch mit Marotten fremder Hunde umgehen kann, ohne überfordert zu sein?
- ☐ Wenn die vorhandenen Hunde den Neuling erst einmal doof finden oder der Neue Schwierigkeiten hat, sich in die Gruppe einzufügen – haben Sie ausreichend Zeit und Geduld, daran zu arbeiten?
- ☐ Wenn der Pflegehund länger bleibt als erwartet – haben Sie die Möglichkeit, ihn in den Ferien mitzunehmen oder in dieser Zeit gut versorgen zu lassen?

Erziehung

Vor allem dann, wenn „der Neue" sich von vorneherein relativ sicher und gutgelaunt im Haus bewegt, sollte man mit der Erziehung unbedingt sofort anfangen. Hunde, die sich in den ersten Tagen gar nicht aus ihrem Versteck trauen und auch keinen Kontakt zum Menschen aufbauen, werden sowieso erst einmal in Ruhe gelassen und nur gemanagt: Wenn er an irgendetwas herumkaut, bieten Sie ihm stattdessen einen Kauknochen an, wenn er aus dem Klo trinken möchte, schließen Sie die Toilettentür, wenn er Angst vor der Zimmerpalme hat, entfernen Sie die Palme oder stellen Sie einen Paravent davor, etc. Nur so ganz nebenbei können Sie mit gewissen Regeln anfangen, indem Sie immer um so und so viel Uhr füttern, indem Sie ganz geregelt mit ihm zu bestimmten Zeiten nach draußen gehen, usw.

„Aber der muss sich doch erst einmal eingewöhnen", könnte man denken – das wäre aber nicht richtig. Bei Erziehung geht es um Beziehung und Vertrauen. Insofern kann man gar nicht früh genug damit anfangen, denn eine gute und durchdachte Erziehung gibt dem Hund Halt und Sicherheit. Es bedeutet, erwünschtes Verhalten zu fördern und unerwünschtes Verhalten nicht mehr aufkommen zu lassen bzw. zu unterbinden – das geht übrigens nur, wenn man auch zu Hause ist. Man kann keinem Hund Stubenreinheit beibringen, während man unterwegs oder im Büro ist, man kann ihn nicht dazu erziehen, keine Jogger durchs Fenster anzubellen, wenn man nicht da ist. Ein Hund wird nicht zufällig zu einem „guten Hund". Wenn Sie jemanden sehen, der auf der Wiese mit seinem Hund spielt, der dabei fröhlich und wild ist und gleichzeitig aufmerksam und ansprechbar, können Sie sicher sein, dass dieser Besitzer viel Zeit und Aufmerksamkeit in seinen Hund investiert hat. Erziehung bedarf ausreichend Zeit und Geduld, aber dafür kreiert sie ein starkes Band zwischen Ihnen und Ihrem Hund, was sozusagen der Zement Ihrer Beziehung ist. Erziehung zeigt ihm, wo er hingehört. Eine Erziehung mit klaren Regeln für drinnen und draußen hilft dem Hund, sich schneller und besser in seinem neuen Zuhause einzuleben und erspart beiden Seiten unnötigen Stress und Frustration. Erst, wenn der Hund verstanden hat, wo sein Platz in unserem gemeinsamen Leben ist, kann er sicher, souverän und selbstbewusst werden.

GRENZEN SETZEN

Dazu gehört, Grenzen zu setzen. Das heißt keineswegs, dass man martialische Methoden anwendet oder autoritäres Verhalten zeigen muss: Wenn Sie meinen, was Sie sagen, können Sie das auch ganz ruhig und leise übermitteln. Beispielsweise setzen Sie

TIPP

Im Augenblick ist es nicht wichtig, dass der Hund „SitzPlatzFuß" lernt oder beherrscht: Erst einmal muss er verstehen, wie unser Leben abläuft, und dafür braucht er Platz in seinem Kopf, ohne gleichzeitig mit neuen Hörzeichen überfrachtet zu werden.

Hat der Hund gelernt, Grenzen zu akzeptieren, erleichtert das allen das Zusammenleben.

eine Grenze, wenn Sie dem neuen Hund deutlich machen, in welcher Reihenfolge er in diesem neuen Leben gefüttert wird, wessen Futternapf wo an welcher Stelle abgestellt wird, und dass die Futternäpfe der anderen vorhandenen Hunde tabu sind, solange sie noch daraus fressen. Würden Sie herumschreien oder mit den Händen herumfuchteln, bekommen auch die anderen Hunde Stress beim Fressen, oder der Neue könnte Sie missverstehen, dass er gar nicht fressen soll. Stattdessen stellen Sie sich wie ein Stopp-Signal mit offenen Handflächen in Bauchhöhe ruhig dazwischen, und wenn das (noch) nichts nützt, füttern Sie den neuen Hund in einem anderen Raum.

KEINE AGGRESSION

Grenzen setzt man nie mit Aggression – denn auch hier sind wir schließlich Vorbild für unseren Hund, und können ihm nicht vormachen, dass Ressourcen mit Aggressivität verteidigt werden dürfen. Stattdessen geben wir ein kleines stimmliches Signal wie ein Oh-Oh oder schnipsen mit den Fingern. Ein „Nein!“ hat die falsche Tonlage, wird zu angespannt ausgesprochen und kann leicht aggressiv oder hektisch klingen.

Ihre Körpersprache muss souverän sein, nicht hektisch, nicht überraschend, nicht erschreckend – Sie wollen nicht als Erstes einen schlechten Eindruck hinterlassen. Setzen Sie wie beschrieben Ihren Körper und die flache Hand wie ein Stopp-Signal ein, stellen Sie sich frontal zum Hund, z. B. zwischen Küchenablage und Hund oder zwischen Katze und Hund oder Gartenzaun und Hund.

Aggression oder übertriebene Strenge sind auch völlig unnötig, denn der Hund „widersetzt“ sich Ihnen ja nicht, sondern weiß einfach noch nicht, wie hier die Regeln sind. Wenn wir Grenzen setzen, müssen wir innerlich ganz klar ausgerichtet sein, dass wir das hier nicht wollen: „Das lässt du – du bist hier neu, deshalb erkläre ich es dir: Ich will das nicht.“ Wenn das keinen Eindruck macht, kann man minimal deutlicher werden, bis er es lässt. (Anschreien nützt übrigens nie etwas – manche Hunde sind aus früheren Zeiten so gewohnt, immer mit Donnerhall angesprochen zu werden, dass sie blockieren, anstatt etwas zu unterlassen.)

In dem Moment, in dem der Hund sich abwendet von dem Brot auf der Küchenzeile (dem Kinderspielzeug, dem Mülleimer, etc.), den Kopf dreht oder ein Beschwichtigungssignal zeigt (wie Blinzeln, Gähnen, Fang lecken, Wegschauen, am Boden schnüffeln),

01

02

03

01 Der immer aufgeregte Shepherd lernt, nicht bellend auf andere Hunde zuzurennen.

02 Inga setzt mit Körpersprache Grenzen, die Hündin bleibt ruhig.

03 Jetzt darf die Hündin den Ankömmling höflich begrüßen.

nehmen Sie sofort Blick, Hand und Spannung wieder weg: Damit signalisieren wir dem Hund, dass er unser Auftreten sofort beenden kann, wenn er sein lässt, was uns nicht gefällt.

GRENZEN GEBEN ORIENTIERUNG

Unterschätzen Sie es nicht: Grenzen setzen hilft dem neuen Hund, schneller „anzukommen". Stellen Sie sich einen Blinden vor, den Sie in einer fremden, riesigen Halle alleine stehen lassen. Er wird sich erst wieder sicher fühlen, wenn er an einer Wand (einer Grenze!) angekommen ist, an der er sich sicher entlang bewegen kann. Je eher Sie Ihrem neuen Hund also die Regeln erklären, desto schneller kann er sich in das vorhandene Gefüge einbinden.

Ein Hund braucht Regeln, weil er bei uns in unserem Haus wohnt und nicht in einem Zwinger, wo er theoretisch machen könnte, was er will, wenn es denn dort viel zu machen gäbe.

REGELN UND GESETZE

Regeln und Gesetze sind in erster Linie dafür da, den Alltag für alle Beteiligten sicher und machbar zu gestalten. Wenn der Hund nur hinter uns aus der Haustür treten darf, dann nicht deshalb, weil wir uns als Alphamenschen betrachten, sondern weil wir überprüfen wollen, ob die Luft buchstäblich rein ist, nirgends eine Katze im Hof sitzt, kein winziges Kleinkind im Hof sitzt und sich zu Tode erschreckt bei unserem Anblick, etc. Unsere Hunde dürfen auch nicht einfach aus dem Auto hopsen, sobald die Tür geöffnet ist, weil das schlicht zu gefährlich ist: Stellen Sie sich vor, Sie müssen die Autotür auf einer stark befahrenen Straße öffnen, weil Ihr Kind einen Tobsuchtsanfall im Kindersitz bekommen hat. Dann haben Sie zusätzlich zum Tobsuchtsanfall, der bald in Angstgeschrei umkippen wird, noch einen Hund, der über eine dreispurige Hauptstraße spaziert. Das ist der Grund, warum Hunde erst auf ein Kommando aus dem Auto steigen dürfen und nicht, weil wir Allmachtsphantasien haben.

DER UNTERSCHIED ZWISCHEN REGELN UND GESETZEN

Mithilfe von Regeln bringen wir Ordnung in unser Leben. Wenn die Regeln allen klar sind, befolgt werden und grundsätzlich eine gewisse Ordnung herrscht, kann man auch flexibel mit ihnen umgehen. Dann kann der Hund auch mal an einer anderen Stelle gefüttert werden, wenn die linke Ecke grundsätzlich sein Futterplatz bleibt, oder er darf auch mal ein Stück Wurst vom Tisch bekommen, wenn das nicht zur Gewohnheit wird oder bei ihm Betteln auslöst.

Ein Gesetz dagegen gilt immer und unwiderruflich. Feiertags gelten die gleichen Gesetze wie Dienstags. Das bedeutet: Ein Hund darf *nie* „einfach so" aus dem Auto springen, wenn die Tür offen ist. Er darf *nie* selbstständig aus dem Fahrradkorb hüpfen, *nie* Bücher zerfetzen und *nie* auf dem Esstisch schlafen.

ABBRUCHSIGNAL

Suchen Sie sich ein Abbruchsignal, das Sie ab jetzt ganz unemotional und deutlich einsetzen können, wenn Ihr Hund irgendetwas macht, was er nicht soll. Ein Geräusch ist besser als ein Wort, denn bei einem „Nein!" oder „Lass das!" oder „Aus!" können Sie viel zu viel Emotion hineinlegen, was ungünstig ist (Beispiel: Wenn es an der Tür klingelt und der Hund anfängt zu bellen, rufen viele Leute: „Aus! Lass das! Aus! Aus! Aus!" – was eigentlich so klingt, als würden sie mitbellen, anstatt den Krach zu unterbinden). Suchen Sie sich lieber ein Geräusch wie „Oh-Oh" oder „Kscht" oder schnipsen Sie mit den Fingern, was emotionslos eingesetzt werden kann. Wenn er versucht, den Mülleimer auszuräumen, die Kabel anzufressen, ein Stuhlbein anzunagen, auf die Küchenanrichte oder aufs Fensterbrett springen will, Ihre Bücher frisst – gehen Sie ruhig dazwischen, nutzen Sie Ihre Körpersprache, indem Sie sich groß machen und ihn mit ausgebreiteten Handflächen wegdrängen, und sagen Sie „Oh-Oh" dazu (oder was immer Ihr Abbruchsignal ist).

Wenn Sie einen unsicheren Hund haben, müssen Sie mit diesen Korrekturen Maß halten. Sehen Sie ihm nicht zusätzlich auch noch in die Augen, sondern schauen Sie auf den Boden, während Sie sich zwischen ihn und das jeweilige „Oh-Oh" (das Sofa, die Erstausgaben) drängen.

Ihm die offenen Handflächen vor die Nase zu halten, kann für einen unsicheren Hund schon zu viel sein. Die Tatsache, dass Sie auf ihn zugehen, ist schon beeindruckend genug. Auch bei einem Herdenschutzhund ist Vorsicht geboten: Wenn Sie ihn fest ansehen, während Sie ihm signalisieren, dass er nicht an den Kühlschrank darf, wird er zwar zurückgehen, Ihnen aber mit einem tiefen Grollen zu verstehen geben, dass er sich von Ihnen nicht bedrohen lässt. – Er macht das nicht, weil er Ihnen „widersprechen" möchte, sondern weil er den Blick als Bedrohung empfindet und nicht versteht, was das soll, weil er Sie bisher ja nicht einschätzen kann. Sie kennen sich ja kaum. Sie wollen ihn schließlich nicht provozieren, sondern ihm nur erklären: Geh da weg. Andere Hunde, wie etwa sehr selbstbewusste Terrier oder Dackel, brauchen nicht nur den Blick, sondern auch die körperliche Blockade und die Handfläche, um ein „bis hierhin und nicht weiter" zu akzeptieren. Bleiben Sie *immer* ruhig dabei. Nur dann wirken Sie souverän und werden ernst genommen (denken Sie an die zappeligen Referendare in Ihrer Schulzeit zurück. Mit denen haben wir doch alle gemacht, was wir wollten).

Bleiben Sie bei der Sache: Sie können Ihren Hund nicht korrigieren, wenn Sie das Handy am Ohr haben oder gleichzeitig Ihr Kind füttern.

TIPP

Stellen Sie sich vor, Sie hätten ein Kleinkind zu Besuch, dessen Sprache Sie nicht sprechen. Sie wollen es davon abhalten, auf Ihrer Computer-Tastatur herumzupatschen oder an den Kabeln zu ziehen – aber ohne das Kind dabei zu traumatisieren. So deutlich muss auch das Abbruchsignal für Ihren Hund sein.

RAUMBEGRENZUNG

Früher oder später sollte Ihr Hund lernen, nicht durch die Haustür zu schießen, nur weil sie offen steht. Nicht nur kann es sein Leben retten, es lehrt ihn außerdem Impulskontrolle (Selbstbeherrschung), nicht einfach loszurennen, sondern mit einem Blick zu Ihnen „nachzufragen", ob er nach draußen darf.

Hunde verstehen Raumbegrenzungen sehr gut, das heißt: Sie müssen Ihren Hund anfangs in direkter Nähe korrigieren und nicht aus einer Entfernung von fünf oder zehn Metern hinter ihm her rufen. Wenn Ihr Hund z. B. lernen soll, dass er nicht ins Kinderzimmer darf, bauen Sie sich vor seiner Nase auf und blockieren damit seinen Weg, gepaart mit einem entsprechenden Signal. Wiederholen Sie das immer wieder, wie ein Ritual. Erst später, wenn der Hund Ihr Abbruchsignal gelernt hat und die entsprechenden Verknüpfungen gemacht hat, können Sie auch auf Entfernung korrigieren.

Sie gehen wie vorher zwischen ihn und die Tür, drängen ihn ein paar Meter zurück, und gehen wieder zurück zur Tür. Wenn er, sobald Sie die Klinke in die Hand nehmen, wieder da ist, schnipsen Sie mit den Fingern oder machen „Kscht" oder „Oh-Oh", und

Alle Hunde sollten lernen, dass eine geöffnete Haustür nicht bedeutet, dass man hinausspazieren darf.

gehen wieder ein paar Schritte auf ihn zu, bis er wieder ein paar Meter weiter hinten steht. Wenn er Ihnen *nicht* folgen soll, wenn Sie die Tür öffnen, sehen Sie ihn nicht dabei an (im Augenwinkel sehen Sie natürlich ganz genau, was er macht), denn das wäre die Aufforderung, jetzt mitzukommen. Verunsichern Sie ihn also nicht. Wenn Sie diese Haustür-Begrenzung konsequent üben, wird Ihr Hund nach einer gewissen Zeit nur noch auf Ihre Aufforderung hin durch die Tür gehen.

STUBENREINHEIT

Weltweit dürften sich wohl alle Hundebesitzer darüber einig sein, dass Hunde als erstes lernen müssen, nicht ins Haus zu machen. Das ist auch beim erwachsenen Hund nicht schwer. Bis es allerdings so weit ist, sollten Sie die Teppiche in den Räumen, in denen sich der Hund aufhalten wird wegräumen: Dann sind Sie selbst deutlich entspannter. Vor allem werden Sie erst einmal feststellen, wie unglaublich viel Flüssigkeit in einen erwachsenen und möglicherweise großen Hund passt – so viel Küchenrolle zum Aufsaugen muss man erst einmal im Haus haben …

Anfangs lässt man auch den erwachsenen Hund alle zwei Stunden zum Lösen ins Freie.

SO KLAPPT ES:

- Genau wie bei einem Welpen den Hund alle zwei Stunden nach draußen bringen und unmittelbar nach vollbrachter Tat diese anerkennend kommentieren (nicht zu überschwänglich, denn er kann Sie noch nicht einschätzen und könnte auf die Idee kommen, Sie seien nicht bei Trost). Anschließend wieder hinein.
- Nicht spät (nach 17.00 Uhr) füttern, solange Sie nicht wissen, wie lange er „anhalten" kann
- Nicht zu viel füttern
- Keine spontane Futterumstellung
- Räumen Sie Ihrem nicht stubenreinen Hund nicht zu viel Platz auf einmal ein: Auch erwachsene Hunde nutzen gerne die Räume, die nur wenig genutzt werden, als warmes, trockenes Klo (z. B. Kellerräume, Gästezimmer, oberer Flur ...)
- Bei schlechtem Wetter den Hund nicht einfach in den Garten lassen, ohne zu überprüfen, was er dort veranstaltet: möglicherweise kommt er sonst wieder ins Haus, um sich dort gemütlich auf dem warmen, trockenen Teppich entleeren zu können

Falls Ihr Hund zu angespannt ist, um aufs Klo gehen zu können, gibt es einen Trick: Die Blase verkrampft sich nämlich in der Kälte. Gehen Sie kurz mit Ihrem angeleinten Hund von draußen wieder ins Warme, und dann sofort wieder hinaus. Sie werden sehen: Jetzt geht's.

Wenn Sie keinen Garten haben und der Hund anfangs zu ängstlich oder unsicher ist, um draußen aufs Klo zu gehen, fangen Sie mit einem Indoor-Klo an, indem Sie an bestimmte Stellen – am besten vor der Haustür, damit er schon mal die Richtung lernt, wenn er aufs Klo muss – Wickelunterlagen aus der Drogerie legen und ihn dort seine „Pfützen" verrichten lassen. Wenn Sie einen großen Hund haben, nehmen Sie Laken-Unterlagen (bekommt man auch als „Inkontinenz-Unterlagen" im Sanitätsfachhandel). Sie ersparen sich und Ihrem Hund sehr viel Stress. Tupfen Sie ein wenig Urin mit diesen Unterlagen auf, damit er weiß, was mit diesem interessanten Einrichtungstrick gemeint ist.

PINKELN AUS STRESS

Gerade Galgo-Hündinnen neigen bei Stress dazu, in ihr eigenes oder ins Menschenbett zu pieseln. Das hat nichts mit Stubenreinheit zu tun, sondern ist ausschließlich ein Stresssymptom. Den Hund zu schimpfen wäre in diesem Fall kontraproduktiv –hier ist Management gefragt: Machen Sie die Türen zu.

ÜBUNG: ERWÜNSCHTES VERHALTEN FORMEN

Dies ist eine großartige Übung, die Sie in der ersten Zeit mit Ihrem neuen Begleiter täglich praktizieren können: Sobald der Hund ein Verhalten zeigt, das Sie in Zukunft von ihm häufiger gezeigt bekommen wollen, loben Sie ihn gutgelaunt (auch hier: nicht zu überschwänglich, er soll sich ja mitfreuen und keine Angst vor Ihnen bekommen!). Nach einigen Tagen werden Sie feststellen, dass Ihr Hund das erwünschte Verhalten häufiger von sich aus anbieten wird.

Wichtig!
Allerdings gibt es hierbei eine wichtige Ausnahme: Sollte Ihr Hund im Haus, in der Anwesenheit von Besuchern oder beim Restaurantbesuch Schwierigkeiten haben, zur Ruhe zu kommen, so wird er auf keinen Fall angesprochen und belohnt, wenn er endlich mal zur Ruhe gekommen ist. Denn genau diese Aufmerksamkeit von Ihnen würde ihn gleich wieder nervös machen oder aufregen.

In der Anfangszeit ist ein Geschirr ein Muss.

WIE LERNE ICH DEN HUND KENNEN?

Weil Sie Ihren neuen Hund in möglichst kurzer Zeit möglichst gut kennenlernen wollen, hilft es, viel Zeit mit ihm zu verbringen – ohne ihn dabei permanent im Auge zu behalten: Das wäre ihm unangenehm, weil er sich unter so viel Aufmerksamkeit nicht entspannen kann. Dabei gibt es andere Möglichkeiten, Ihren Hund „beiläufig" zu beobachten und kennenzulernen.

- Zu Anfang nur ganz kurze Spaziergänge, damit der Hund sich lösen kann. Ruhe und Ankommenlassen sind in den ersten drei, vier Wochen oberstes Gebot!
- Führen Sie den Hund gesichert an der Leine, am besten mit einem sicheren Brustgeschirr.
- Gehen Sie ruhig, fast langsam spazieren. Lassen Sie Ihren Hund ganz in Ruhe schnüffeln, um sich mit der Gegend vertraut zu machen.
- Beobachten Sie sein Verhalten gut. Sollte die Leine locker sein, können Sie ihn dafür kurz bestätigen, sollte er ins Gebüsch ziehen, bleiben Sie stehen, halten die Spannung, die er auf die Leine gelegt hat, und warten in Ruhe ab, bis er von sich aus wieder sich auf den Weg kommt. Sobald er dies macht, loben Sie ihn. Bauen Sie Pausen in den Spaziergang ein, besonders bei einem aufgeregten, unsicheren oder nervösen Hund. Die Pause gibt dem Hund die Chance, sich wieder zu orientieren und zur Ruhe zu kommen.
- Bei Hunden, die draußen überhaupt nicht ansprechbar sind, kann man eine bestimmte Wegstrecke (80 oder 100 m) ein paar Mal auf und ab gehen. Meistens werden die Hunde dann ruhiger und bekommen wieder Platz zum Denken im Kopf.
- Im Laufe der ersten Spaziergänge werden Sie viele Möglichkeiten haben, Ihren Hund in unterschiedlichen Situationen zu erleben. Wie verhält er sich bei Joggern, Radfahrern, Reitern, Autos, anderen Hunden, usw.? Erschreckt er sich, bellt er bestimmte Dinge an, würde er gerne hinterhersausen? Haben Sie das

Unsichere Hunde am besten mit Halsband und Leine sichern

Gefühl, er beachtet seine Umwelt gar nicht? Oder ist er bei all den Reizen locker und entspannt?

— Bieten Sie ihm draußen bei einer eingelegten Pause mal einen Superkeks an: Das ist ein guter Stress-Test. Kann er fressen, oder dreht er den Kopf weg (Anzeichen für Stress), nimmt er es und spuckt es wieder aus (ebenfalls ein Zeichen für Anspannung, aber wenigstens ist er höflich), oder frisst er es nur vom Boden und nicht aus der Hand (er traut Ihnen noch nicht ganz über den Weg)?

DAS MITEINANDER AN DER LEINE

Zum Leben mit Hund gehört die Leine dazu. Nicht als Erziehungsmittel, sondern als gemeinsames Band, als unser verlängerter Arm und Begrenzung, die ihn vor Gefahren schützen kann. Wenn Ihr Hund gut an der Leine geht, können Sie ihn häufiger mitnehmen, wenn Ihr Hund lernt, dass es angenehm ist, an der Leine zu sein, fühlt er sich geschützt und entspannt an der Leine.

ANFANGS EIN GESCHIRR VERWENDEN

Auch wenn Sie später lieber ein Halsband verwenden wollen: Anfangs sichern Sie den neuen Hund grundsätzlich mit einem Geschirr, wenn es ein unsicherer Hund ist, mit Geschirr *und* Halsband. Bisher kennen Sie einander nicht, Sie wissen nicht, wie er reagiert, wenn er sich erschreckt, wenn Kinder um die Ecke gerannt kommen oder Motorräder Krach machen. Wenn Sie den Hund doppelt gesichert haben, macht es nichts, wenn Sie die eine Leine versehentlich fallen lassen, auch wenn Sie sich vielleicht vorkommen wie beim Drachen steigen lassen

DAS LEINENPROBLEM

Hunde aus zweiter Hand haben häufig Probleme damit, vernünftig an der Leine zu gehen. Oft war „das Leinenproblem" Teil des Gesamtproblems, wegen dem er schließlich abgegeben wurde – weil der Hund einfach nicht gut genug erzogen wurde, weil sich sowieso niemand ausreichend gekümmert hat, und an der Leine hat er dann auch noch genervt.

— Manche Hunde haben bisher keinerlei Erfahrung mit der Leine gemacht. Das kann man gut daran erkennen, dass es den Hunden sehr unangenehm ist, sobald Zug auf die Leine kommt. Hier sollte man sobald wie möglich mit Sicherheitsgeschirr und Halsband in ruhiger Umgebung Übungen zur Leinenführigkeit machen.

— Andere Hunde haben das Ziehen an der Leine bereits gelernt. Bei ihnen kann das Training recht zäh werden und sich über mehrere Wochen oder Monate hinziehen, bis der Hund entspannt an der Leine gehen kann.

— Wiederum andere Hunde haben Angst vor dem Gehen an der Leine. Hier ist viel Feingefühl gefragt und ein kleines Desensibilisierungs-Programm.-

— Manche Hunde sind ganz allgemein handscheu und lassen sich gar nicht erst anleinen. Hier wäre eine Hausleine wichtig und ein baldiges Training zur Gewöhnung an die Hand und an das An- und Ableinen (siehe Seite 141 ff.).

— Wichtig ist auch *unser* Umgang mit der Leine. Wir halten die Leine nur, sonst nichts. Es wird weder daran gezogen, geruckelt, gezuppelt, noch irgendwelche Impulse gegeben. Die Leine ist nur eine Begrenzung, damit der Hund in Sicherheit bleibt, aber kein Abschleppseil, keine Telefonleitung, kein Lasso und kein Bestrafungswerkzeug.

GEHEN AN DER LEINE – DAS ERSTE MAL

Es ist gar nicht so schlecht, wenn Ihr neuer Hund das Gehen an der Leine noch nicht kennt – diese sozusagen „unverdorbenen" Hunde haben Respekt vor dem Zug der Leine und gewöhnen sich schnell daran, locker und vernünftig an der Leine zu gehen.
Ist Ihr Hund ganz offensichtlich überhaupt noch nie an der Leine gelaufen, sollte er unbedingt doppelt gesichert werden: Mit je einer 3-Meter-Leine an Halsband – am besten ein flaches Zugstopp-Halsband – und Geschirr. Manche Hunde verwandeln sich, sobald sie einen begrenzenden Zug an Hals oder Körper fühlen, in bockende Ponys und schaffen es, sich sowohl aus jedem Halsband, als auch aus den allermeisten Geschirren irgendwie herauszuwinden – wie sie das machen, bleibt ihr Geheimnis, aber es geht.
Wenn Sie einen Garten haben, üben Sie am allerbesten dort. Machen Sie sich vor dem Spaziergang einen Plan, wie weit und wie lange Sie mit Ihrem Hund gehen wollen. Setzen Sie sich das Ziel nicht zu hoch: Mit einem Hund, der überhaupt noch nicht an der Leine gehen kann, ist „einmal kurz um den Block" zu weit – und auch nicht „kurz". 30 Meter auf einer ruhigen Strecke ohne große Ablenkungen reichen völlig. Nehmen Sie beide Leinen in die Hände und ein paar Belohnungskekse, fordern Sie Ihren Hund mit dem Wort „Weiter!" in ruhigem Tonfall auf, loszugehen und marschieren Sie los. Sprechen Sie Ihren Hund fröhlich an, so dass er Ihnen folgt, und wenn er folgt, geben Sie ihm nach ein paar Schritten einen Keks beim Gehen. Wenn der Hund sich in Leine und Halsband „hängt", bleiben Sie stehen und geben mit den Händen ein bisschen nach, als hätten Sie ein junges Pferd an der Longe – der Hund soll nicht das Gefühl bekommen, er sei gefesselt.
Wenn zehn, fünfzehn Meter einigermaßen geklappt haben und Sie tatsächlich im Garten üben konnten, lassen Sie Ihren Hund wieder von der Leine, damit er Ihnen bis zur Haustür ohne Leine folgen kann, und gehen zurück ins Haus. Ohne Garten gehen Sie *ohne* Freilaufeinlage zurück. In zwei Stunden wiederholen Sie das Ganze. Das Gehen an der Leine wird von Mal zu Mal leichter werden.

ÜBUNG: FREI FOLGEN AN DER LEINE

Für Hunde ist Ihre Körpersprache deutlicher und verständlicher als Worte oder Kommandos – vor allem, nachdem Sie einander noch nicht kennen und erst mit Erziehung und Training anfangen.
Üben Sie, Ihrem Hund an der langen, lockeren Leine mit Ihrer Körpersprache die Richtung zu weisen: Ihr Hund wird viel mehr auf Sie achten und Sie immer im Augenwinkel behalten.

01 Der Hund achtet nicht auf uns, sondern auf einen Reiz im Gebüsch.

02 Wir wenden unsere Schultern, den Körper und Blick in die Richtung, in die wir wollen.

03 Der Hund reagiert (irgendwann) auf die Richtungsvorgabe und wendet sich zu uns.

04 Der Hund orientiert sich an uns und folgt.

01

02

03

04

Gehen Sie aufrecht und lassen Sie Ihre Schultern grundsätzlich in die Richtung weisen, in die Sie wollen. Wenden Sie sich dann mit Ihren Schultern, Ihrem Blick, Ihrer eindeutigen Absicht und der ganzen Körperhaltung in die neue Richtung, in die Sie gehen möchten. Beim ersten Mal wird Ihr Hund möglicherweise etwas Zeit brauchen, aber dann mit einer Wendung seinerseits in Ihre Richtung folgen. Denken Sie daran, dass die Leine nur eine Begrenzung ist und keine Telefonleitung. Interessiert sich Ihr Hund, während er Ihnen folgt, für etwas anderes, bleiben Sie stehen und zeigen stoisch mit Ihren Schultern in die Richtung, die Sie vorgegeben haben, bis Ihr Hund Ihnen wieder folgt.

Um Ihrem Hund ein Verständnis zur Leinenführigkeit zu vermitteln, eignet sich auch sehr gut die folgende Übung mit Richtungswechsel:

Gehen Sie langsam, denn durch das Reduzieren Ihrer Geschwindigkeit können Sie einem Hund wunderbar Ruhe vermitteln. Betrachten Sie Ihre „Entschleunigung" als Trainingswerkzeug, denn die Wirkung ist nicht zu unterschätzen. Wenn die Leine auch nur leicht gespannt wird, bleiben Sie sofort stehen – warten Sie nicht erst, dass ein voller Zug entsteht. Anschließend wenden Sie sich in eine andere Richtung und warten, bis sich der Hund Ihnen aus eigenen Stücken wieder anschließt.

WANN, WIE OFT UND WIE LANGE ÜBEN?

Jedes Mal, wenn Sie Ihren Hund an der Leine führen. „Ruhe an der Leine" kann anfangs gar nicht oft genug geübt werden. Allerdings brauchen Sie nicht ständig Hin und Her und Zickzack laufen, schon gar nicht, wenn Sie irgendwohin wollen – sonst

Um zu einer Balance-Leine zu werden, muss eine Leine mindestens 2 Meter lang sein.

schaffen Sie es nicht von der Haustür bis zur Hundewiese innerhalb eines Tages.
Weil es aber nicht viel bringt, wenn Sie Ihren Hund am Geschirr mal ziehen lassen und mal nicht, haben wir für Sie im Folgenden weitere Lösungen parat.

DIE BALANCE-LEINE – EINE WERTVOLLE HILFE

Diese Übung bringt dem Hund zwar keine Leinenführigkeit bei, ist aber ein fabelhaftes Hilfsmittel, um starke Hunde gut halten zu können. Die sogenannte Balance-Leine können Sie immer einsetzen, wenn Ihr Hund sehr aufgeregt ist, Ihnen keine Aufmerksamkeit schenkt, oder Sie gerade keine Leinenführigkeit üben können, aber trotzdem von A nach B kommen möchten. Das Besondere an der Balance-Leine liegt darin, dass sie den Schwerpunkt des Hundes über seine Beine verlagert. Dadurch kommt er in seine eigene Balance zurück und kann wieder auf Ihre Signale reagieren.

Leine am Halsband oder Geschirr befestigen und um die Brust legen

Sobald Zug auf die Leine kommt, fangen Sie ihn über die Leine an der Brust ab

ÜBUNG

Um aus einer Leine eine Balance-Leine zu machen, muss diese mindestens zwei Meter lang sein. Befestigen Sie die Leine wie immer am Halsband oder am Geschirr und legen Sie sie auf Schulterhöhe vorne um die Brust in Höhe des Vorderbein-Ansatzes.
In einer Hand halten Sie die Handschlaufe der Leine, in der anderen das Ende der Leine. Achten Sie darauf, dass der Karabiner am Halsband oder am Geschirr immer locker sitzt. Wenn Zug auf die Leine kommt, fangen Sie den Hund mit der vorderen Balance-Leine ab (und eben nicht übers Geschirr), und geben wieder nach, sodass Sie das Gewicht des Hundes auf seinen Schwerpunkt verlagern. Sollte der Hund versuchen, sich rückwärts aus der Angelegenheit zu befreien, gehen Sie ebenfalls rückwärts. Dadurch nehmen Sie Ihrem Hund die Chance, aus der Leine zu schlüpfen. Fordern Sie dann Ihren Hund gleich wieder auf mit einem Handzeichen und dem Kommando „Weiter“, sich vorwärts zu bewegen. Das Ganze bitte so gemütlich wie möglich, hierbei bedarf es keiner Eile. Sie wollen Ruhe vermitteln, keinerlei Hektik.
Mit ein wenig Übung können Sie auch große und starke Hunde mit nur einer Hand gut halten, da Sie mit dieser Leinenhaltung die komplette Körperbalance Ihres Hundes steuern können.

GEWÖHNUNG AN DEN NEUEN NAMEN

Egal, wie viel Mühe sich der Vorbesitzer oder die Tierschutzorganisation mit der Findung eines wohlklingenden Namens für den Hund gegeben hat: Wenn Sie Ihrem Hund einen neuen Namen geben möchten, ist das völlig in Ordnung. Allerdings ist Nomen meistens auch ein Omen: Kein Hund sollte „Diabolo“, „Dussel“ oder „Terror“ heißen. Jedes Mal, wenn Sie Ihren Hund ansprechen, nennen Sie seinen Namen – besonders vor einer Anweisung, wie z. B. „Lumpi, Essen kommen!“ oder „Lumpi, zu mir!“, „Lumpi, wir gehen ’raus!“ etc.

Sozialisierung

Ein gut sozialisierter Hund ist im Umgang einfacher, als einer, der nur gut folgt. Ein gut sozialisierter Hund muss wenig ermahnt/im Auge behalten/kontrolliert werden, denn er ist in einer neuen Situation von sich aus souverän und gelassen und behält seinen Menschen im Auge. Wenn ein Hund beispielsweise von sich aus ganz ruhig neben einem Fußballplatz oder Reitplatz stehen bleibt, müssen Sie ihn nicht „Sitz!" machen lassen, ihn nicht managen, weil er nervös wird, ihn nicht aus der Situation herausbringen, weil er sich vielleicht aufregt. Er kann dann einfach stehen bleiben, wie es ihm gefällt. Das gleiche gilt für Situationen in der Stadt, z.B. auf der Post: Ein Hund, der entspannt neben Ihnen in der Schlange stehen bleibt, muss nicht alle paar Meter Platz machen, ermahnt oder korrigiert werden, denn er steht ja nur entspannt (und möglicherweise gelangweilt) herum.
Eine große Anzahl von Hunden aus zweiter Hand ist *schlecht* oder *gar nicht sozialisiert*. Schlechte Sozialisierung sorgt für unsichere, schüchterne, sogar ängstliche Hunde, die ihr Leben nicht einfach so genießen können und in Fällen der totalen Überforderung eventuell sogar schnappen oder zubeißen. Nichts ist wichtiger im neuen Leben mit diesem Hund, als ihm zu helfen, die unterschiedlichsten Reize kennenzulernen und sie als ungefährlich einordnen zu können. Die *Gewöhnung* an Situationen und Dinge, die der Hund noch nie erlebt hat, geht niemals von heute auf morgen, sondern dauert seine Zeit. Wichtig ist, dass er hauptsächlich positive Erfahrungen macht und nicht überfordert bzw. reizüberflutet wird, sodass er Reize nicht mehr verarbeiten kann und entsprechend in massiven Stress gerät.
Wenn Ihr Hund Kekse, Leberwurst oder gekochtes Huhn annimmt, haben Sie schon einmal viel gewonnen: So können Sie ihm alle neuen Reize und Situationen mit großartigen Belohnungen versüßen, sodass er Dinge, die ihn bisher beunruhigt haben, mit positiven Dingen (Hühnchen, Leberwurst, geräucherten Sardinen) verknüpft.

TREPPENGEHEN

Der häufigste Grund, warum Hunde keine Treppen gehen wollen, ist gewöhnlich der, dass dies in ihrem bisherigen Leben schlicht nicht vor kam und/oder sie bislang nicht im Haus gelebt haben. Einen unsicheren und/oder überforderten Hund verunsichert eine Treppe dann naturgemäß.
Ihr Umgang mit dieser Unsicherheit hängt ein wenig von der jeweiligen Treppe ab. Wenn die Treppe bei Ihnen im geschlossenen Haus ist, müssen Sie gar nichts machen: Er muss ja nicht von Anfang an die Treppen hinauf- oder hinunter laufen. Hunde sind von Natur aus so neugierig, dass Ihr Hund im Laufe der Zeit ganz von sich aus seine Bedenken überwinden und die Treppe hochspazieren wird, um in Ihre Nähe zu kommen und den ersten Stock auszukundschaften.
Wenn es sich um die Treppe im Treppenhaus zu Ihrer Wohnung handelt, ist es wichtig, dass er möglichst schnell lernt, sie nach oben zu gehen – schließlich wollen Sie ihn nicht dauernd die Treppe hochschleppen.

Aslan orientiert sich auf der steilen Treppe deutlich an Gretel.

Es gibt verschiedene Varianten mit folgenden Lösungen:

1. Gehen Sie zusammen mit einem anderen Hund die Treppe hoch (wenn Sie keinen haben, können Sie sich vielleicht einen leihen), oder lassen Sie einen anderen Hund zuerst die Treppe hochlaufen, und Sie gehen mit dem Neuen hinterher.
2. Nehmen Sie den treppenscheuen Hund am Geschirr und gehen Sie einfach zügig und entschieden die Treppe hinauf, ohne sich um sein Zögern zu kümmern. Wenn Sie die Treppe hinuntergehen machen Sie es genauso. Sehen Sie Ihren Hund dabei nicht an, sondern stapfen Sie so selbstverständlich wie nur möglich die Treppe hinunter. Sie dürfen ihn gerne loben und ein bisschen anfeuern, wenn er mitkommt – das hilft uns Menschen meistens, unsere eigene Top-Stimmung zu bewahren.
3. Für Hunde, die sich tragen lassen (sowohl von ihrem Gewicht, als auch von ihrem Verhalten – wenn Sie allerdings einen Hund haben, der mit Abwehrverhalten reagiert, wenn Sie ihn hochnehmen möchten, machen Sie eine der anderen Übungen): Tragen Sie Ihren Hund bis zur drittletzten Stufe. Dort setzen Sie ihn ab und gehen die letzte Stufe weiter, sodass Ihr Hund ja nur die zwei Stufen schaffen muss, um in Sicherheit zu sein. Beim nächsten Mal tragen Sie ihn bis zur viertletzten Stufe, so muss er nur noch drei Stufen alleine schaffen, und so weiter. Beim dritten oder vierten Mal dürfte er seine Furcht überwunden haben, sofern Sie positiv bleiben und zeigen, dass Sie das Zeug zu einem echten Robinson-Club-Animator haben.
4. Wenn das Treppenproblem darin liegt, dass die Stufen aus einem hochpoliertem Holz oder glattem Marmor *oder* nach hinten offen sind, befestigen Sie vorübergehend transparente Stufenmatten oder „Anti-Rutsch-Folie“ darauf.

SPIELEN FÜR DIE BINDUNG

Viele Hunde aus dem Tierschutz können erst einmal nicht spielen. Sie kennen keine Spielsachen, keine Bälle, keine Zerrspielsachen. Gleichzeitig vertieft gemeinsames Spielen aber die Bindung und lenkt nebenbei den unsicheren oder ängstlichen Hund ab von seiner Nervosität. Je mehr interessante, vergnügliche Dinge Sie mit Ihrem Hund machen, desto mehr werden Sie zum Mittelpunkt seines Lebens – und genau das soll er schließlich lernen. Wir möchten, dass irgendwann zwischen uns und unserem neuen Hund ein unsichtbares Band entsteht, eine Verbindung, die einander erlaubt, vollkommen zu vertrauen (ganz unabhängig davon, wie folgsam unser Hund ist). Das kommt nicht automatisch: Eine Beziehung muss sich entwickeln, muss wachsen und gepflegt werden. Gerade bei erwachsenen Hunden, die bereits Erfahrungen mit Menschen gemacht haben, ist das Band der Bindung anfangs sehr dünn. Je mehr „gute", fröhliche Zeit wir mit dem Hund verbringen, desto stabiler wird das Band, bis es irgendwann absolut reißfest ist, egal, was passiert.
Ihren Hund 50-mal hinter einem dusseligen Ball herrennen lassen ist allerdings nicht gerade beziehungsfördernd – dazu braucht Ihr Hund Sie nicht, das könnte auch eine Ballmaschine erledigen, denn der Hund ist vollständig auf den Ball fixiert, nicht auf Sie. „Wegwerfspiele" sind keine bindungsfördernden Spiele, denn Sie schicken ihn ja immer nur weg, er muss nicht mit Ihnen zusammen arbeiten oder nachdenken.

Jeder liebt es, Päckchen auszupacken, auch Hunde.

TIPP

Wenn der Hund anfangs noch sehr ängstlich ist, präparieren Sie die jeweiligen Spielsachen und legen sie auf den Boden. Fummeln Sie ein bisschen wichtig damit herum, schütteln Sie sie, riechen Sie dran, murmeln Sie gespannt vor sich hin – und gehen dann ein Stück weg. Setzen Sie sich z. B. aufs Sofa, lesen und beobachten Sie den Hund aus dem Augenwinkel, ob er hingeht und sich das Spielzeug anschaut. Wenn er anfängt, sich richtig damit zu beschäftigen, loben Sie ihn leise.

Gute gemeinsame Spiele und Beschäftigungen für die Bindung – vor allem, wenn Ihr neuer Hund noch gar nicht richtig spielen kann –, sind z. B. die folgenden:

- Stecken Sie ein paar Leckerchen in eine Papprolle, z. B. in eine leere Küchen- oder Klopapierrolle, und verschließen Sie beide Enden mit Küchenpapier.
- Legen Sie ein Quietschie oder/und ein paar gut riechende Kekse unter ein Handtuch. Drücken Sie auf das Quietschie, fummeln Sie auf der Oberfläche des Handtuchs herum, machen Sie die Sache für Ihren Hund interessant. Nehmen Sie einen Keks in die Hand und zeigen Sie ihm, wie der unter dem Handtuch verschwindet, fordern Sie ihn ruhig und leise auf, mal nachzuschauen.
- Wenn Sie ein Superhirn adoptiert haben, das vor nichts Angst hat, sind die mittler-

weile überall erhältlichen „Intelligenzspiele“ ein großartiger gemeinsamer Zeitvertreib. Es gibt sie in verschiedenen Schwierigkeitsgraden zu kaufen. Feuern Sie Ihren Hund an!

- Nehmen Sie einen Schnüffelteppich und verteilen Sie Leckerchen darin. Schnüffelteppiche findet man im Internet (auch Anleitungen zum Selbermachen). Sie sehen aus wie flokatiartige Teppiche mit breiten Fleece-Zotteln. Je nach Größe der Kekse kann man die Suche unterschiedlich schwierig gestalten – und waschen kann man die Dinger auch.
- Nehmen Sie einen Schuhkarton und füllen Sie ihn mit Keksen, Futter, Würstchenstückchen und zerknülltem Zeitungspapier, sodass Ihr Hund zu tun hat, wenn er an die Esssachen heranmöchte. Packen Sie den Karton mit ihm zusammen aus. Wenn er beim vierten oder fünften Mal besser und schneller wird, machen Sie einen Deckel drauf, den er erst einmal abmontieren muss.

Setzen Sie sich mit Ihrem Hund irgendwo gemütlich auf den Boden und stochern Sie mit dem Finger in den Sachen herum. Wenn er sich nicht gleich herantraut, nehmen Sie die Dinge in die Hand und geben Sie sie ihm dann mit aufmunternden Worten zurück. Bleiben Sie dabei ganz ruhig und entspannt, es geht hier nicht um „Action!“ Helfen Sie ihm, wenn er noch nicht lösungsorientiert ist (Hunden, die nie spielen durften, fehlt das oft), freuen Sie sich, wenn er es geschafft hat. Selbst wenn Ihr Hund sich vor irgendeinem Geräusch dabei erschrecken sollte, sind Sie ja da, bestärken ihn und zeigen ihm, was er tun soll.

Wenn Ihr Hund nicht spielen kann, versuchen Sie es mit Rennen und Hakenschlagen: Das versteht jeder.

01

01 Der Erkundungspfad besteht aus lauter Gegenständen, mit denen der Hund sich normalerweise nicht beschäftigt.

02 Nach langem Zögern nimmt er das knisternde Papier aus dem Eimer.

03 Zum Schluss ist der Hund so mutig, dass er den Keks aus dem Gummistiefel holt.

ERKUNDUNGSPFAD

Gerade Hunde aus dem Ausland sind mit zu viel Nähe des Menschen oft überfordert. Diesen Hunden kann man mit den präparierten Spielsachen mehr Privatsphäre einräumen – und man kann ihnen einen richtigen Erkundungspfad aus allen diesen Dingen und noch mehr vorbereiten, sowohl im Flur, als auch im Garten. Man bleibt dann nur dabei, beobachtet seinen Hund und lässt ihn ansonsten in Ruhe.

In *jedem* Hund steckt eine gewisse Neugier, selbst wenn ein Trauma, Schock oder Angst den Hund momentan dominieren. Es gibt Hunde, die wurden ihr bisheriges Leben nur weggesperrt, hatten keine Möglichkeit herauszufinden, wie man sein Umfeld erkundet und erforscht. Ihnen fehlt der Mut, das Selbstvertrauen und gleichzeitig aber auch Ideen, wie man erforscht und kniffelige Dinge angeht.

Der Erkundungspfad ist ein wundervolles „Spiel" für den Hund, um sanft seinen Mut herauszufordern, sein Vertrauen zu stärken und seine unausgelebte Neugierde an die Oberfläche zu holen.

Alles, was Sie dafür benötigen, haben Sie schon im Haus. Werden Sie erfinderisch! Präparieren Sie drei Schüsseln mit unterschiedlich schmeckendem Wasser: In einer Schüssel ist z. B. Wasser mit einem Klecks Leberwurst darin, in einer anderen am Grunde der Schüssel eine Sardelle, in einer anderen ein Schuss Sonnenblumenöl. Stellen Sie die Schüsseln auf. Ein paar Meter weiter legen Sie vielleicht eine große Plastiktüte hin, unter der Sie zwei, drei Kekse verstecken. An eine andere Stelle ein großes Badehandtuch, dass Sie zusammenknüllen, um in einigen Falten geräucherte Sprotten zu verstecken. Setzen Sie irgendwo ein großes Stofftier hin, dass der Hund noch nicht kennt (bei IKEA gibt es immer wieder fabelhafte gewaltige Elche, Rehe oder Pandas – übrigens sind auch die kleinen Babyspielsachen großartig, weil sie knistern oder rasseln). Die bereits beschriebene Klopapierrolle kommt dazu, ein alter Gummistiefel oder ein Nudelsieb, unter das Sie ein halbes hartgekochtes Ei legen (es spielt keine Rolle,

02

03

ob Ihr Hund Eier mag oder nicht: Es geht um die unterschiedlichen Gerüche) – Sie verstehen, worauf wir hinaus wollen. Bauen Sie einen richtigen kleinen Parcours auf, auf dem Ihr Hund mit allen Sinnen angeregt wird: Er soll schnüffeln, schauen, hören, schmecken, das große Stofftier fällt vielleicht um, der Karton klingt komisch, wenn man etwas herausholen möchte, es gibt weiche und harte Gegenstände, die er mit der Pfote oder Schnauze bewegen oder durchwühlen kann, um an die Kekse zu kommen, und er muss sich manchmal vielleicht mutig überwinden *und* erfinderisch sein, um an die einzelnen Leckerchen zu kommen.

Wenn Sie Ihren Hund zum Parcours bringen, lassen Sie ihn einfach machen. Sie sind Zuschauer, sonst nichts. Ihr Hund darf das kleine Schlaraffenland ganz für sich alleine erkunden und erforschen. Wenn er dann alle Kekse gefunden hat, wird er wahrscheinlich noch eine „Nachsuche" machen, ob er auch nichts übersehen hat, und zwar in zügigem mutigen Tempo, denn er weiß ja nun, dass es nichts zu befürchten gibt. Erst, wenn Ihr Hund an den Gegenständen überhaupt kein Interesse mehr zeigt, können Sie alles wieder wegräumen. Das kann, je nach Größe des Parcours, eine halbe Stunde dauern.

WENN ER NICHT KUSCHELN WILL

Was wie eine Überschrift aus einer Frauenzeitschrift klingt, kann für einen Neuhundebesitzer wirklich sehr enttäuschend sein. Viele Jagdhunde und Straßenhunde aus dem Ausland kennen es schlicht nicht, sich entspannt auf den Rücken zu drehen und genüsslich den Bauch kraulen zu lassen, weil es das in ihrem bisherigen Leben einfach nicht gab. Liebe, Streicheln, Umarmungen – das ist alles ganz neu und muss erst einmal ausgehalten werden. Lassen Sie Ihrem Hund Zeit. Wenn sie nicht bedrängt werden, lernen die meisten Hunde innerhalb kürzester Zeit, wie wahnsinnig angenehm und schön Kuscheln ist, und dass der Mensch sich dazu auch fast immerzu auffordern lässt. Katharinas grauer Galgo Nano brauchte ein halbes Jahr, um sich richtig streicheln und kraulen zu lassen (er brauchte auch ein halbes Jahr, bis er wedelte, wenn sie nach Hause kam. Bis heute wedelt er, wenn er total euphorisch ist, genau drei Mal) – und fordert es mittlerweile mit völliger Selbstverständlichkeit auch ein.

Es ist natürlich von Vorteil, wenn man neben dem neuen Hund, der (noch) nicht zum

Kuscheln kommt, noch einen oder mehrere andere hat, die die Vorteile von Körperkontakt längst verstanden haben. Wenn man nur diesen einen nicht kuschelbaren Hund hat, wird man möglicherweise ein bisschen unglücklich, weil man sich als Mensch das Kuscheln ja wünscht. Bezähmen Sie sich und warten Sie trotzdem ab, bis der Hund Sie eines Tages von sich aus darum bittet. Das hat nichts mit Verwöhnen, Nachgiebigkeit oder „auf eine Forderung eingehen“ zu tun. Hier geht es um ein kulturelles Verständnis. „Nutzvieh“ wird eben nicht gestreichelt, und der Hund muss erst lernen, dass er jetzt Privilegien hat, von denen er bisher keine Ahnung hatte. Der Ex-Gebrauchshund versteht nicht, wieso wir ihm ständig Aufmerksamkeit „aufdrängen“. Wie in jeder Beziehung sollten Sie die Bedürfnisse des Hundes respektieren: Ungewolltes Streicheln ist unhöflich. Auch in der Hundewelt ist das Ablehnen von Körperkontakt völlig üblich.

Es gibt Menschen, die befürchten, dass ein nicht kuschelnder Hund bedeuten könnte, sie hätten keine gute Beziehung zu ihrem Hund: Das ist Quatsch. Denken Sie daran, dass es ganz unterschiedliche Arten von Beziehungen gibt! Auch zu verschiedenen Menschen hat man ganz unterschiedliche Arten von Beziehung. Manche Hunde brauchen und suchen engen Körperkontakt, andere nicht oder nur in bestimmten Situationen (Katharinas Windsprite-Hündin Gretel findet es lästig, wenn man mit ihr im Hundekorb kuschelt – im Bett dagegen kommt sie sogar unter die Decke und quetscht sich so nah an den Menschen heran, dass kein Blatt dazwischen passen würde).

Man muss sich als Hund auch nicht immerzu wie verrückt freuen, wenn der neue Mensch nach Hause kommt. Schon gar nicht als Hund aus zweiter Hand, der im Zweifelsfall eine gestörte Beziehung hinter sich hat. Denken Sie daran: Andere Länder, andere Sitten.

Der Mensch gilt in Hundekreisen grundsätzlich als höflicher, wenn er den Hund „kommen lässt“.

HILFE BEI ÄNGSTEN

SYSTEMATISCHE DESENSIBILISIERUNG UND GEGENKONDITIONIERUNG

Manche Hunde bekommen grundsätzlich Stress oder Angst, sobald man sich ihnen mit einem Gegenstand in der Hand nähert (z. B. beim Bürsten, Krallenschneiden oder Abtrocknen), egal, ob durch schlechte oder fehlende Erfahrung oder fehlendes Vertrauen. An einen Reiz, der ursprünglich Angst auslöst, kann der Hund sich aber gewöhnen. Dazu muss dieser Reiz so klein und sanft gehalten werden, dass der Hund erkennen kann, dass von diesem Reiz keine Gefahr ausgeht. Wenn dieser Vorgang gezielt durchgeführt wird, spricht man von einer *Desensibilisierung.* Dazu sollte der Hund möglichst gleichzeitig die Erfahrung machen, dass der angst- (oder aggressions-) auslösende Reiz zuverlässig etwas Angenehmes ankündigt (Gegenkonditionierung). Dafür muss die angenehme Erfahrung allerdings *sofort* im Anschluss an das Erscheinen bzw. Auftauchen des angstauslösenden Reizes erfolgen.

So gehen Sie schrittweise vor:

1. Je nachdem, ab welchem Punkt der Hund sich z. B. vor der Bürste fürchtet, beginnen Sie mit der Desensibilisierung dort, wo noch keine Angst aufkommt. Will heißen: Wenn der Hund sich fürchtet, sobald Sie mit der Bürste in der Hand herumlaufen, beginnen Sie damit, die Bürste in die Nähe des Hundes zu legen, und sobald er die Bürste ansieht, bekommt er einen Superkeks. Ist das nicht möglich, legen Sie die Bürste so weit entfernt hin, wie sie auf den Hund ungefährlich wirkt. Wiederholen Sie das

Bürste anschauen – Keks geben, Bürste anschauen – Keks geben, bis der Hund angesichts der Bürste ganz entspannt bleibt. Morgen wiederholen Sie das Ganze, aber die Bürste liegt jetzt schon deutlich näher, bis Sie in ein paar Tagen die Bürste in der Hand behalten.

2. Zeigen Sie Ihrem Hund die Bürste wieder, bleiben Sie allerdings mit der Hand mit der Bürste nahe an Ihrem Körper, sodass der Hund sich nicht bedrängt fühlt. Auch das üben Sie mehrmals, bis Sie das Gefühl haben, Sie können ihm die Bürste aktiv hinhalten und ihn daran schnuppern lassen. Wenn er dies tut, geben Sie ihm mit der anderen Hand seinen Keks. Das wiederholen Sie so oft, bis diese Geste so ok ist für Ihren Hund, dass er beim Anblick der Bürste (der Krallenschere, des Handtuchs) sofort nach der Kekshand guckt.
3. Jetzt gehen Sie mit der Bürste Schritt für Schritt immer näher an den Hund heran, bis Sie ihn damit berühren können – ohne ihn zu bürsten, Sie legen die Bürste nur beiläufig an ihn dran und nehmen sie auch erst weg, wenn der Superkeks heruntergeschluckt worden ist.

Halten Sie diese Reihenfolge unbedingt ein: So lernt der Hund die Verknüpfung: „Es gibt nur Futter in der direkten Gegenwart der Bürste“. Ist die Bürste weg, gibt es auch kein Futter mehr.

4. Jetzt fangen Sie damit an, die Streichbewegungen mit der Bürste zu üben. Benutzen Sie die weiche Rückseite einer Bürste und machen Sie eine Massage daraus: Kein Ziepen und Zerren, kein „Haarebürstengeräusch“. Gewöhnen Sie sich an, von Anfang an Ihren Blick auf die Bürste zu richten und vermeiden Sie direkten Blickkontakt mit dem Hund. Denken Sie daran, ruhig weiter zu atmen! Wenn Sie unbewusst die Luft anhalten, erzeugen Sie dadurch Spannung, die sich auf Ihren Hund überträgt. Sie dürfen aber gerne vor sich hinsummen, wenn Ihnen das bei Ihrer Entspannung hilft.
5. Lässt der Hund sich nun entspannt mit der Rückseite der Bürste berühren, können Sie den Schwierigkeitsgrad steigern, indem Sie etwas mehr „Ertragen“ von ihm verlangen, bis es einen Keks gibt.
6. Zeigen Sie ihm die Bürste, sagen Sie „Bürsten“, streichen mit der Rückseite ein oder zweimal leicht über den Körper und geben ihm dann dafür einen Keks. Das nächste Mal vielleicht dreimal übers Fell streichen, bevor es eine Belohnung gibt, usw. Berühren Sie verschiedene Stellen am Hundekörper, bevor Sie ihm den nächsten Superkeks anbieten.
7. Sobald Ihr Hund zulässt, dass Sie ihn nun mehrmals hintereinander mit der Bürste „abstreichen“, ist der große Moment gekommen, die Bürste tatsächlich zur Körperpflege einzusetzen. Bleiben Sie trotzdem sanft, machen Sie eine angenehme Prozedur daraus. Dies wird dann ebenfalls in kleinen Schritten aufgebaut, bis er sich problemlos bürsten lässt. Einer Karriere als Haarwunder steht nun nichts mehr im Wege.

TIPP

Wie oft Sie jeden einzelnen Schritt wiederholen, hängt vom Hund ab. Manche arbeiten von vorneherein gut mit, folgen den einzelnen Schritten zehn bis fünfzehn Mal, bevor es ihnen reicht. Andere zeigen schon große Tapferkeit, wenn sie drei- oder vier Mal mitmachen. Dann ist das auch gut! Wiederholen Sie es einfach morgen wieder. Bürsten oder Abtrocknen sind erst einmal nicht so wichtig wie An- und Ableinen, also lassen Sie sich ruhig ein bisschen Zeit damit.

01

02

03

04

05

06

HUNDE UND KINDER

Gerade Jagdhunde aus dem Ausland oder Hunde, die ursprünglich bei älteren Leuten gelebt haben, kennen Kinder meistens nicht und lassen sich von deren hohen Stimmen, den schnellen Bewegungen oder dem wankenden Gang von Kleinkindern sehr schnell verunsichern. Man könnte natürlich ein Leben lang den Kontakt zu Kindern versuchen zu meiden – aber Kinder tauchen nun einmal unverhofft überall auf, und es ist schlicht nicht akzeptabel, einen Hund in einer lebenslangen Unsicherheit oder Angst verharren zu lassen, die man ohne Weiteres bearbeiten kann.
Hunde gewöhnt man am besten an Kinder und deren ungewohnte, weil überaus spontane Bewegungen und Quietscher, indem man den Hund nie zum Kontakt mit einem Kind zwingt. Lassen Sie ihn stattdessen Kinder erst einmal „beiläufig" beobachten: Wenn Kinder zu Besuch sind, sollen sie sich gar nicht um den Hund kümmern. Ab und zu darf ein Kind mit der Bezugsperson des Hundes daneben einen Superkeks (Hühnerbrust, Leberkäse, Leberwurstbrot) geben. Auf diese Weise lernt er, Kinder mit etwas Positivem zu verknüpfen. Mit Kindern toben darf er erst, wenn Sie ihn wirklich besser kennen und einschätzen können – nicht, dass er sich plötzlich doch erschreckt und schnappt, oder sich mitten im Spiel herausstellt, dass seine Art, Fangen zu spielen beinhaltet, das Kind an der Wade oder am Hosenboden festzuhalten.
Wenn der Hund sich Kindern gegenüber richtig ängstlich zeigt, gestaltet man die Kontakte noch beiläufiger, indem man sich in der großen Schulpause in die Nähe einer Schule setzt, sodass der Hund die Kinder sehen und hören kann, aber ihnen nicht „ausgesetzt" ist. Füttern Sie ihn mit Leberwurstbrot oder mit irgendetwas anderem, was er toll findet. Versuchen Sie, in der Nähe von Kindergärten und Schulen eine Wiese zu finden, wo Sie mit Ihrem Hund spielen können, ohne dass er sich mit Kindern direkt auseinandersetzen muss, etc. Gehen Sie mit Ihrem Hund und einer Freundin spazieren, die ein kleines Kind im Kinderwagen hat, das möglichst schon vor sich hin brabbelt. Lassen Sie Ihren Hund angeleint, kümmern Sie sich nicht um eine „Kind-Hund-Zusammenführung", sondern gestalten Sie den Ausflug ganz normal – nur eben mit Kinderbegleitung.

Um Hunde an Kinder zu gewöhnen, hilft es, wenn sie dem Hund – ohne ihn zu streicheln! – häufiger einen Keks anbieten.

01 Ein Blick sagt mehr als 1000 Worte: Nyla ist die Schere mehr als suspekt.

02 Ein Würstchen auf der Schere, ohne den Hund damit zu berühren, macht die Schere interessant.

03 Nyla muss sich überwinden und die Schere berühren, wenn sie den Keks haben möchte.

04 Nach einigen Wiederholungen wirkt die Schere schon etwas harmloser.

05 Während Nyla mit dem Würstchen beschäftigt ist, kommt die Schere in ihre Nähe.

06 Nach zahlreichen Wiederholungen wird Nyla mit der Schere sanft abgestrichen, während sie aus der Hand das Würstchen nimmt.

AUTOFAHREN

Für manche Hunde ist Autofahren ein schwieriges Unterfangen, sie hecheln, speicheln, übergeben sich oder sind fast katatonisch vor Furcht. Auf engem Raum zu hocken und zu sehen, wie alles um ihn herum in irrem Tempo an ihm vorbei saust, muss vom Hund erst einmal verstanden und verdaut werden. Vielleicht wird ihm auch dauernd schlecht, was sowohl am Fahrstil, als auch am Fahrzeug oder ländlichen, kurvenreichen Straßen liegen kann. Hunde aus südlichen Ländern wurde die Lust am Fahren häufig durch einen langen, stressigen Transportweg verleidet, bei dem sie bis zu 20 Stunden in einer engen Transportbox hocken mussten, manchmal sogar mit einem zweiten Hund.

Die allermeisten Hunde lernen schnell,...

— Testen Sie aus, wie Sie es Ihrem Hund so angenehm wie möglich im Auto machen können. Es gibt Hunde, die müssen alles sehen dürfen, damit sie sich entspannen können. Sie können gut auf der Rückbank angeschnallt werden, während sie aus dem Fenster gucken können. Andere kommen schneller zur Ruhe, wenn sie so wenig wie möglich sehen, etwa in einer gesicherten Transportbox. Manch andere brauchen den Halt eines Hundebetts mit gemütlichem Rand. Um ein Herumrutschen zu vermeiden, legen Sie auf den Boden der Ladefläche eine gummierte Hundedecke oder eine Badematte.
— Unternehmen Sie möglichst täglich kurze Fahrten, damit Ihr Hund sich möglichst bald an die merkwürdige Fahrerei gewöhnen und seinen Gleichgewichtssinn anpassen kann. Am allerbesten wartet am Ende einer Autofahrt ein großartiges Erlebnis: ein Besuch im Park, ein See, in dem er baden darf, ein Waldspaziergang.
— Hunde, die nicht durch einen überlangen Transport gelernt haben, die Transportbox abzulehnen, fühlen sich gerade in dieser deutlich sicherer. Bei körperlichen Symptomen, wie Übelkeit, starkem Speicheln, Fiepen und Winseln, haben wir sehr gute Erfahrungen mit Tellington TTouch und Körperbandagen gemacht (weiterführende Literatur finden Sie im Serviceteil Seite 228).
— Sollte der Hund leicht reisekrank werden, geben Sie ein paar Tropfen ätherisches Pfefferminzöl in die Lüftung, das wirkt gewöhnlich sehr gut gegen Übelkeit (und übrigens auch gegen schlechte Gerüche im Auto!). Wenn das nicht hilft, sollte man es mit homöopathischen Mitteln wie Cocculus-Globuli in D6 oder letztlich schulmedizinischen Medikamenten versuchen.

... dass das Auto Sicherheit bietet und sie zu interessanten Orten transportiert.

EINSTEIGEN BITTE!

Zögert Ihr Hund bereits beim Einsteigen, gibt es verschiedene Möglichkeiten.
Die beliebte Keks-Methode, bei der man dem Hund ein paar Kekse auf die Ladefläche oder den Sitz streut in der Hoffnung, dann würde er einsteigen, klappt leider bei den härteren Fällen nicht. Hunde, die aufgrund einer Erfahrung nicht mehr ins Auto einsteigen wollen, lassen sich nicht mit ein paar „Gutties" eines Besseren belehren, außerdem haben sie gerade so viel Stress, dass sie sowieso nichts essen können.
Gehen Sie mit dem angeleinten Hund bis zum Auto, soweit das möglich ist. Nehmen Sie ihn, mit einer Ankündigung (z. B. „Hochheben!") auf den Arm und setzten ihn einfach ins Auto. Je mehr Sie mit der Unsicherheit herumdiskutieren, umso mehr steigert sich Ihr Hund in die Unsicherheit rein.

Wichtig: Sobald Angstverhalten ausreichend Raum bekommt, sodass der Hund es ausleben kann, wird die Angst immer intensiver erlebt. Fangen Sie dementsprechend nicht an, Ihren Hund zum Einsteigen überreden zu wollen, sondern setzen Sie ihn ganz unaufgeregt und ruhig einfach ins Auto.

Ist der Hund zu groß, um hochgenommen zu werden, können Sie ihn auch nur am Oberkörper anheben, um seine Vorderpfoten auf die Ladefläche zu setzen. Anschließend heben Sie sein Hinterteil hoch, um den Rest vom Hund ins Auto zu hieven. Wenn das nicht geht, brauchen Sie vielleicht eine zweite Person.

Wenn Sie ihn in den nächsten Wochen einfach nur ins Auto setzen, ohne ihn zu locken, nehmen Sie ihm damit auch die Möglichkeit, ein großes Thema aus der „Autophobie" zu machen. Sie werden bald merken, dass es ihm immer leichter fällt, zum Auto zu gehen, vielleicht zeigt er schon von ganz alleine Interesse einzusteigen. Das wäre ein guter Zeitpunkt, ihm die Möglichkeit zu bieten, selbstständig einzusteigen. Geben Sie ihm etwas Zeit und warten Sie ab – wenn Sie jetzt Ihrem dringenden Bedürfnis nachgeben wollen, einen Keks ins Auto zu werfen, könnte das in dieser Trainingsphase sogar genau das Richtige sein, nachdem Ihr Hund schon Interesse am Einsteigen gezeigt hat und nur noch ein wenig mehr Ansporn braucht.

Körpersprache des Menschen

Ihre eigene Körpersprache spielt durchaus eine Rolle für ein erfolgreiches Einsteige-Training. Die meisten Menschen stellen sich vor die offene Autotür, drehen sich mit Ihren Schultern direkt zum Hund und sehen ihn auffordernd an. Tatsächlich blockieren sie den Hund damit, weil sie mit den Schul-

Der Mensch blockiert aus Unwissenheit die Autotür. Der Hund steigt nicht ein.

Jetzt zeigen die Schultern des Mannes den Weg, und der Hund versteht, was er tun soll.

tern vom Auto wegzeigen. Als Resultat wird der Hund am Auto stehen, wegsehen und beschwichtigen. Erst wenn Sie sich zum Auto drehen, um vielleicht seine Decke zu richten oder die Leine reinzulegen, springt der Hund meist hinein. Das liegt nicht an Zauberei, sondern daran, dass Sie mit Ihrem ins Auto gerichteten Blick und Ihren Schultern vorgegeben haben, wohin der Hund sich bewegen soll: Ins Auto nämlich.
Andere Hunde haben schlicht ein „Übungsdefizit". Sie gehen ohne Weiteres mit bis zum Auto, aber sobald sie einsteigen sollen, zögern sie. Diese Hunde sind in ihrem Vorleben vielleicht nie Auto gefahren und haben keine Ahnung, dass man da einfach hineinspringen kann – und auch das muss man üben. Helfen Sie Ihrem Hund, Anlauf zu nehmen, um mit Schwung ins Auto zu springen und loben Sie ihn mit ruhiger Stimme. Nach ein paar Tagen Übung können Sie auch ein passendes Hörzeichen dazu sagen, wie z. B. „Hopp!" oder „Einsteigen!" (siehe „Lernen durch Benennen" Seite 154)

AN- UND ABLEINEN

Für die meisten Menschen sind An- wie Ableinen beiläufige Gesten, denen wir keine besondere Aufmerksamkeit schenken. Manche Hunde sehen das allerdings anders: Spätestens dann, wenn wir es mit einem Hund zu tun haben, der mit Handscheue reagiert und sich gar nicht erst anleinen lässt, müssen wir uns mit dem Thema genauer befassen und unser eigenes Tun verändern, sonst wird es nichts mit der Leinenführigkeit bei diesem Hund.

DIE WAHRNEHMUNG DES HUNDES

Im Gegensatz zu uns Menschen sind Hunde stets mit allen Sinnen im Moment präsent. Für Hunde ist alles von Bedeutung, was wir gerade mit ihnen machen. Wenn wir den Hund nebenbei ansprechen, ihn beiläufig anfassen, streicheln oder an der Leine führen, merken wir meistens gar nicht, wie unkoordiniert, unberechenbar und unbewusst wir z. B. mit der Leine, unserer Stimme oder mit unseren Händen umgehen – wir legen einfach kein besonderes Gewicht auf jede einzelne unserer Gesten. Unsere Hunde dagegen schon! Darum ist es besonders bei unsicheren oder neuen Hunden überaus wichtig, dass wir uns ihnen gegenüber ganz bewusst verhalten.
Hunde nehmen gewöhnlich eine nach ihnen ausgestreckte Hand, einen frontalen Blickkontakt und Sich-über-sie-Beugen als bedrohlich wahr. Hunde, die uns Menschen von Welpenbeinen an gewohnt sind, entwickeln bald eine ausgeprägte Toleranz unserer aus ihrer Sicht ziemlich unhöflichen Körpersprache ihnen gegenüber. Sie haben längst gelernt, dass wir uns zwar schlecht benehmen, es aber nicht so meinen – entsprechend lösen wir mit unserer unbewussten Gestik weder Fluchtverhalten, noch viele Beschwichtigungsgesten aus. Fehlt dem Hund allerdings dieses grundsätzliche Vertrauen, müssen wir ihm erst einmal in seiner Welt entgegenkommen, damit er überhaupt Vertrauen zu uns aufbauen kann. Höflichkeit ist die Grundlage einer guten Kommunikation, und sie öffnet nicht nur Türen, sondern auch Herzen.
Wenn wir einen neuen Hund, der mit unseren Ritualen bisher nicht vertraut ist, anfassen müssen, sollten wir ihm mithilfe von Worten oder Gesten vorher „Bescheid sagen". Auf diese Weise wird er nicht überrascht, wenn wir ihn zum An- oder Ableinen kurz anfassen, sondern kann sich darauf einstellen. Wenn man es sich genau überlegt, ist eine solche Handlung eigentlich nur höflich – denn jeder von uns hat sich schon einmal erschrocken, wenn er ohne Vorwarnung plötzlich (und auch noch von hinten!) angefasst wurde. Gerade solche Schreckmomente kann Ihr Neuankömmling gar nicht gebrauchen.

01

02

ÜBUNG: ENTSPANNTES AN- UND ABLEINEN

ANLEINEN

Nehmen Sie den Karabiner der Leine in die eine, in die andere Hand ein oder zwei Belohnungskekse (01). Stellen Sie sich seitlich neben Ihren Hund, ohne sich über ihn zu beugen. Zeigen Sie dem Hund den Karabiner, sodass er ihn kurz beschnüffeln kann, wenn er möchte (02). Sobald er dies tut, sagen Sie ruhig und leise beispielsweise „Anleinen". Mit der anderen Hand halten Sie ihm das Leckerchen direkt vor die Nase, sodass er daran lecken, es aber noch nicht ganz nehmen kann. Führen Sie den Karabiner für ihn sichtbar an seinen Augen vorbei und befestigen Sie nun die Leine an seinem Geschirr, sodass er Ihre Hand aus dem Augenwinkel sehen kann (03, 04).
Sobald der Karabiner an der Leine befestigt ist, darf er den Keks haben. Bei den ersten Malen können Sie Ihrem Hund gerne auch noch eine zweite oder dritte Belohnung geben, um ihm zu signalisieren, dass er ein tapferer Superheld ist. Je entspannter Ihr Hund sich beim Anleinen zeigt, desto weniger Kekse bekommt er, bis das Anleinen zu einem normalen Vorgang geworden ist, der nicht mehr belohnt werden muss.
Dann sollte es vollkommen ausreichen, wenn der Hund beim Anblick des Karabiners das Wort „Anleinen" hört. Viele Hunde werden im Laufe der Zeit so kooperativ, dass sie sich sogar seitlich so hinstellen, dass man sie ganz leicht am Geschirr anleinen kann.

ANLEINEN FÜR ANGSTHASEN

Wenn Ihr Hund so unsicher ist, dass er sich auf diese sanfte Tour nicht anleinen lässt, sollten Sie die Übung in Kleinstschritte aufteilen und ein Desensibilisierungsprogramm aufbauen.

— Zeigen Sie Ihrem Hund den Karabiner und geben ihm dafür eine Belohnung. Solange er den Keks kaut, bleibt der Karabiner an der gleichen Stelle. Erst, wenn der Hund mit dem Keks fertig ist, dürfen Sie die Hand wieder wegnehmen. Wiederholen Sie diesen Schritt ein paar Mal, damit Ihr Hund versteht, dass der Karabiner herrliche Belohnungen auslöst. Sobald der Keks geschluckt ist, nehmen Sie den Karabiner wieder weg.

03

04

— Macht Ihr Hund hierbei mit, ohne unsicheres Verhalten zu zeigen, können Sie einen Schritt weiter gehen. Während Sie ihn „vorne" mit einem Keks beschäftigen, führen Sie den Karabiner ein ganz kleines Stück in seiner Augenhöhe nach hinten, etwa bis zu seinem Ohr. Beim nächsten Mal und dem nächsten Keks führen Sie die Hand todesmutig noch ein kleines Stückchen weiter nach hinten. Wiederholen Sie diesen Ablauf, so lange Ihr Hund mitmacht – Sie können

01

02

auch eine Pause einlegen –, bis Sie den Karabiner vielleicht schon bis zu den Schultern führen können. Tasten Sie sich langsam, Zentimeter für Zentimeter weiter nach hinten, bis Sie endlich am Geschirr ankommen. Jetzt wissen Sie, wie sich Louis Hamilton beim Großen Preis von Mexico fühlte.

Es gibt Hunde, die sich schon nach zehn Minuten mit dieser Übung vorsichtig anleinen ließen und sehr schnell überhaupt keine Probleme mehr mit dem An- und Ableinen hatten, solange sich ihre Besitzer an die abgesprochenen Gesten und die damit verbundenen ruhigen und langsamen Bewegungen hielten. Andere Hunde wiederum, die ein ausgeprägtes Scheueverhalten zeigten, brauchten manchmal ein paar Tage konsequentes Üben mit ein- bis zwei Wiederholungen und anschließend einer Pause von mehreren Stunden, bevor erneut geübt wurde.

TIPP

Lässt sich Ihr neuer Hund noch überhaupt nicht anfassen, kann es eine große Hilfe und Entlastung für alle Beteiligten bedeuten, wenn der Hund auch zu Hause ein Brustgeschirr trägt, an dem eine leichte Hausleine befestigt ist. So gerät er nicht jedes Mal in Panik, wenn Sie ihn anfassen müssen, um mit ihm nach draußen zu gehen, denn die Leine ist ja bereits am Geschirr, und Sie bekommen ein paar Tage mehr Zeit, bevor Sie das An- und Ableinen trainieren.

ABLEINEN

Das Ableinen wird ebenso aufgebaut wie das Anleinen. Allerdings zeigen Sie ihm Ihre leere Hand, die er erwartungsvoll beschnüffeln kann, während Sie wiederum in seiner Augenhöhe mit der anderen Hand nach hinten greifen, um den Karabiner vom Geschirr abzumachen. Anschließend können Sie Ihren Hund für die ersten Male mit ein, zwei Keksen „bezahlen“, bis das von Mal zu Mal nicht mehr notwendig ist (01 – 04).

Bewegen Sie ihre Hand ruhig und konzentriert, aber nicht zu langsam oder gar in Zeitlupentempo – das ist dem Hund suspekt.

03

04

Training

Mit Training werden dem Hund die Grundlagen beigebracht. Hörzeichen werden konditioniert und müssen regelmäßig geübt werden, damit sie gut sitzen.

FUTTERBELOHNUNGEN

Viele Leute haben Angst, dass „Positives Training" bedeutet, dass sie bis ans Ende ihres Lebens mit Hosentaschen voller Hundeleckerchen herumlaufen müssen. Das ist nicht der Fall! Futterbelohnungen sind eine hervorragende Möglichkeit, mit einem Hund überhaupt erst einmal in Kontakt zu treten – vor allem einem, der uns noch nicht kennt. Leckerchen sind vor allem ein Kommunikationsmittel, um dem Hund zu zeigen, dass es sich für ihn lohnt, mit uns zusammenzuarbeiten – dass er etwas davon hat.
Belohnungen in Form von Keksen verdeutlichen dem Hund, dass er uns richtig verstanden hat – vor allem in der Anfangszeit, wenn das Vertrauen noch nicht so groß ist und er mit überschwänglichen Lobes- und Liebesbezeugungen noch nicht umgehen kann. Für viele Hunde aus dem Tierschutz oder aus „schwierigen" Verhältnissen ist Streicheln (noch) keine Belohnung, sondern etwas, das sie bisher nicht kennen, dem sie ambivalent gegenüber stehen und was sie möglicherweise sogar beengt oder beunruhigt. Menschliche Zuneigung und Aufmerksamkeit ist noch keine Belohnung für sie, denn viele von diesen Hunden sind in ihrem bisherigen Leben gut ohne menschliche Aufmerksamkeit ausgekommen, dass sie sie noch nicht dringend brauchen.

Von jemandem „Futter anzunehmen", wie überhaupt der Akt des Essens, ist außerdem grundsätzlich physiologisch beruhigend, weil der Körper sich auf das Verdauen vorbereitet (das könnte auch der Grund dafür sein, warum wir uns unter Stress gerne mit Dingen wie Schokolade, Chips oder anderem „Comfort Food" trösten). Wie Ihr Hund die Belohnung also annimmt, gibt Ihnen auch einen Hinweis darauf, was in seinem Kopf vor sich geht:

- Wenn er die Belohnung entspannt annimmt, ist er „bei Ihnen" und im richtigen „Trainings-Modus".
- Wenn er ein paar Sekunden braucht, um sich zu orientieren, ist er ganz offensichtlich stark abgelenkt (schlechte Situation/Umfeld, um dem Hund hier etwas beizubringen).
- Wenn er die Kekse gar nicht annimmt, ist er „über den Punkt" und so gestresst, dass Sie die Übung abbrechen müssen.

Mein Hund nimmt im Freien keine Belohnung an – wie trainiere ich jetzt?
Um Futterbelohnungen annehmen zu können, muss der Hund erst einmal in den richtigen psychischen Zustand kommen. Das bedeutet, man muss mit diesen Hunden trainieren, Kekse überhaupt essen zu können. Manche Hunde haben einfach nie gelernt, Leckerchen anzunehmen – gerade ausländische Jäger trainieren ihre Hunde (wenn überhaupt) nicht mit Belohnungen, und Futter gibt es nur im Zwinger.
Gerade unsichere und erst recht sehr ängstliche Hunde sind aufgrund der vielen Reize

Der Hund ist von den vielen Reizen zu verunsichert, um einen Keks annehmen zu können.

zu nervös, um Futter annehmen zu können. Schließlich kann man nur essen, wenn man sich sicher fühlt. Im Freien dagegen muss der Hund jederzeit mit einem neuen Reiz rechnen, ist also „allzeit fluchtbereit".
Mit solchen Hunden muss man das Keks-Annehmen erst einmal im Haus üben. Wenn das in einem ruhigen Umfeld klappt, sollte man vor der Fütterung spazieren gehen und etwas besonders köstliches, frisches, fettiges mitnehmen, wie z. B. Stücke von Brathuhn oder Leberkäse.
Wenn Ihrem Hund die Umwelt immer noch zu viel Sorgen macht, um draußen etwas fressen zu können, gehen Sie in aller Ruhe eine Strecke von 50 Metern immer wieder auf und ab, bis er sich auf dieser Strecke entspannt. Geben Sie das Hühnchen (oder was immer Sie dabei haben) auf den Boden und warten Sie einfach ab, ob er es jetzt nicht doch nimmt, *ohne ihn dabei anzusehen.* Im Zweifelsfall noch einmal auf und ab gehen und dann noch einmal die Belohnung auf den Boden geben.
Loben Sie den Hund dabei mit ruhiger, leiser Stimme. Machen Sie die Übung: Alles loben, was gefällt. Bleiben Sie fröhlich und gelassen, machen Sie sich selbst keinen Stress, dass Ihr Hund Stress hat. Auch gute Laune verstärkt erwünschtes Verhalten ums Vielfache (deshalb klappen Kunststücke häufig viel schneller und leichter als „Training" – weil der Mensch Kunststücke nicht so ernst nimmt).

Gute Gründe, warum ein Hund gerade keinen Keks annehmen kann

Keksbelohnungen sind ein einfacher Weg, um mit einem Hund in Kontakt zu treten – und ein fabelhaftes Stress-Barometer. Eigentlich ist draußen zu fressen der natürlichste, ursprünglichste Vorgang überhaupt: Nämlich Nahrungssuche. Überprüfen Sie,

Aslan kann keinen Keks annehmen, weil die Kontaktaufnahme für den ängstlichen Hund viel zu direkt ist: Er wird direkt angesehen, während sich die Freundin leicht vorbeugt.

was die Gründe sein könnten, weshalb Ihrem Hund gerade nicht der Sinn nach einer Zwischenmahlzeit steht.

- Der Hund ist innerlich zu aufgeregt, weil um ihn herum zu viel Action herrscht (Menschen kennen das auch: Prüfungsangst, Liebeskummer, Stress – „Ich krieg' keinen Bissen 'runter!")
- Der Hund ist hormonell durch den Wind aufgrund läufiger Hündinnen im Umfeld.
- Der Hund hat schlicht Angst (dadurch schließt sich der Magen), vielleicht vor der fütternden Person, vor der Situation oder vor der Hand.
- Irgendwas stimmt mit Ihrer Hand nicht (parfümierte Creme? Zigarette in der Hand?).
- Falscher Keks (schmeckt nicht, mag er nicht, riecht nach nix, oder der Hund ist total satt).
- Nimmt der Hund den Keks und spuckt ihn wieder aus? Möglicherweise ist er im Zahnwechsel, hat Zahnschmerzen, oder es gibt einen anderen gesundheitlichen Grund. Vielleicht nimmt er den Keks auch nur aus „Höflichkeit", weil Sie es sich wünschen, er kann aber gerade einfach nichts essen
- Der Keks wird als Lockmittel eingesetzt, dann aber weitergezogen, wenn der Hund an den Keks heran möchte (die Möhre an der Angel vor dem Esel). Das Wegziehen des Kekses kann den Hund sehr verunsichern, weil er nicht versteht, warum er den Keks nicht am „Ort des Versprechens" bekommt. Er kann sogar das Vertrauen in den Menschen verlieren, was dazu führt, dass er von dieser Person in Zukunft nichts mehr annimmt.
- Manche Hunde haben mit Futter aus der Hand schlechte Erfahrungen gemacht (wurden angelockt, dann wurde nach ihnen gegrapscht). Also legt man erst einmal das Futter auf den Boden, damit der Hund lernt, dass Futter kein negatives Erlebnis nach sich zieht.
- Der Mensch starrt seinen Hund an und beugt sich womöglich noch über den Hund. Dies ist eine sehr ungute Geste und wird von manchen Hunden sogar als gefährlich eingestuft.
- Der Hund möchte nicht so herankommen, um den Keks zu nehmen, weil er befürchtet, dass er angefasst oder angeleint wird.
- Der Hund hat noch *nie* etwas von einem Menschen aus einer Hand zum Fressen angeboten bekommen und kennt die Situation nicht.
- Der Hund hat gar nicht bemerkt, dass wir etwas in der Hand haben.
- Der Keks wird verdeckt durch den Jackenärmel oder die Leine in der Hand (Selbstwahrnehmung üben!).
- Es stehen zu viele andere Hunde drum herum, und der Hund nimmt sich aus Höflichkeit zurück.
- Der Hund hat Angst vor der Person, die ihm den Keks anbietet, weil gerade schlechte Stimmung ist oder er mit dieser Person bereits schlechte Erfahrungen gemacht hat.
- Nach dem Keksnehmen wird der Hund immer am Kopf angefasst/gestreichelt – die meisten Hunde hassen das. Es ist als Geste auf der Straße zu „intim" – ähnlich wie bei Teenagern, die man vor ihren Freunden küssen möchte. Grusel.

Ein Hund, der draußen Kekse nimmt, ist vertrauensvoll, offen und in einem guten inneren Zustand – erst dann kann man mit ihm arbeiten.

Irgendwann wird jeder Hund draußen fressen können. Wenn nicht, muss an Ruhe und Ansprechbarkeit draußen gearbeitet werden.

ÜBUNGEN FÜR DAS GEHEN AN DER LEINE

Es gibt Hunde, die anfangs so aufgeregt, gestresst und unkonzentriert sind, dass Leinenführigkeit nicht die oberste Priorität sein sollte, sondern eher, Ruhe und Vertrauen aufzubauen.

DIE HIN-UND HER-ÜBUNG

Diese Übung ist mit der Freifolge an der Leine zu vergleichen, nur dass wir sehr ruhig dabei gehen und sofort stehen bleiben, wenn die Leine nur leicht angespannt ist. Wir warten gar nicht erst, dass ein voller Zug auf der Leine entsteht, sondern wenden uns sofort in eine andere Richtung und warten, bis sich der Hund uns aus eigenen Stücken wieder anschließt. Das ganze koppeln wir mit Achten um Bäume gehen, um Poller, nach links und nach rechts, bis der Hund verstanden hat, dass er Sie besser im Auge behält, weil Sie offensichtlich sehr unentschlossen sind.

DAS SCHNALZEN – EIN AUFMERKSAMKEITSSIGNAL

Der Einsatz von Geräuschen im Training hat viele Vorteile: Geräusche sind emotionsneutral. Ganz egal, wie aufgeregt, nervös oder unsicher Sie selbst zwischendurch vielleicht werden, das Geräusch klingt immer gleich. Mit einem Schnalzen können Sie Ihren Hund lehren, Ihnen sofort seine Aufmerksamkeit zuzuwenden. Weil es ein leises Geräusch ist, kann man es fabelhaft an der Leine einsetzen, wenn man seinen Hund z. B. schnell umlenken möchte.
Mit dem „Schnalzen" ist das Geräusch gemeint, mit dem Reiter ihr Pferd antreiben wollen, eine Art Zungenschlag: Dabei saugt man die Zungenspitze und den hinteren Teil der Zunge an den Gaumen und schnalzt, indem man den hinteren Teil der Zunge sozusagen loslässt. Gelingt Ihnen dieses Geräusch nicht, testen Sie aus, ob Sie ein anderes Geräusch zuverlässig produzieren und wiederholen können. Vielleicht ein küsschenähnliches Sauggeräusch mit gespitzten Lippen?

In dem Moment, in dem der Hund den Keks nimmt, schnalzen Sie.

Schnalzen Sie und gehen Sie dabei einen Schritt rückwärts.

Übung Anfangs konditionieren Sie Ihren Hund ganz klassisch auf das Schnalzen: Sie nehmen ein paar Kekse, stellen sich vor Ihren Hund und reichen ihm ein Leckerchen. Genau in dem Moment, in dem der Hund es aus Ihrer Hand nimmt, schnalzen Sie schnell zweimal. Wiederholen Sie diesen Schritt einige Male.
Anschließend können Sie zum nächsten Schritt übergehen und etwas Bewegung einbauen. Nun schnalzen Sie zweimal, gehen einen Schritt rückwärts und geben Ihrem Hund unmittelbar einen Keks, sobald er diesen Schritt mitmacht. Wiederholen Sie auch diesen Schritt ein paarmal. Anstatt jedes Mal nur rückwärts zu gehen, können Sie auch mal einen Schritt nach links oder rechts machen, und sobald der Hund dem Schnalzen folgt, bekommt er wieder einen Keks.
Nach einer kleinen Pause (eine Pause kann ein paar Minuten oder Stunden dauern, wie Sie es für Ihren Hund für richtig halten) machen Sie den nächsten Schritt: Gehen Sie langsam mit Ihrem Hund an der Leine spazieren. Warten Sie ab, bis der Hund kurz vor dem Ende der Leine angekommen ist oder an irgendeinem Grashalm schnuppert. Schnalzen Sie zweimal, machen Sie ein paar Schritte rückwärts, und sobald der Hund sich zu Ihnen wendet, bekommt er einen Keks.

Wichtig: Denken Sie an die korrekte motorische Reihenfolge. Erst zweimal schnalzen, dann bewegen Sie sich entweder rückwärts oder weichen zügig nach links oder rechts aus. Sobald Ihr Hund mitkommt, geben Sie ihm zur Bestätigung einen Keks. Betrachten Sie das Schnalzen als Hilfsmittel wie den Blinker beim Autofahren: Erst blinken, dann abbiegen – nicht umgekehrt!

Üben Sie die beschriebenen Schritte mehrmals in den nächsten Tagen, damit Ihr Hund in seiner Reaktion auf das Schnalzen richtig gut wird. Es ist nicht zeitaufwendig, weil Sie es ja immer nur ab und an mit in den Spaziergang einbauen. Weniger ist auch hier mehr.

Sobald der Hund Ihren Schritt mitmacht, bekommt er direkt seinen Keks.

Sobald die Leine sich strafft, bleiben Sie stehen und warten ca. 5 Sekunden.

Schnalzen Sie den Hund „zu sich" und gehen dabei ein oder zwei Schritte rückwärts.

Sobald Sie feststellen , dass Ihr Hund mittlerweile gut auf das Schnalzen reagiert, sollten Sie anfangen, das Signal in bestimmten Situationen einzusetzen. Weil wir die Leine ja nur als Begrenzung verwenden, aber niemals daran rucken, ziehen oder zerren, setzen Sie das Schnalzen ein, wenn Sie möchten, dass Ihr Hund sich von einem Reiz abwendet – ohne dass Sie an der Leine ziehen. Wenn Ihr Hund z. B. an einem Passanten schnüffeln möchte, der eine interessante Einkaufstüte mit sich trägt, müssen Sie ihn nun nicht – wie man das häufig sieht – von dem Passanten wegziehen, sondern schnalzen stattdessen zweimal und machen ein paar Schritte zur Seite. Ihr Hund wird sich sogleich von der Person ab- und Ihnen zuwenden.
Wenn der Hund irgendwann schon etwas länger bei Ihnen wohnt und eine gute Reaktion auf das Schnalzen zeigt, können Sie nun die Keks-Gabe von Mal zu Mal abbauen.

Wichtig: Achten Sie darauf, dass Sie nicht versehentlich dann Schnalzen, wenn der Hund gerade anzieht – denn dann baut er eine falsche Verknüpfung auf. Er soll ja nicht fürs Ziehen belohnt werden.

DIE JOJO-ÜBUNG FÜR LEINENFÜHRIGKEIT

Die Übung ist hervorragend für alle Hunde, die das Ziehen an der Leine bereits gelernt haben: Sie haben die Erfahrung gemacht, dass sie es überallhin schaffen, wenn Sie sich nur kräftig genug ins Zeug legen. Bei starken Hunden erlebt man immer wieder, dass ihre Besitzer einfach nicht die Kraft besitzen, zu wenig Körperbalance haben und irgendwie resigniert haben, um ihrem Hund dieses Verhalten eben nicht durchgehen zu lassen. Zieht der Hund stark genug, so geben die Menschen der Leine nach – das Ergebnis ist, dass der Hund genau da ist, wo er hin wollte. Hält der Mensch dann doch mal dagegen, ist es erstaunlich, wie viele Kraftreserven der Hund noch in petto hat.
Mit der Jojo-Übung können Sie Ihrem Hund etwas Neues beibringen, wodurch es für beide Seiten an der Leine einfacher wird.

Übung Das Schnalzen (oder Ihr persönliches Geräusch) haben Sie bereits aufgebaut. Üben Sie mit Ihrem Hund an der 3-Meter-Leine zuerst auf einem ruhigen Spaziergang mit wenig Ablenkung, damit die Aufmerk-

Wenn der Hund nun auf Sie zu läuft, bekommt er eine Belohnung.

samkeit Ihres Hundes bei Ihnen ist – es reicht schon, wenn er so aufmerksam ist, dass er auf das Schnalzen reagieren kann. Halten Sie die Handschlaufe der Leine gut in der Hand und geben Sie Ihrem Hund die vollen drei Meter. Gehen Sie ganz langsam. Geht Ihr Hund mit und die Leine hängt sogar durch, dürfen Sie ihn mit ruhiger, freundlicher Stimme loben. Sobald die Leine straff wird (wir reden hier nur von einer gestrafften Leine, nicht von einem richtigen Zug darauf), bleiben Sie stehen und lassen Ihren Hund keinen einzigen Schritt mehr vorwärts gehen. Warten Sie nun ca. fünf Sekunden ab und schnalzen Sie dann erst Ihren Hund zu sich, indem Sie ein, zwei Schritte rückwärts gehen. Kommt der Hund auf Sie zu, bekommt er eine Belohnung (die Kekse werden nach einigen Tagen abgebaut, später mehr dazu). Wenn Sie weitergehen, darf auch Ihr Hund wieder weitergehen. Schicken Sie ihn nicht mit einem Kommando wie „Weiter" oder „Lauf" o. Ä. voraus. Er soll ja an der Leine bei Ihnen bleiben.
Nach einigen Wiederholungen werden Sie merken, dass Ihr Hund sich Ihnen bereits innerhalb der fünf Sekunden Wartezeit wieder zuwendet. Hurra! Loben Sie ihn, während Sie ein paar Schritte rückwärts gehen, und ihm dafür auf jeden Fall einen Keks geben.

Wichtig: Die fünf Sekunden, in denen Sie warten und den Zug halten, sind für Ihren Hund gedacht. So räumen Sie ihm einen kurzen Zeitraum ein, in dem er sich von ganz alleine korrigieren kann, ohne dass Sie ihn zu sich schnalzen.

Im Laufe der Übung ist genau das unser Ziel: Wir wollen den Hund nicht mehr zu uns schnalzen, stattdessen soll er lernen, dass es nicht mehr weitergeht, sobald Zug auf die Leine kommt, außerdem soll er sowieso zurückkommen. Je häufiger der Hund sich von alleine korrigiert, desto mehr lassen Sie die Futterbelohnung nach dem Schnalzen weg und „bezahlen" ihn nur noch für seine selbstständigen Korrekturen.
Sie werden bald erleben, dass Ihr Hund sich im Laufe der nächsten Tage viel häufiger von alleine zu Ihnen zurückwendet, sobald sich die Leine strafft.

Mit dieser Übung erreichen Sie nicht bei jedem Hund eine wirklich gute Leinenführigkeit, dennoch ist es eine hervorragende Möglichkeit, den vollen Zug auf der Leine abzuschwächen und dem Hund beizubringen, sich selbst zu korrigieren. Will heißen: Der Hund kommt von seiner bisherigen Einstellung „wenn normales Ziehen an der Leine nicht reicht, dann muss ich eben stärker ziehen", hin zu „wenn ich ziehe, geht nichts weiter, und ich drehe mich um " – wie ein Jo-Jo.

LERNEN DURCH „BENENNEN"

Manche Hunde sind sehr schwer zu trainieren, weil sie bisher gar nicht gelernt haben, mit dem Menschen zusammenzuarbeiten. Was macht man z. B. mit einem Hund, der so unsicher ist, dass er sich immer abwendet, wenn man ihn anfassen möchte? Der keine Leckerchen annimmt und auch mit einem gemeinsamen Spiel nichts anfangen kann? Was tun mit einem Hund, der nie gelernt hat, eine Anweisung eines Menschen auszuführen oder wirklich mit einem Menschen zusammenzuarbeiten? Wie kann man solch einen Hund motivieren oder überhaupt etwas beibringen? Weil diese Hunde noch nie etwas von „Zusammenarbeit" mit einem Menschen gehört haben, fühlen sie sich sehr schnell unter Druck gesetzt, wenn man etwas von ihnen möchte.
„Benennen" ist sehr einfach und sehr effektiv und verzichtet auf Futterbelohnungen, Belohnungsstreicheln oder Spielzeug.

„Benennen" ist besonders geeignet für

— Hunde, die noch nie trainiert wurden und entsprechend nicht gelernt haben, auf ein Kommando zu reagieren.
— Hunde, die bisher wenig mit Menschen zu tun hatten.
— Ehemalige Straßenhunde oder Parias
— Sehr ängstliche und unsichere Hunde
— Hunde, die anfänglich noch kein Futter als Belohnung draußen annehmen.
— Welpen

Das Gute daran ist, dass

— Der Hund dabei absolut nichts „falsch" machen kann und weder Mensch noch Hund frustriert oder verunsichert werden können.
— Der Mensch einen klaren Plan hat und gutes Timing lernt.
— Der Mensch sich ausschließlich auf das Verhalten konzentrieren kann, das er tatsächlich vom Hund sehen möchte.
— Der Mensch dem Hund keinerlei Erwartungs- oder Leistungsdruck entgegen bringt, sondern einfach nimmt, was kommt.

Kommt der Hund von alleine zurück auf den Weg, kommentiert man dies anfangs immer mit „Raus da!“

Übung Machen Sie sich einen Plan, welche Verhaltensweisen Ihres Hundes Sie in Zukunft unter „Kommando-Kontrolle“ bringen wollen und legen dazu ein bestimmtes Signal fest, ein Wort oder ein bestimmtes Geräusch.

Im gleichen Augenblick, in dem Ihr Hund besagtes Verhalten von sich aus zeigt, geben Sie ihm zeitgleich und fast beiläufig das entsprechende Signal dazu, ohne den Hund dabei um Aufmerksamkeit bitten zu müssen. Jedes Mal, wenn Sie besagtes Verhalten bei Ihrem Hund beobachten, geben Sie ihm das entsprechende Signal dazu. Je nachdem, wie oft wir es „benennen“ können, kann es Tage oder auch Wochen dauern, bis die gewünschte Verknüpfung erreicht ist. Wenn Ihr Hund die Verknüpfung nach einiger Zeit verinnerlicht hat, brauchen Sie besagtes Verhalten nicht mehr mit einem Signal verknüpfen, sondern können es bei Bedarf als Vorschlag oder sogar wie ein Hörzeichen einsetzen.

Wichtig: Wir Menschen benennen viele Verhaltensweisen von unserem Hund, ohne bewusst zu merken, was wir da tun. Beispielsweise sagen wir oft „He, langsam!“, wenn der Hund gerade so richtig in die Leine prescht. Dadurch fangen viele Hunde erst recht an zu ziehen, wenn Sie das Kommando „Langsam“ hören.

DER DACKEL, DER KEINEN KONTAKT AUFNEHMEN WOLLTE

von Inga Böhm-Reithmeier

Der vierjährige Rauchhaarteckel Pauli hatte bisher bei dem 72-jährigen Großvater der Familie gelebt. Dreimal am Tag durfte er an der Flexileine spazieren gehen, die übrige Zeit versuchte der Großvater, ihn mit ausgeklügelten Ballspielen müde zu machen – was allerdings nie gelang. Stattdessen wurde der Dackel spielsüchtig.

Er kannte kein einziges Hörzeichen, bekam aber ununterbrochen Aufmerksamkeit und Entertainment in Form von Ballspiel. Dank Flexileine hatte er gelernt, mit einem ständigen Zug auf der Leine zu gehen, was auch noch durch das inkonsequente Verhalten des Besitzers verstärkt wurde: Manchmal wurde er fürs Ziehen geschimpft, manchmal wurde darüber nur gelacht, andere Male wurde er mit massivem Leinenruck und einem strengen „BEI FUSS!" in die richtige Position gezerrt.

Irgendwann erkrankte der Besitzer so schwer, dass er sich nicht mehr um den Hund kümmern konnte. Nach langem Überlegen entschied sich seine Enkelin, den Dackel zu übernehmen. Er war jetzt vier Jahre alt und hatte nie gelernt, draußen in Kontakt mit seinen Menschen zu treten. Er war noch niemals frei gelaufen und hatte eine offenbar abwesende, fast autistische Haltung den Menschen gegenüber entwickelt, weil er nichts anderes kannte, als wie ein Karrenpferd an der Leine zu ziehen. Er wurde Pauli gerufen, reagierte aber auf seinen Namen nicht, obwohl sein Gehör sehr gut funktionierte.

Schließlich kam die Enkelin mit Pauli zu mir ins Training. Ich bot ihm im Training ein Leckerchen an, das er auch gerne entgegen nahm, nach dem dritten Mal hatte er das Interesse allerdings bereits verloren und ging nicht mehr darauf ein. Pauli trug mittlerweile ein Brustgeschirr. Ich befestigte eine 3-Meter-Leine daran und band mir das andere Ende um die Hüfte: So konnte Pauli an der Leine ziehen wie gewohnt, ohne dass es (auch versehentlich) zu einer der typischen Reaktionen kam, die er an der Leine schon gewohnt war: Rucken, Ziehen, Reißen oder ein unbewusstes Nachgeben mit der Leine, um ihn an eine besonders interessante Schnüffelstelle zu lassen. Wir gingen sehr langsam und ruhig, etwa so, als wäre ich in der Begleitung meiner zweijährigen Tochter. Immer wieder mal kam es nun zu ein paar Schritten, in denen die Leine locker durchhing: In diesem Moment sprach ich den Hund mit einem weichen „Eeeeasy" an. Dies hörte Pauli nun jedes Mal, wenn er ruhig und an durchhängender Leine mitlief (es reicht dabei völlig aus, das jeweilige Wort ca. ein- oder zweimal ruhig zu benennen: Bitte nicht das Wort in einer Endlosschleife ständig wiederholen! Wir wollen den Hund nur trainieren und nicht belästigen).

Wenn die Leine beim Laufen nun für ein paar Schritte locker durchhing, blieben wir auch mal stehen. Wenn Pauli daraufhin mit durchhängender Leine ebenfalls anhielt, sagten wir: „Warte!". Setzten wir uns wieder in Bewegung und Pauli folgte, ohne dass auf der Leine Zug entstand, nannten wir das Wort „Weiter!".

Nach nur drei Wochen konnte die neue Besitzerin die Wörter „Easy", „Weiter" und „Warte" als richtige Aufforderungen bzw. Kommandos einsetzen. Mit dem Wort „Easy" ließ Pauli sich von nun an beruhigen, sodass er die Leine locker ließ. Nachdem er nun drei Wochen lang an der 3-Meter-Leine geführt worden war, hatte er ein Gefühl für die Länge der Leine bekommen und den Radius, den er damit zur Verfügung hatte: Die Leinenlänge war nun berechenbar für ihn, ganz anders als vorher mit der Flexileine, die ständig und ohne Vorankündigung ihre Länge verändert hatte.

Wenn die neue Besitzerin an einer Bordsteinkante den Hund stoppen wollte, benutzte sie nun das Wort „Warte" – und Pauli blieb stehen, bevor das Ende der Leine erreicht war.

Schnupperte der Hund an einer Stelle, so ließ die Besitzerin es zu und wartete ab. Dauerte es allerdings zu lange, so sagte sie nur „Weiter", und Pauli setzte sich umgehend in Bewegung, um ihr zu folgen.

Und so lernte der Dackel Pauli, der in vier Jahren keinerlei Training genossen hatte und es nicht gewohnt war, irgendwelche Aufforderungen zu befolgen, durch das „Benennen" ganz beiläufig und ohne besonderen Aufwand drei Kommandos innerhalb von drei Wochen.

Im weiteren Trainingsverlauf konnten wir nun mit dem Hund Kontakt aufnehmen: Beim Spaziergang nahm er uns plötzlich wahr, was drei Wochen vorher ein illusorisches Unterfangen zu sein schien.

In der darauffolgenden Trainingsstunde machten wir die Übung, in der Pauli für alle erwünschten Verhaltensweisen gelobt wurde, die er von sich aus zeigte, um ihm eine gute Stimmung zu vermitteln und ihm eine Idee davon zu verschaffen, welche Verhaltensweisen in Zukunft erwünscht sein würden, wie beispielsweise Blickkontakt. Gleichzeitig begannen wir, das Kommando „Zu mir" mit Handzeichen aufzubauen. Pauli machte mit und nahm mittlerweile auch viel häufiger Belohnungen von uns an.

Beim nächsten Termin bauten wir Bewegungsgrenzen auf, um sein ausgeprägtes Stöberverhalten einzudämmen und mehr Ruhe in den Spaziergang zu integrieren.

Beim vierten Termin – wer hätte das gedacht! – konnten wir mit dem Üben des Freilaufs anfangen.

01

02

WICHTIGSTE SIGNALE FÜR DIE ANFANGSZEIT

Die wichtigsten Signale für die Anfangszeit sind der Rückruf und das Hörzeichen „Weiter".

HERANKOMMEN

Das Wichtigste zu Beginn ist ein Hörzeichen, um den Hund heranzurufen, wie etwa „Zu mir". Weil dieses Kommando sehr wichtig ist, sollte der Aufbau der Übung wirklich konsequent sein und Hand und Fuß haben. Überlegen Sie sich ein akustisches Signal für das Herankommen, ein Wort oder ein Geräusch. Entscheiden Sie sich für ein Wort, so sollte es eins sein, das Sie tagsüber sonst nie verwenden, sondern ausschließlich nur für das Herankommen benutzen werden. Statt „Komm" und „Hier" (beides überstrapazierte Alltagswörter, die wir im Laufe des Tages ununterbrochen einsetzen – „Komm', zeig' mal", „Komm', wir wollen jetzt gehen", etc.), könnte es z. B. ein nettes „Zu mir" oder ein gutgelauntes „Juhuu" oder „Jipiie" sein – wobei es später immer in Kombination mit dem Namen des Hundes eingesetzt wird, etwa: „Lumpi Jipiie". Ihrem Hund ist es wahrscheinlich egal, aber wir haben oft festgestellt, dass der Hund viel mehr Spaß am Herankommen hat, wenn der Mensch Spaß daran hat, das Wort auszusprechen. Wenn Ihr Hund allerdings noch nie in seinem Leben ein Kommando zu hören bekommen hat und kein Mensch irgendetwas von ihm eingefordert hat, tut er sich möglicherweise leichter mit einem Geräusch: Vielleicht eine gepfiffene, kurze Melodie aus drei Tönen, oder ein hohes „Blblblblblblbl" oder eine Art Indianergeheul. Am sinnvollsten ist es, wenn Sie das neue Hörzeichen/-geräusch grundsätzlich mit einem Handzeichen kombinieren (dann kann Ihr Hund hinterher nicht behaupten, er habe nicht gewusst, was Sie von ihm wollen, weil die anderen so laut waren).

03

01 *Wenn der Hund sich Ihnen zufällig zu wendet, winken Sie ihn mit offener Handfläche zu sich.*

02 *Sobald der Hund reagiert, machen Sie einen Schritt zurück und schauen vom Hund zur Hand.*

03 *Lassen Sie den Hund den Keks aus Ihrer Hand nehmen. Streicheln Sie ihn nicht, das wäre hier unangemessen.*

Schritt-für-Schritt-Anleitung

Packen Sie ausreichend Superbelohnungen ein wie z. B. Würstchen, Fleischkäse oder gebratenes Hähnchenfleisch. Fällt es Ihrem Hund noch schwer, überhaupt ein Leckerchen aus Ihrer Hand zu nehmen, so folgen Sie bitte noch der Übung auf Seite 161.

Schritt 1: Leinen Sie Ihren Hund mit der 5-Meter-Leine an. Nehmen Sie ein Leckerchen und legen Sie es in Ihre flache Hand. Stellen Sie sich vor Ihren Hund und halten Sie ihm die offene Handfläche mit dem Leckerchen so hin, dass er es sich nur noch zu nehmen braucht. In dem Moment, in dem er einen kleinen Schritt auf Sie zu macht, um es aus Ihrer Hand zu nehmen, können Sie schon leise und ruhig das neue Signal einbauen. Wiederholen Sie diesen Schritt drei oder viermal.

Schritt 2: Beginnen Sie jetzt damit, Ihre Körpersprache aktiv einzusetzen. Hierfür halten Sie die Hand mit dem Futter (klemmen Sie den Keks zwischen Daumen und Handfläche) seitlich an Ihrer Hüfte nach unten, *ohne sich dabei vornüber zu lehnen,* und gehen dann ruhig einen bis zwei Schritte rückwärts. Dabei winken Sie leicht mit Ihren Fingern. Wenn der Hund auf Ihre Hand zuläuft, weil Sie damit so interessante Bewegungen machen, können Sie dies gleich mit dem neuen Hörzeichen benennen.

Für unsichere Hunde, die noch ein wenig scheu sind

Um es unsicheren Hunden leichter zu machen, überhaupt zu Ihnen heranzukommen, drehen Sie Ihren Oberkörper leicht zur Seite, sodass Ihre Schultern nicht direkt frontal auf den Hund ausgerichtet sind. Vermeiden Sie auch erst einmal den Blick ins Gesicht des Hundes, um ihm das Nehmen des Leckerchens zu erleichtern. Hierbei können Sie für die ersten Male den Kopf leicht abwenden. Lassen Sie Ihre Hand bitte an der gleichen Stelle, bis der Hund den Keks aus Ihrer Hand genommen hat – am besten so lange, bis er ihn ganz aufgegessen hat. Erst dann nehmen Sie entspannt und ruhig Ihre Hand wieder zu sich, drehen sich von ihm weg oder gehen einfach Ihren Weg weiter. Nehmen Sie die Hand zu schnell weg, könnte es den Hund erschrecken und ihn so verunsichern, dass er erst einmal nicht mehr mitmacht. Ebenso kann es dazu führen, dass Ihr Hund erst einmal nicht mehr zu Ihnen kommt, wenn Sie sich über ihn beugen – achten Sie daher unbedingt auf Ihre Körpersprache.

Schritt 3: Bevor Sie Ihren Hund zu sich winken, vergrößern Sie die Distanz zu ihm. Hat der Hund erst gelernt, auf ein oder zwei Meter Entfernung auf Ihr Handzeichen zu achten, so können Sie auch jetzt die Distanz verdoppeln und von Mal zu Mal so erhöhen, das er die ganze Leinenlänge von fünf Metern entfernt ist, bevor Sie ihn zu sich winken. Warten Sie ganz entspannt mit Ihrem Leckerchen in der Hand ab, bis der Hund in ihre Richtung schaut. In dem Moment, wo der Hund zu Ihnen sieht, gehen Sie mit winkender Hand ein zwei Schritte rückwärts und sprechen das Signal fürs Herankommen aus.

Um eine saubere Verknüpfung aufzubauen, wiederholen Sie diesen Teil der Übung ruhig drei bis vier Tage lang. Will heißen: Der Hund bekommt dieses neue Signal von Ihnen ausschließlich dann zu hören, wenn er aufgrund Ihres Handzeichens und Ihres Rückwärtsschrittes zu Ihnen kommt. Tatsächlich sollten Sie diese Übung nicht öfter als zwei bis fünf Mal am Tag üben. Für manche Hunde ist es schon eine Mords-Leistung, sich zwei oder dreimal am Tag von Ihnen heranwinken zu lassen.
Mit anderen Hunden, die eine deutlichere Kooperationsbereitschaft zeigen, können Sie die Übung, während Sie eine halbe Stunde spazieren gehen, in dieser Zeit vier oder fünf Mal wiederholen. Das reicht! Viele Hunde empfinden häufige Wiederholungen als verunsichernd und lästig, anderen (gerade Windhunden) erscheinen ständige Wiederholungen als sinnlos, sodass sie keine Lust mehr haben mitzuarbeiten. Und Sie möchten mit Ihrem Hund doch trainieren und ihn nicht belästigen.

Wenn Sie das Gefühl haben, Ihr Hund hat mittlerweile die Verknüpfung: akustisches Signal – Herankommen – Keks aus der Hand nehmen verstanden, so folgt der nächste Schritt.

Schritt 4: Befindet sich Ihr Hund in Ihrer Nähe, ohne dabei gerade zu Ihnen zu schauen, rufen Sie ihn mit Ihrem akustischen Signal, z. B. „Lumpi Jipiie!". Sobald Lumpi sich zu Ihnen umdreht, sieht er das bereits trainierte Handzeichen, während Sie ein, zwei Schritte rückwärts gehen. Nach einigen Wiederholungen – mit Pausen, versteht sich –, vergrößern Sie wieder die Distanz zum Hund. Trainieren Sie zuerst nur in Situationen, in denen der Hund nicht abgelenkt ist, sodass er die Chance hat, sofort zu kommen und das Richtige zu lernen.
Gehört Ihr Hund zu denen, die sehr unsicher oder sogar scheu sind und wenig Vertrauen in den Menschen haben, sollten Sie sich ein wenig seitlich stellen, um ihn sozusagen „einzuladen" und ihm nicht den Weg zu „blockieren". Wenn der Hund nun sicherer in dieser Übung wird, sollten Sie testen, ob er mittlerweile auch herankommt, wenn Sie sich ihm ein wenig mehr zuwenden, sodass Sie nach einiger Zeit ganz normal stehen dürfen, wenn Sie Ihren Hund rufen.

Schritt 5: Bei diesem Schritt geht es um zwei Dinge: Einmal um den Abbau der Belohnungskekse, zum anderen um das Einbauen von Ablenkung in die Übung. Wann Sie diesen Schritt bei Ihrem Hund einbauen, wird Ihnen Ihr Hund zeigen, wie weit er schon ist: Je schneller und sicherer er zu Ihnen kommt, desto „reifer" ist er für Ablenkungen. Bisher haben Sie ihn nur in idealen Situationen gerufen, wenn er gerade Zeit hatte und nicht abgelenkt war. Nun können Sie den Schwierigkeitsgrad der Übung ein wenig anheben, indem Sie ihn bei einer leichten Ablenkung rufen (was immer eine „leichte Ablenkung" für Ihren Hund ist, müssen Sie entscheiden: Für manche ist es z. B. ein Fahrradfahrer, der noch 400 Meter entfernt ist, anderen Hunden käme der gerade recht). Klappt das schon gut, können Sie sich weiter „vortasten" und bei mittelschwerer Ablenkung rufen – später dann auch mit

TIPP

Denken Sie daran, dass eine Ablenkung größer ist, je näher der Hund ihr ist, und leichter, je weiter er davon entfernt ist. Außerdem werden viele Reize von Ihrem Hund ganz unterschiedlich bewertet: Manche Dinge sind so unglaublich spannend, dass Ihr Hund seine gesamte Aufmerksamkeit auf sie richten **muss**, und andere, die ihn höchstens kühl lächeln lassen. Bei dem Erstellen einer Liste der unterschiedlichen Ablenkungsgrade hilft Ihnen gerne Ihr Hund.

starker Ablenkung. Allerdings sollten Sie das Signal auch immer wieder *ohne* Ablenkung abfragen, sonst könnte eine ungünstige Verknüpfung entstehen: Rufen Sie später Ihren eigentlich hervorragend folgenden Hund nur noch, wenn ein bestimmter Reiz in Sicht ist (Rehe, Fahrräder, bestimmte andere Hunde, etc.), dann wird sich Ihr Hund jedes Mal, wenn Sie ihn rufen, erst einmal umschauen und prüfen, wo die Rehe/die Jogger/die Hühner denn laufen – und das Signal als eine Art „Halali" nutzen, um sich über Ihr Kommando hinwegzusetzen.

Unsicherheit bei fremden Menschen und Hunden

Ist Ihr Hund unsicher oder ängstlich in der Nähe von fremden Menschen oder Hunden, achten Sie darauf, wann und wohin Sie ihn heranrufen. Steht direkt in Ihrem Umfeld z. B. ein fremder Mensch und Sie rufen Ihren Hund heran, bringen Sie ihn in eine sehr schwierige Lage: Er würde ja gerne kommen, aus seiner Sicht bringen Sie ihn dadurch aber in eine gefährliche Situation. Passiert Ihnen das versehentlich mehrmals, kann es sein, dass ein unsicherer Hund das Vertrauen in das Kommando verliert und beim Rufen in Zukunft nicht mehr kommt. Damit würden Sie sich das wunderbar aufgebaute „Herankommen" ruinieren.

Derlei lässt sich aber leicht verhindern, wenn Sie ein paar kleine Dinge beachten: Ihren unsicheren Hund motivieren Sie umso mehr zum Herankommen, wenn er erlebt, dass Sie ihn zu sich in Sicherheit rufen. Achten Sie darauf, wo Sie stehen und wer oder was sich in Ihrer direkten Nähe aufhält. Wenn Sie merken, dass Sie in der Nähe von etwas oder jemandem stehen, was Ihrem Hund Sorgen macht, (das zeigt er Ihnen ja mit seiner Körpersprache und seiner unschlüssigen Reaktion), legen Sie ein paar Meter zwischen sich und den Gruselreiz und rufen Ihren Hund erst dann. Auf diese Weise schaffen Sie für Ihren Hund die Möglichkeit, zu Ihnen heranzukommen, und gleichzeitig mehr Vertrauen.

HERANRUFEN VON HUNDEN, DIE KEIN LECKERCHEN ANNEHMEN

Das Heranrufen lässt sich auch mit Hunden trainieren, die keine Kekse auf dem Spaziergang annehmen (können). In diesem Fall arbeiten Sie mit dem „Benennen", das Sie im Laufe dieses Buches schon kennengelernt haben. Bei diesem Training gibt es keine speziellen Übungseinheiten, stattdessen nehmen Sie jede Gelegenheit wahr (draußen oder drinnen), um eine erwünschte Handlung Ihres Hundes mit einem ausgesuchten Signal von Ihnen zu verknüpfen.
Beobachten Sie Ihren Hund. Sollte er von alleine auf sie zukommen, sagen Sie z. B. „Arco zu mir" oder „Maxi Juhuu". Es wird immer wieder Situationen geben, in denen Sie das Signal anwenden können. Je nach Häufigkeit wird Ihr Hund nach einigen Wochen eine gute Verknüpfung aufbauen, und Sie können ihn wunderbar mit dem aufgebauten Signal abrufen. Halten Sie trotzdem jedes Mal ganz beiläufig nebenbei Ihre Hand so hin, dass er sie berühren *könnte*, wenn er wollte, sodass Sie das beschriebene Ziel der Hundenase, die Ihre Handfläche berührt, auch mit Hunden erreichen können, die bisher beim Spaziergang keine Kekse

Aslan kam von selbst zu Katharina, die die Handlung nutzte, um sie gleich zu benennen.

annehmen. Selbst wenn Futter als Belohnung erst einmal wegfällt, gibt es trotzdem Möglichkeiten, Ihrem Hund Ihre Anerkennung und Freude zu zeigen: Abgesehen davon, dass Sie ihm natürlich stimmlich versichern, was für ein hochbegabter Hund er sei und nobelpreisverdächtig, sind Hunde Spezialisten im Erspüren Ihrer inneren Haltung. Freuen Sie sich also richtig, wenn Ihr Hund zu Ihnen kommt, seien Sie stolz darauf, dass dieser Hund, der bis vor Kurzem noch gar nichts kannte und konnte und keine Ahnung hatte, wie man zu Menschen eine Bindung aufbaut, nun jedes Mal zu Ihnen marschiert, wenn Sie ihn rufen. Ehrliche Anerkennung ist häufig viel mehr wert als ein Stück Wurst und ein automatisiertes „So ist er fein". Allerdings merkt ein Hund auch *sofort*, wenn Sie nur künstlich lachen und sich gespielt freuen – und das hat keinerlei Wert, sondern verunsichert nur. Der Erfolg dieses Kommando-Aufbaus hängt stark davon ab, wie schnell der Hund im Allgemeinen Vertrauen zu Ihnen aufbauen kann. Geben Sie ihm also alle Zeit, die er braucht.

DAS HÖRZEICHEN „WEITER!“

In der Anfangszeit soll Ihr Neuer die Spaziergänge mit Ihnen erst einmal angeleint unternehmen, bis Sie einander besser kennengelernt haben und das gegenseitige Vertrauen eine Grundlage hat. Diese Zeit an der Leine können und sollten Sie aber nutzen, um draußen eine 1A Kommunikation aufzubauen.

Das „Weiter“ ist eines der wertvollsten Hörzeichen für den gemeinsamen Alltag, weil es so flexibel eingesetzt werden kann und damit viele Situationen sehr elegant gelöst werden können.

„Weiter“ bedeutet, dass Ihr Hund sich in die von Ihnen vorgegebene Richtung weiter bewegen soll. „Weiter“ beinhaltet alle Ansagen von „komm' mit“ über „da gehts lang“ und „beweg' Dich“ bis hin zu „voran“ oder „folge mir“. Damit wir allerdings nicht zu viele verschiedene Kommando-Worte einsetzen und unseren Hund damit verwirren, bleiben Sie bei diesem Wort für den Rest des Hundelebens.

Mit „Weiter“ geben Sie auch die Führung vor, da Sie Ihrem Hund buchstäblich sagen, wo es langgeht.

Mit „Weiter“ können Sie verschiedensten Reizen ausweichen, die er gerade in Augenschein nimmt, wie Radfahrern, Joggern oder entfernten Schafen. Sie können ihn mit „Weiter!“ umlenken, falls er in eine andere Richtung als Sie gehen möchte oder sein Bein an Nachbars Ferrari oder dessen heiligem Buchsbaum heben möchte.

Übung Bauen Sie das Kommando auf einem ruhigen Spaziergang auf, auf dem Ihr Hund normalerweise nicht durch Wildspuren, viele fremde Hunde, etc. abgelenkt ist. Wenn er am Wegrand verharrt und sich festschnüffelt, sprechen Sie ihn freundlich mit „Lumpi, weiter“ an und wenden sich in die Richtung, in die es weitergehen soll.

Es macht Sinn, das Wort „Weiter“ mit einem Handzeichen zu unterstützen, und zwar

Signalisieren Sie dem Hund mit der FREIEN Hand und „Weiter!“, in welche Richtung es geht.

Bleiben Sie dabei bei lockerer Leine in Bewegung.

eine ausladende Bewegung mit dem Arm auf der Seite, auf der sich der Hund gerade befindet – so, als würden Sie einer Dame bedeuten, dass Sie ihr den Vortritt durch eine Tür lassen, nur etwas „schiebender". Wenden Sie dabei Ihre Schultern in die vorgegebene Richtung und gehen Sie los. Auf diese Art verdeutlichen Sie Ihrem Hund, dass sowohl Ihre Aufmerksamkeit, Ihr Vorhaben und Sie selbst in diese Richtung gehen. Häufig reicht das schon völlig aus, damit Ihr Hund Ihnen folgt. Wenn er dies tut, können Sie ihn kurz und unaufgeregt mit Ihrer Stimme loben, aber meiden Sie Futterbelohnung und Streicheleinheiten für dieses Kommando, denn der Hund soll ja eben nicht zu Ihnen kommen, sondern weitergehen.

Vermeiden Sie häufige Wiederholungen und gehen Sie sparsam mit diesem Kommando um: Ihr Hund soll ja gerne mit Ihnen spazieren gehen und nicht ständig angesprochen werden – sonst wird er irgendwann „muttertaub" und achtet nicht mehr auf das, was Sie sagen.
Bei „Weiter" ist es völlig ausreichend, wenn Ihr Hund sich einfach in die von uns vorgegebene Richtung bewegt.

Wie oft haben Sie schon die folgende Situation beobachtet: Der angeleinte Hund schnüffelt an einer hochinteressanten Stelle herum und erfährt dabei offensichtlich alles, was sich in letzter Zeit in der Nachbarschaft zugetragen hat. Der Mensch am anderen Ende der Leine ist großzügig und lässt dies auch zu – bis es ihm dann doch zu lange dauert und er weitergehen möchte. Also geht er los, ruckt an der Leine und sagt – wenn überhaupt – dann erst: „Na los, Lumpi, komm' schon!"
Wenn man sich das einmal überlegt, ist das sehr unhöflich und unfair dem Hund gegenüber, der gar keine Möglichkeit bekommt, es seinem Menschen recht zu machen, ohne gleich einen Ruck durch die Leine zu kassieren. Es ist einfach viel freundlicher, den Hund davon zu unterrichten, was wir von ihm wollen, und ihm auch die Zeit zu geben, darauf zu reagieren.
Wenn Sie in diese Situation kommen, geben Sie Ihrem Hund das Wort „Lumpi, weiter!", machen die beschriebene Armbewegung und gehen an der nicht zu kurzen Leine ein paar Schritte. Lassen Sie die Leine dabei bewusst locker. Sollte Ihr Hund sofort mitkommen, sollten Sie ihn kurz bestätigen. Haben Sie das Ende der Leine erreicht, ohne dass Ihr Hund Anstalten macht mitzukommen, gehen Sie wieder zu ihm zurück und wiederholen Sie die Anweisung. Diesmal mit etwas mehr Hurra in der Stimme als Motivation – in den meisten Fällen reicht das schon aus.
Reagiert der Hund allerdings nicht wie erwünscht, gehen Sie zum Hund zurück (aber bleiben völlig entspannt – Ihr Hund hat noch keinen Top-Gehorsam und versteht einfach nicht, dass Menschen nicht so viel Zeit haben wie Hunde), gehen hinter ihn und von dort aus ganz ruhig auf ihn zu, sodass Sie ihn sozusagen in die Richtung drängen, in die Sie gehen möchten. So wird er „weiter" gehen, ohne dass Sie an der Leine zuppeln müssen.
Sollten solch zögerliche Reaktionen mehrfach vorkommen, Ihre Reaktion ist dabei aber jedes Mal wie beschrieben, wird Ihr Hund sehr bald spätestens bei der zweiten Einladung weitergehen – ganz ohne dass Sie die Leine zuhilfe nehmen mussten! Dadurch wird Ihr Hund lernen, der Leine zu vertrauen, als hätten Sie ihn an die Hand genommen. Das Gehen an der Leine wird für ihn nie eine Strafe sein, so lange es eine verständliche Kommunikation zwischen Ihnen und dem Hund gibt.

DER HUND, DER SICH VOR AUTOS FÜRCHTETE

von Inga Böhm-Reithmeier

Zu mir ins Training kam ein mittelgroßer Mischling aus Ungarn, der so sehr Angst vor dem Autofahren hatte, dass er von sich aus gar nicht erst ins Auto einsteigen wollte. Wir trainierten zum ersten Mal den Rückruf, der super klappte: Der Hund hatte die Übung schnell verstanden und hatte einen riesigen Spaß damit, auf uns zuzusausen, sobald er gerufen wurde.
Er lief frei. Als wir auf dem Rückweg beim Auto ankamen, lief der Hund plötzlich immer weiter weg übers Stoppelfeld. Die Besitzerin stand am Auto, wollte nun das nagelneu aufgebaute Kommando ausprobieren und rief, bevor ich eingreifen konnte, den Hund zu sich heran. Das Ergebnis war glasklar: Der Hund schaute zwar her, kam aber nicht. Er blieb in 80 Meter Abstand stehen und schnüffelte im Feld herum: Er konnte nicht kommen, weil ihn das Befolgen des Kommandos gezwungen hätte, auf etwas zuzulaufen, vor dem er Angst hatte. Ich ging gemeinsam mit der Besitzerin ein ganzes Stück vom Auto weg, wobei der Mischling schon von ganz alleine wieder in unsere Nähe kam. Als sie ihn jetzt heranrief, kam der Hund ganz erleichtert auf sie zu, weil das Auto nun nicht mehr in der Nähe stand. Jetzt konnte sie ihren Hund an die Leine nehmen und gemeinsam mit ihm zum Auto gehen.

DIE ANGSTMAUS

von Stefanie Walter

Im Juli 2014 bekam ich die Podenca Lluvia. Von ihrer Vorgeschichte weiß ich nichts, nur, dass sie am Rande einer Siedlung eingefangen wurde. Ihr Gesäuge ließ darauf schließen, dass sie vor einiger Zeit Welpen gehabt hatte. Anschließend verbrachte sie vier Monate in einem spanischen Tierheim. Sie zeigte sich ängstlich und scheu. Vor Männern hatte sie so große Angst, dass sie in ihrer Gegenwart erstarrte, außerdem fürchtete sie sich vor Joggern, vor Menschen, die direkt auf uns zukamen, und davor, wenn man etwas in der Hand hielt.

Eineinhalb Jahre lang zerbiss sie viele Dinge, die sie im Haus fand. Das bekam ich in den Griff, indem ich immer eine kleine Schüssel mit Knabbereien (Kopfhaut, Pansen, Hühnerbeine) in die Nähe ihres Hundebetts stellte.

Lluvia hatte offensichtlich noch nie in einem Haus gelebt und hatte vorher noch nie ein Hundebett. Nach ihrer Ankunft kam sie nicht zur Ruhe und legte sich auch nicht hin. Ich erinnerte mich an die Fotos von dem Zwinger im spanischen Tierheim: Da lagen nur Handtücher am Boden. Als wir ihr dann ein Handtuch auf dem Boden ausbreiteten, konnte sie sich endlich hinlegen und ausruhen. Stück für Stück legten wir das Handtuch immer näher zu ihrem Hundekorb, bis sie verstand, dass sie sich dort hineinlegen durfte: Ihre Augen strahlten. Für Lluvia hat das Bettchen bis heute einen hohen Stellenwert und ist ihr sicherer Rückzugsort.

Damit sie sich sicher fühlen kann, müssen ihre Liegeplätze unbedingt abseits und geschützt stehen, sodass sie den Rücken frei hat.

Im ersten halben Jahr hatte sie immer wieder schlechte Träume. Sie jammerte, winselte oder begann zu heulen. Ich habe sie dann sanft geweckt, zugedeckt und sie ruhig gestreichelt, um sie zu beruhigen. Als ich Lluvia zum ersten Mal ein Busserl auf den Kopf gegeben habe, erschrak sie furchtbar und sprang weg. Heute genießt sie es sehr, wenn ich sie streichle und am Kopf küsse.

Sie konnte keine Stufen gehen, sodass ich sie anfangs tragen und mit ihr am Brustgeschirr üben musste. Sie kannte keinen Fernseher, keinen Spiegel usw., aber das war für sie gar kein besonderes Problem. Auch den Staubsauger nahm sie einfach hin.

Den ersten Monat ging ich mit Lluvia dreimal täglich immer die gleiche 10-Minuten-Runde um unser Haus. Bei Spaziergängen und auch im Garten war sie immer angeleint und doppelt gesichert mit Halsband und Brustgeschirr. Ich ließ ihr viel Zeit zum Schlafen und einfach bei uns zu sein. Zweimal in der Woche musste ich sie in meine Hundeschule mitnehmen, da lief sie dann mit den Hunden meiner Kollegen. Wenn die Kunden kamen, wartete sie im Auto. Lluvia fühlt sich im Auto sehr wohl und sicher. Andere Menschen waren anfänglich sehr schwierig für sie; sie zog große Halbkreise um sie und flüchtete bei jeder Bewegung. Inzwischen traut sie sich relativ rasch zu Frauen.

Vor Männern hat Lluvia bis heute Angst. Obwohl sie ihn vom ersten Tag an kennt,

erstarrt sie, wenn mein Bruder zu Besuch kommt. Das kränkt ihn sehr, denn er bemüht sich sehr um sie und bringt ihr immer wieder Fleisch, Wurst oder Käse mit. Es wird trotzdem nicht besser: Menschen, die sich ihr aufdrängen wollen, sind ihr sehr suspekt.
Das Erste, was ich mit Lluvia trainierte, war ein „Notrückruf", also Pfiff = Streichwurst. Weil sie anfangs immer sehr hungrig war, hat das sehr schnell funktioniert. Hört sie den Pfiff, kommt sie wie ein geölter Blitz.
Nach einem Monat wurde Lluvia sicherer und ich begann, auf neuen Wegen spazieren zu gehen. Das forderte sie zwar sehr, aber mit vielen Pausen meisterte sie die Situationen gut, solange wir Abstand zu anderen Menschen hielten. Bis heute sind Spaziergänge, die länger als eine Stunde dauern zu viel: Sie fängt dann an zu überdrehen und zieht an der Leine.
Sie kann auch heute nur fressen und trinken, wenn sie sich absolut sicher fühlt. Wenn sie ein Leckerchen hat und es taucht jemand anderes auf, spuckt sie es sofort wieder aus.
Lluvia entwickelte sehr schnell eine Bindung zu mir. Beim Spazierengehen stellte sie sich immer wieder direkt vor mich und sah mich an oder kletterte mit den Vorderpfoten an mir hoch. Sie suchte Körperkontakt und ein Gefühl der Sicherheit. Oft hockte ich mich zu ihr hin und streichelte sie minutenlang, bis sie sich sicher genug fühlte, um weiterzugehen.
Jeder Versuch, ihr aktiv etwas beizubringen, endete mit einer massiven Panikattacke und dem Versuch, vor mir zu flüchten.
Ich, die Hundetrainerin, merkte bald, dass alle freundlichen und lustigen Methoden, die ich bisher bei allen anderen Hunden angewandt hatte, mit meinem Hund nicht funktionierten. Ich musste mir etwas anderes einfallen lassen.
Ich begann, Verhaltensweisen, die sie von sich aus zeigte und die ich „gut gebrauchen" konnte, mit Sicht- und Hörzeichen zu begleiten.
Nun lernte sie sehr schnell. Zum ersten Mal entwickelte sich eine gute Kommunikation zwischen uns.
Jedes Mal, wenn sie im Haus, Garten oder auf dem Hundeplatz zu mir kam, sagte ich „Lluvi – Kommen". Bogen wir links ab sagte ich „Links", bogen wir beim Spaziergang rechts ab sagte ich „Rechts", drehte ich mich beim Spaziergang um 180 Grad und ging in die andere Richtung, sagte ich „Umdrehen", sobald sie mir hinterher kam. Wenn wir aus dem Haus gingen, um mit dem Auto zu fahren, sagte ich „Auto". Wenn sie sich draußen löste, sagte ich „Lulu". Das letzte Wort war sehr hilfreich, weil sie beim Spaziergang vor lauter Unsicherheit und Stress oft vergaß, sich zu lösen.
Nach nun mehr zweieinhalb Jahren schafft es Lluvia, auch ganz gezielte kleine Lernsituationen auszuhalten. Sie bleibt aber nicht länger als ungefähr zwei bis drei Minuten dabei und wenn sie etwas nicht gut versteht, geht sie sofort. Sie hat wirklich die Aufmerksamkeits- und Konzentrationsspanne einer Ameise.
Sie kann nicht Sitz, da sie sich von alleine nicht hinsetzt und ich es somit nicht benennen kann. Tatsächlich gab es bisher keine einzige Situation, in der Sitz zwingend notwendig gewesen wäre – also strich ich das Sitz von unserer Prioritätenliste. Hinlegen dagegen konnte ich gut begleiten, weshalb Lluvia Platz auf Sichtzeichen beherrscht.
Bis heute braucht Lluvia unbedingt vorhersehbare Abläufe, um sich sicher zu fühlen. Häufig denke ich, Lluvia ist ein ganz normaler und selbstsicherer Hund, denn sie bewältigt unseren normalen Alltag sehr gut. Doch bei Abweichungen des ritualisierten Tagesablaufes merke ich dann, wie schnell sie aus der Fassung gerät und in alte Verhaltensmuster fällt.
Es hat mich viel Zeit gekostet, mich umzustellen und Lluvias Lernweise zu akzeptieren. Ich musste völlig umlernen, um neue Wege für uns beide zu finden.

CLICKERTRAINING

„Clickern" ist eine wunderbare Methode, passive oder misshandelte Tiere zu einer Kooperationsbereitschaft zu motivieren. Beim Clickertraining geht es darum, dem Hund mithilfe von positiver Verstärkung sehr effektiv und dabei freundlich und respektvoll ein bestimmtes Verhalten beizubringen. Dabei wird ein Markierungssignal eingesetzt, wie z. B. der Klick eines knackfroschartigen Clickers, um dem Hund in genau dem richtigen Moment zu signalisieren, dass er etwas richtig gemacht hat. Auf den Klick folgt eine Belohnung in Form eines Lieblingsfutters, etwas ganz Besonderem wie Leberwurst, gekochtem Hühnchen, Wiener Würstchen, etc. Das erwünschte Verhalten wird durch den Klick untermauert – also verstärkt – und wird dadurch vom Tier wiederholt. Das Geräusch des Clickers wird von dem Tier in kürzester Zeit mit der Belohnung assoziiert, wodurch der Klick selbst schon zur Belohnung wird. Man nennt ihn daher in der Fachsprache auch „konditionierten Verstärker".

Für eine erste Konditionierung belohnt man ein „Verhaltensdetail" des Hundes, der möglichst vor einem sitzt oder steht. Halten Sie ihm die offene Handfläche hin und warten Sie, bis er sie mit der Nase berührt: Klick! und Belohnung. Diese Übung wiederholen Sie anfangs fünf bis sechs Mal, machen eine Pause von mindestens zehn Minuten bis hin zu 24 Stunden und wiederholen die Übung dann.

Bei geräuschempfindlichen Hunden reicht oft schon das Geräusch eines Kugelschreibers als Verstärker.

So sehen übliche Clicker aus, die man überall im Handel bekommt. Es gibt auch Soft-Clicker, die besonders leise sind.

Positive Verstärkung ist leicht, aber nicht einfach. Wer das Werkzeug nicht gut beherrscht, neigt dazu, wieder auf harsche Korrekturen zurückzugreifen, weil er das Arbeiten mit positiver Verstärkung noch nicht richtig macht. Wenn man dann auf Strafen zurückfällt, kooperiert das Tier nicht mehr, sondern wird schlicht fügsam. Ein Tier, das bestraft wird, hört auf, aktiv mitzumachen und freiwillig zu lernen. Es versucht nur noch, keinen Ärger zu bekommen. Das bringt den Lernprozess auf den Nullpunkt.

Beim Clickertraining geht es allein darum, was das Tier tun *soll* und nicht darum, was es *nicht* tun soll. Will heißen: Man bringt dem Hund nicht bei, den Menschen nicht anzuspringen, korrigiert oder straft dieses „Fehlverhalten" also nicht, sondern bringt ihm stattdessen bei, was er anstelle der Hochspringerei tun soll, (z. B. sich vor den Menschen hinsetzen). So vermeidet man, den Hund für etwas zu bestrafen, was aus seiner Sicht ein völlig normales Verhalten ist. Eine Strafe wäre nur sinnvoll, wenn ein Tier sich absichtlich falsch benähme – so funktionieren Tiere aber nicht. Dementsprechend können Tiere „Strafen" (etwa in den Keller sperren oder Aussperren als Reaktion auf Sonntagsbraten klauen) nicht verstehen, sie verwirren sie nur und verlangsamen den Lernprozess, weil ein anderer Teil des Gehirns angesprochen wird.

Man kann nicht strafen, was der Hund nicht besser wissen kann.

Stattdessen setzt man rechtzeitig Grenzen, damit der Hund gar nicht erst an der Küchenanrichte hochspringt und den Sonntagsbraten abräumt.

Sie können dementsprechend alle Übungen in diesem Buch auch mit einem „Markergeräusch" belegen, das Sie in dem Moment auslösen, in dem der Hund Ihrer Aufforderung folgt – sehr häufig beschleunigt das Markergeräusch die Verknüpfung des Hundes immens.

OPERANTE KONDITIONIERUNG

Operante Konditionierung mithilfe eines Clickers wird heutzutage auch erfolgreich im Training von Leistungssportlern, Golfprofis und höchst erfolgreich in der Kommunikation mit Autisten eingesetzt. Es gilt heute als gesichert, dass das Klickgeräusch spontan und massiv die Amygdala stimuliert. Dies ist das Kerngebiet des Gehirns, das wesentlich an der Entstehung von Emotionen und der emotionalen Bewertung („gut", „schlecht", „angenehm", „unangenehm") von Erlebnissen beteiligt ist. Die Amygdala verarbeitet Impulse von außen und leitet die vegetativen Reaktionen darauf ein. Der Klick erreicht zuerst die Amygdala, bevor der Geräuschimpuls an den Cortex, den denkenden Teil des Gehirns, weitergeleitet wird. Experimente in der Gehirnforschung zu konditioniertem Lernen an Menschen haben bestätigt, dass alles, was über die Amygdala erlernt wird, besonders schnell erlernt wird.

Wichtig: Bei sehr ängstlichen Hunden sollten Sie vorsichtig ausprobieren, ob er z. B. das Geräusch eines Clickers aushalten kann – für manche Hunde ist es tatsächlich zu laut und zu verwirrend. Eine Alternative wäre das Klicken mit einem Kugelschreiber, oder ein Pfeifgeräusch (dann müssen Sie nicht einmal daran denken, den Clicker oder den Kugelschreiber immer dabei zu haben, solange Sie das Kommando noch aufbauen).

Führung

Führung ist eine Sache der inneren Haltung des Menschen. Wir führen unseren Hund nicht mit Kommandos oder unserer Stimme (auch wenn beides natürlich wichtige Werkzeuge sind), sondern mit präsenter Ruhe und Gelassenheit. Die Führung zu übernehmen bedeutet nicht, dass wir wie ein Feldherr auftreten müssen oder wie ein dominanter Rudelführer – stattdessen überzeugen wir unseren Hund davon, dass wir ein guter Anführer sind, indem wir ihn mit einer klaren Ausrichtung anleiten, dass wir eine klare Vorstellung von unseren Zielen haben und agieren, anstatt zu reagieren.
Es bedeutet, dass wir einen Plan haben müssen, was der Hund tun soll, *bevor* wir ein Hörzeichen aussprechen – und nicht einfach irgendetwas willkürlich hinter ihm herrufen. Souverän sein bedeutet: sicher und überlegt handeln. Das heißt, über den Dingen zu stehen und unabhängig, gelassen, kompetent und präsent aufzutreten.

WAS WIR FÜR UNSEREN HUND SEIN SOLLTEN

Es gibt in der Hunde-Szene endlose und harte Auseinandersetzungen darüber, was nun die beste, einzige, „richtigste" Ausbildungsmethode für Hunde ist. Der Grund hierfür ist, dass es unterschiedliche Wege gibt, einem Hund etwas beizubringen, und damit eigentlich alle gleichermaßen irgendwie Recht oder Unrecht haben (sofern es sich nicht um tierschutzrelevante Methoden handelt, aber das ist ja wohl selbstverständlich). Die für einen selbst geeignetste Ausbildungsart ergibt sich allerdings sofort, wenn man sich einmal Gedanken darüber macht, was für eine Rolle wir gegenüber unserem Hund einnehmen wollen. Denn obwohl es so viele Meinungen zum Thema Ausbildung und Training gibt, scheint sich dazu kaum jemand Gedanken zu machen.

Die Antwort ist auch nicht mit einem Wort oder Satz erledigt: Es geht nicht darum, für unsere Hunde „Ersatzeltern" oder „Major Feldmarschall" zu sein. Wir sind für unseren Hund *Herbergsmutter* oder *-vater, Freund* und wichtigste *Bezugsperson*. Wir sind unserem Hund gegenüber die Nr. 1 – alle anderen Hunde, falls wir mehrere haben, sind die Nr. 2. Kein Hund wird bevorzugt. Wir sagen, was zu tun ist, und das müssen alle einhalten.
Wir sind auch *Schiedsrichter* und verlangen Höflichkeit unter unseren Hunden gegenüber den anderen. Wenn es Zwistigkeiten gibt, gehen wir sofort mit einem Stopp-Signal dazwischen. Wir achten darauf, dass sie einander nicht belästigen.
Wir sind der *Reiseführer* unseres Hundes oder unserer Hunde. Wir müssen ihnen die Umgebung zeigen, sie auf Grenzen und Gefahren hinweisen. Wir müssen ihnen zeigen, dass U-Bahnen nicht gefährlich sind – sie sind nur laut. Wir sind das *Vorbild*, an dem unser Hund sich orientieren muss: Wir müssen ihm zeigen, was Humor ist, wir müssen ihm zeigen, dass ungewohnte Situationen kein Grund für Angst und Schrecken sind. Unser Hund erkennt an unseren Emotionen, wie er sich fühlen soll. Das bedeutet: Wenn wir uns fürchten, können wir nicht erwarten, dass er gelassen bleibt. Wenn wir angespannt sind, wird er diese Stimmung

übernehmen. Nicht *wir* lassen uns von den Emotionen (seiner Anspannung, seinem Stress, seiner Unsicherheit, seiner Angst) anstecken – stattdessen kann unser Hund an unseren Emotionen und unserem souveränen Verhalten ablesen, wie er sich fühlen darf.
Wir sind das *Sicherheitspersonal* unseres Hundes: Wir achten darauf, dass unser Hund in Sicherheit ist. Wir gehen mit einem neuen, unsicheren oder gar ängstlichen Hund nicht am dritten Tag nach seiner Ankunft in ein belebtes Café oder sonntags in den Park, wo 67 Hunde auf der Hundewiese herumtoben und gleich alle auf ihn stürzen.
Wir sind der *Deutschlehrer* unseres Hundes und erklären ihm neue Dinge, wir setzen ihm Grenzen, bringen ihm Kommandos bei, formen Verhaltensweisen, die wir uns wünschen, und unterbinden das, was das Zusammenleben schwierig oder gar unmöglich macht.
Wir sind sein bester *Freund*, und darum müssen wir Verständnis dafür haben, dass unser Hund verschiedene Phasen durchläuft, bevor er richtig „unser" Hund geworden ist. Ein Freund gibt seinem Hund genügend Freiraum, um sich zu entwickeln, er stopft ihn nicht einfach in eine Schublade, sondern ist offen für das, was da auf vier (oder drei) Pfoten auf ihn zukommt. Aber ein Freund sagt einem auch, wenn etwas nicht richtig ist oder läuft – er sieht nicht einfach darüber hinweg. Weil wir ein wirklich guter Freund sind, interessieren wir uns auch für die Interessen des Andern: Wir müssen auch mal in den Matsch springen, uns auch mal auf der Wiese wälzen, auch mal hinschauen, wo der Hund eigentlich gerade schnüffelt – Rehköttel sind *mindestens* so interessant wie ein Fußballspiel, ehrlich.
Fordern Sie nicht immer nur. Verbringen Sie Zeit miteinander, ohne etwas zu fordern. Überraschen Sie Ihren Hund damit, dass Sie einfach mal nichts von ihm wollen. Sie werden sehen: Ihr Hund wird immer mehr Interesse an Ihnen bekommen. Legen Sie ihn an die lange Leine (buchstäblich!), und schauen Sie einfach mal, was er eigentlich macht. Gehen Sie ihm nach, gehen Sie einfach mal dahin, wohin Ihr Hund möchte (vorausgesetzt, er zieht Sie nicht durch die Gegend wie ein Brauereipferd).
Der Wechsel zwischen den Führungsrollen ist manchmal schwierig, muss aber elastisch bleiben. Deshalb macht man als Geschäftsführer mit den Mitarbeitern Betriebsausflüge und Weihnachtsfeiern, damit man mit den Angestellten auch mal etwas erlebt außerhalb der täglichen Anforderungen. Und so wird man zum Team.

INTERESSE WECKEN DURCH FUTTERSUCHEN AM BODEN

Fällt es Ihnen schwer, im Freien zu Ihrem Hund Kontakt aufzubauen, weil er nie gelernt hat, dass ein Mensch überhaupt spannend sein kann, gibt es eine kleine, aber feine Übung, die Sie ab und an in den Spaziergang einbauen können. Sie kann mit und ohne Leine gespielt werden, wie Sie möchten. Gleichzeitig ist diese Übung auch eine gute Möglichkeit, einen Hund wieder an die Leine zu bekommen, der nicht herangerufen werde möchte oder den Rückruf noch nicht beherrscht.
Sie kennen das sicher: Wenn man mit mehreren Hunden spazieren geht und einer sich an einer offenbar super Stelle „festgeschnuppert" hat, kommen plötzlich alle anderen heran, um zu sehen, was es denn da Tolles gibt (so ähnlich, als wenn Sie sich auf einem Marktplatz hinstellen und intensiv in den Himmel gucken: Die anderen Leute können gar nicht anders, als auch einen neugierigen Blick nach oben zu werfen).

Diese Neugierde Ihres Hundes nutzen Sie jetzt für sich

Suchen Sie sich unangekündigt eine Stelle am Wegrand aus, gehen Sie in die Hocke und inspizieren Sie irgendein Fleckchen am Boden (01). Erforschen Sie mit der Hand die

01

02

03

Grashalme, kleine Steinchen oder Laub, vielleicht können Sie eine kleine Ameise oder einen kleinen Käfer beobachten, fühlen Sie die Erde an Ihren Fingerspitzen oder betrachten Sie vielleicht nur einen bestimmten Lichtfleck an dieser Stelle.
Rein zufällig legen Sie auch einen kleinen Keks genau an die Stelle, die Sie so interessant finden. Schauen Sie nicht hoch, um zu prüfen, ob Ihr Hund denn kommt oder nicht: Warten Sie einfach ab. Es kann dauern (beim ersten Mal sogar zwei bis drei Minuten), bis plötzlich Ihr Hund vielleicht sogar lautlos bei Ihnen auftaucht, um nachzusehen, was denn da so spannend ist (02). Und siehe da: Da liegt sogar ein Keks, der kleine Kontrollgang hat sich also für den Hund gelohnt (03).
Fassen Sie ihn jetzt nicht an. Sie haben gerade gemeinsam etwas erforscht, was Vertrauen und Bindung aufbaut. Jetzt werden Sie nicht gleich wieder zum „Mensch" und „Lehrer", indem Sie Ihren Hund unnötigerweise berühren. Alles hat seinen Moment. Streicheln an dieser Stelle nicht.
Wenn Sie diese Übung zwei- oder dreimal am Tag beim Spaziergang wiederholen, werden Sie merken, dass Ihr neuer Hund sehr bald einen Wert darin erkennt, Sie zwischendurch zu beachten und in Kontakt zu bleiben.

PROBLEME — *und Lösungsansätze*

Unterschiedliche Probleme, verschiedene Lösungen

Es gibt für die unterschiedlichen Hunde und deren Probleme viele, viele verschiedene Trainingswege. Wir können in diesem Buch nur die häufigsten Probleme ansprechen und die uns bekannten Lösungen. In vielen Fällen ist es sehr wichtig, dass man von einem Trainer begleitend unterstützt wird, denn die eigene Wahrnehmung ist häufig eingeschränkt, außerdem sieht man sich und seine Körpersprache ja nicht selbst. Beim Reiten arbeitet man sogar als Profi regelmäßig mit einem Trainer, der die eigene Wahrnehmung schult – im Umgang mit dem Hund brauchen wir das manchmal auch. Den meisten von uns wäre sehr geholfen, wenn wir ab und zu jemanden neben uns hätten, der uns stoppt und sagt: Jetzt gerade bist du sehr, sehr angespannt.

Bei der Auswahl eines Trainers sollten Sie genau auf Ihr Bauchgefühl hören: Ist Ihnen der Trainer nicht wirklich sympathisch, wird es irgendeinen Grund dafür geben. Beschreibt der Trainer Ihren Hund mit respektlosen Worten, bezeichnet er ihn als „dumm", „stur", „zu eingeschränkt" etc., dann suchen Sie sich einen anderen. Wenn Sie ein blödes Gefühl haben, wenn Ihr Trainer Ihnen eine Anweisung gibt, was sie tun sollen, dann suchen Sie sich einen anderen Trainer. Was ein Trainer Ihnen sagt, muss für Sie Sinn machen, sonst können Sie nicht erfolgreich arbeiten.
Und gewöhnen Sie sich an, nicht zu viel auf einmal von Ihrem Hund zu erwarten, sondern freuen Sie sich über die kleinen Erfolge.

Das Problem liegt hier nicht bei dem mittleren Hund, der defensive Aggression zeigt, sondern bei den beiden, die ihn mobben.

Aggression

Aggression bzw. aggressives Verhalten gilt allgemein als Bezeichnung für Droh- und Angriffsverhalten. Es dient dem eigenen Schutz und der Verteidigung von Ressourcen und gehört zum normalen Verhaltensrepertoire, auch wenn dieses Verhalten häufig zu Schwierigkeiten und Missverständnissen führt. Manche Hunde haben unangemessenes Spielverhalten gelernt, oder sie haben Angst und verteidigen sich, oder sie werden wütend und dadurch gewalttätig. Aggression ist ein strategisches Verhalten, um das Gegenüber auf Abstand zu halten oder um eine Beute umzubringen: Der Jäger nimmt das Gewehr, der Hund seine Zähne.

Aggressives Verhalten lässt sich in folgende Kategorien einteilen

- Aggressives Verhalten aus Angst
- Angst aufgrund mangelhafter Sozialisierung mit Hunden oder Menschen, meistens beim Anblick anderer Hunde, die ungewohnt aussehen
- Aggressives Verhalten in Verbindung mit Ressourcen
- Hormone (z. B. anderer Rüde taucht in der Nähe einer befreundeten Hündin auf), Territorium, Futter
- Aggressives Verhalten aus Frustration. Frustration z. B. durch Verhindern des Kontaktes zu anderen Hunden, meistens, wenn der Hund an der Leine festgehalten wird
- Aggressives Verhalten aufgrund organischer Ursachen, z. B. Schmerzen aufgrund von HD, Arthrose, Rückenproblemen, etc. , meistens bei Berührung oder Bewegung

Im Rahmen dieses Buches können wir Ihnen nur eine Erste-Hilfe-Beratung mitgeben für die am häufigsten auftretenden Situationen in der Anfangszeit mit einem Hund mit Vorgeschichte, in denen aggressives Verhalten auftreten kann.
Aggressives Verhalten wie Futter verteidigen, aus Unsicherheit oder Frustration gegenüber anderen Hunden, kann man allerdings in vielen Fällen verringern oder gar nicht erst aufkommen lassen, wenn wir unsere Kommunikation mit dem noch fremden Hund verbessern, auslösende Situationen managen oder besser: vermeiden und spezielle Verhaltenskorrekturen vornehmen.

Wichtig: Aggressives Verhalten kann in Schrecksituationen automatisch ausgelöst werden, will heißen: Wenn der Hund sich erschreckt, ist ein Abschnappen oder sogar Zubeißen keine willentliche Entscheidung, sondern ein Reflex und kann Unsicherheit und Schreckhaftigkeit weiter steigern.

BEISSEN IST NICHT GLEICH BEISSEN!

Ein gesunder Hund kann seine Zähne genauso gut steuern, wie wir Menschen unsere Hände. Er weiß genau, ob er einfach nur in unsere Richtung schnappt, ob er dabei leicht unsere Hände berührt, ob er einen kleinen Zahnabdruck verursacht oder gar blaue Flecke dabei zurück lässt. Genauso bewusst hinterlässt er evtl. kleine Löcher in unserer Haut bis hin zu größerem Schaden. Entweder fährt ein Hund nur einmal kurz mit seinem Maul in unserer Richtung oder es geschieht gleich mehrmals hintereinander. Wenn ein Hund eine Verletzung verursacht, dann lag auch eine „Beschädigungsabsicht“ dahinter. Ein Hund, der bisher immer wieder Aggression zur Bewältigung von Krisensituationen genutzt hat, wird weiterhin die Tendenz dazu haben. Es können allerdings andere Strategien zur Lösung von Konflikten geübt werden. Je früher damit angefangen wird, desto besser die Aussichten auf Änderung. Sie haben mit einem neuen Hund die besten Chancen: Veränderungen von unerwünschtem Verhalten werden meistens vor allem dadurch extrem erschwert, dass diese sich oft über Jahre im Zusammenspiel von Hund und Halter entwickelt haben. Sie dagegen haben noch alle Mögichkeiten!

Unser menschliches Empfinden in einer kritischen Situation mit dem Hund wird vor Schreck häufig fehlinterpretiert. So haben wir schon Hundebesitzer erlebt, die behaupteten, der Hund habe sie gebissen – dabei war nicht einmal ein blauer Fleck zu sehen. Wenn ein Hund wirklich gebissen hat, bleibt die Bissmarke zwei bis vier Wochen oder länger zu sehen. Andersherum haben wir auch schon erlebt, wie Menschen erzählten, ihr Hund habe nur geschnappt – wobei sie zum Arzt gehen und die Wunde nähen lassen mussten und sogar eine Drainage gelegt wurde.

KNURREN

Knurren ist grundsätzlich eine Warnung oder ein Drohen – von einer bloßen Äußerung, dass ein Hund etwas unangenehm oder frustrierend findet, bis hin zur klaren Warnung, dass er bei andauernder Provokation den „nächsten Schritt“ machen wird. Es mag Ihnen nicht gefallen, wenn Ihr Hund knurrt, aber wenn Sie genau darüber nachdenken ist Knurren eigentlich etwas Gutes: eine gewaltlose Warnung nämlich. Ein Hund der knurrt, beißt noch nicht.

Ein ängstlicher Hund knurrt in einer höheren Tonlage und möchte nur erreichen, dass der negative Reiz verschwindet. Wenn ein Hund ein tiefes Knurren ertönen lässt und den jeweiligen Reiz dabei anstarrt, ist das eine ernst gemeinte Drohung. Bestrafen Sie Ihren Hund niemals für das Knurren. Es ist die ungefährlichste und dabei wichtigste Form der Kommunikation, die ihm zur Verfügung steht, wenn er Ihnen erklären möchte, dass ihm etwas wirklich nicht passt. Die Hunde, die scheinbar „ohne Vorwarnung“ plötzlich zubeißen, sind jene, die für Knurren massiv bestraft wurden. Wenn Ihr Hund knurrt, sehen Sie genau hin, was der Grund für seine Warnung ist und entfernen Sie den Stressfaktor. Diskutieren Sie nicht herum, sondern seien Sie dankbar, dass Ihr Hund vernünftig genug ist und über ausreichend Beißhemmung verfügt, um eine deutliche Warnung ertönen zu lassen.

DIE HÄUFIGSTEN URSACHEN

Abgesehen von jagdlichen Aggressionen (dem Beißen und Töten von Beutetieren) und hormonell bedingten Aggressionen anderen Artgenossen gegenüber, sind die häufigsten Ursachen von Aggressionen schlicht Angst und Unsicherheit mit der Absicht, das Gegenüber auf Abstand zu halten. Das ist bei Menschen nicht anders: Auch wir werden, wenn wir gereizt sind, mit Worten grob und drohend. Bei Menschen wie Hunden werden körperliche Auseinandersetzungen erst als allerletztes Mittel der Wahl betrachtet: Entweder ist man so verzweifelt, dass man keinen anderen Ausweg mehr sieht als Angriff, oder man gerät so sehr außer sich, dass man die Kontrolle verliert.

Hier kam der Betrachter zu nahe an den Napf.

Ein Schritt zurück, und der Hund konnte entspannt fressen.

FUTTER-AGGRESSION

Wenn Ihr Hund frisst und er sie anknurrt, sobald Sie in seine Nähe kommen oder sich bewegen, dann macht er dies aus der Angst heraus, dass Sie ihm sein Futter streitig machen wollen. Wahrscheinlich hat er entsprechende Erfahrungen gemacht. Würden Sie nun näher herangehen oder versuchen, ihm seine Schüssel wieder wegzunehmen, würde er wahrscheinlich auch seine Zähne einsetzen.

URSACHEN

Die Gründe hierfür sind vielfältig: Hunde aus dem Auslandstierschutz sind häufig in Auffanglagern gehalten worden, in denen das Futter in große Wannen geschüttet wurde, aus denen dann alle fressen sollten – die schwächeren oder wenig durchsetzungsvermögenden Hunde bekamen dann nur sehr wenig ab. Hunde, die nur selten oder immer zu wenig gefüttert wurden, neigen auch dazu, dieses mit allen Mitteln zu verteidigen. Manche Hunde wurden auch mit einer Erziehungspraxis konfrontiert, die noch aus den Zeiten der Weimarer Republik stammt: Damit der Hund lernt, dass der Herr ihm jederzeit das Futter wegnehmen darf, wurde ihm während des Fütterns der Napf immer wieder unangekündigt weggenommen, weil er auf diese Weise lernen sollte, dass das ganz normal sei. In Wirklichkeit ist das Einzige, was ein Hund auf diese Weise zuverlässig lernt, eine echte Futteraggression. Grundsätzlich sollten Sie Ihren Hund während des Fressens nicht anfassen – das ist wirklich zu viel verlangt. Sie mögen es sicher auch nicht, wenn Sie beim Essen gestört werden, Ihre Kinder an Ihnen herumzuppeln, jemand Sie mitten im schönsten Apfelstrudel umarmen möchte oder einfach in Ihren Teller greift.

LÖSUNG

Geben Sie Ihrem Hund regelmäßig und gut zu fressen, in der ersten Zeit sogar dreimal am Tag. Sorgen Sie für ausreichend Ruhe und Freiraum während des Fressens. Vermitteln Sie ihm, dass Sie keinerlei Interesse an seinem Napf und dessen Inhalt haben. Falls Kinder in Ihrem Haushalt leben, erklären Sie ihnen, dass der Hund beim Fressen nicht gestört werden darf. Meistens löst sich das Problem damit schon von ganz alleine. Wenn der

Hund mit dem Fressen fertig ist, räumen Sie seine Schüssel wieder weg. Wenn er dann bereits seit einigen Tagen bei Ihnen ist und Sie unnötigen Stress beim Füttern bisher vermieden haben, können Sie ihm nun durch ein gezieltes Training vermitteln, dass es keinen Grund gibt, sein Futter Ihnen gegenüber zu verteidigen.

Übung I: Stellen Sie die leere Futterschüssel auf den Boden und legen nun nur eine Handvoll Futter in die Schüssel. Sobald er das aufgegessen hat, wird er Sie ansehen, ob das nun schon alles gewesen sein soll. Daraufhin legen Sie wieder etwas Futter nach, bis er seine ganze Ration von Ihnen „eingefordert“ hat: Nun hat er gelernt, dass Sie nicht etwa sein Futterfeind sind, sondern die Quelle herrlicher Mahlzeiten.

Übung II: Wenn Ihr Hund allerdings bereits die noch leere Futterschüssel verteidigt, wird der Napf für die nächste Zeit erst einmal abgeschafft. Stattdessen füttern Sie ihn nun für eine Weile direkt aus Ihrer Hand, bis er gelernt hat, im Zusammenhang mit Futter Vertrauen zu Ihrer Nähe und Ihrer Hand zu fassen. Falls es ihn sehr verunsichert, von Ihnen Futter anzunehmen, sehen Sie ihn nicht an, während Sie ihm das Futter hinhalten und er es nimmt und schluckt. Sobald Sie das Gefühl haben, sein Vertrauen ist stabil, bieten Sie ihm seine Schüssel mit etwas Futter an und legen Sie nach, sobald er Sie ansieht, ob es noch mehr gibt. Wenn Sie befürchten, er könne nach Ihren Händen schnappen, nehmen Sie eine Suppenkelle als „Armverlängerung“. Von Mal zu Mal werden die Portionen in der Schüssel immer größer, bis Sie nur noch einmal nachschenken. Ihr Hund lernt dadurch, dass Ihre Hand Essen liefert und nicht wegnimmt. Bald können Sie sich auch in der Küche oder wo Ihr Hund gefüttert wird frei bewegen, und Ihr Hund wird keinen Grund mehr sehen, sein Futter verteidigen zu müssen.

VERTEIDIGUNGSVERHALTEN GEGENÜBER ANDEREN HUNDEN

Zeigt Ihr Neuer sein Verteidigungsverhalten nur den anderen im Haushalt lebenden Hunden gegenüber, sollten Sie die Tiere anfangs getrennt füttern. Wenn die Hunde sich nach ein paar Wochen besser kennen und bereits verbunden fühlen, können Sie versuchen, die Hunde im selben Zimmer zu füttern, allerdings mit genügend Abstand – den einen am einen, den anderen am anderen Ende des Raumes. Zur Sicherheit können Sie auch dazwischen stehen bleiben, um bei Knurren oder „einander Anstarren“ souverän einschreiten zu können.

Wichtig: Wenn Ressourcenverteidigung gegenüber anderen Hunden auch in anderen Situationen stattfindet, gibt es verschiedene Regeln, die Sie unbedingt beachten sollten, um unnötige Konflikte zu vermeiden.

Sobald mehrere Hunde zusammen kommen,

— werden *keine* Leckerchen in der Hundetruppe verteilt. Kein Hund bekommt Futter oder ein Spielzeug, solange ein anderer unmittelbar daneben steht oder in Ihrer direkten Nähe.
— Vermeiden Sie Beutespiele! Werfen Sie kein Spielzeug, Ball, Stofftiere o. Ä.
— Gehen Sie auch auf Nummer sicher, wenn keiner der anwesenden Hunde gestreichelt wird. So lange sich nicht alle Hunde der Truppe richtig „grün“ sind, kann es sonst passierten, dass ein vorbeigehender Hund sonst abgeschnappt oder angegangen wird, wenn er zu nahe kommt.
— und es zu Spannungen unter den Hunden kommt (die Körpersprache wird buchstäblich angespannt, die Hunde fixieren einander, knurren oder stellen ihre Rückenhaare auf), öffnen Sie den Raum um diese Hunde herum, d. h., dass Sie sich sofort entfernen und eventuell

andere vorhandene Hunde (mit ruhiger Stimme!) zu sich rufen, damit auch diese aus dem Weg sind. Würden Sie in direkter Nähe bleiben, würden Sie den Hunden Rückendeckung geben und durch die räumliche Enge die Spannung auch noch fördern. Gehen Sie weiter und geben der Angelegenheit ausreichend Raum, sich freundlich aufzulösen.

ACH DU SCHRECK!

Stress fördert das Abwehrverhalten von Hunden und verringert ihre Toleranz. Besitzerwechsel, ein Umzug, ein neues Leben mit fremden Stimmen und neuen Gerüchen, vielleicht sogar in einem neuen Land mit ganz neuen Sprachmelodien bedeutet in jedem Fall Stress und Aufregung für Ihren Hund. Je nachdem, was er für eine Vorgeschichte hatte, ist er Ihnen gegenüber noch skeptisch, ihm fehlt noch das nötige Vertrauen zu Ihnen und dem neuen Umfeld, in dem er noch keinen Platz gefunden hat. Fassen Sie Ihren Hund in der Anfangszeit nur an, wenn es nötig ist: Wenn Sie ihn an- oder ableinen, wenn Sie ihm sein Geschirr anlegen, ihn ins Auto setzen oder ihn nach einem Spaziergang im Regen abtrocknen müssen, oder wenn er Sie aktiv dazu auffordert, ihn zu kraulen oder zu streicheln. Lassen Sie ihn ansonsten erst einmal in Ruhe, damit er ankommen kann: Alles um ihn herum ist momentan ganz schön viel auf einmal.

Allein die Vermutung, dass er angefasst werden soll, löst bei dem Hund Stress aus.

Das Leid kleiner Hunde: Dauernd werden sie ohne Ankündigung hochgenommen.

Erschrecken Sie ihn nicht versehentlich, indem Sie ihn unangekündigt und plötzlich anfassen (dann könnte er Sie durchaus vor Schreck abschnappen oder sogar beißen). Bleiben Sie höflich, wie Sie es mit einem unbekannten Gast wären, lassen Sie ihm seine Privatsphäre, zeigen Sie ihm Ihre Hand, bevor Sie ihn anfassen möchten und lassen Sie ihn daran schnuppern. Bleibt er stehen oder dreht sich zu Ihnen, möchte er Ihren Vorschlag gerne annehmen.

Dreht er sich dagegen weg oder wendet sich ab, möchte er Ihr Angebot nicht annehmen. Wenn es nicht wahnsinnig dringend ist, respektieren Sie sein „Nein“. Ist es trotzdem nötig, ihn z. B. hochzunehmen, bereiten Sie ihn darauf vor: Halten Sie ihm Ihre Hand hin, lassen Sie ihn schnuppern, kündigen Sie ihm mit ihrer Stimme an, was Sie vorhaben und heben ihn dann an. Genauso gehen Sie vor, wenn Sie ihn an- oder ableinen, anziehen, abtrocknen, etc.

Auch wenn Ihr Hund es erst einmal gar nicht gut findet, was Sie da machen, so haben Sie immerhin ausgeschlossen, dass er sich erschreckt und womöglich überreagiert. Gibt es trotzdem Probleme mit dem Anfassen, Saubermachen oder Anleinen lesen Sie die Übungen auf den Seiten 135, 142 und 192.

AGGRESSION BEIM UNERZOGENEN HUND

Damit meinen wir Hunde, die bei ihren Vorbesitzern gelernt haben, Droh- und Aggressionsverhalten in der normalen Kommunikation mit Menschen alltäglich einzusetzen, weil sie dadurch bekamen, was sie wollten. Genau dieses Verhalten war häufig der Grund dafür, dass sie im Tierheim gelandet sind. Diese Hunde sind wirklich arm dran, weil sie nie gelernt haben, auf entspannte und ruhige Art mit Menschen zu kommunizieren, weil wesentliche Aspekte einer gesunden Erziehung von den Vorbesitzern übersehen wurden. Meistens fangen die Fehler schon im Welpenalter an. Der kleine Malteserwelpe (Terrier-, Dackelwelpe etc.) wurde meistens und immer wieder ohne Vorankündigung einfach auf den Arm genommen, gleichzeitig aber z. B. immer schimpfend am Halsband vom Sofa gezogen, weil er da nicht drauf durfte – jedenfalls nicht, wenn der Ehemann zu Hause war oder die Tochter mit dem neugeborenen Enkelkind. Das löste beim Hund sehr viel Stress aus, weil er immer wieder und für ihn nicht nachvollziehbar plötzlich beschimpft wurde, er flog vom Sofa und kam womöglich auch noch unglücklich am Boden auf. Irgendwann knurrte der Hund, dem die gleiche Prozedur erneut drohte, die Leute an – und siehe da: Sie ließen ihn in Ruhe. Beim nächsten Mal knurrte er schon, als seine Leute sich dem Sofa überhaupt nur näherten – woraufhin sie sich nur sehr vorsichtig neben ihn setzten und das Ganze scherzend schön redeten, er sei eben ein Hund mit Charakter und „klein, aber oho!". Das Gleiche passierte, wenn sie ihn kämmen oder bürsten wollten: Gerade bei zarten, langhaarigen Hunden beginnen die Menschen häufig erst dann mit der Pflege, wenn das Welpenfell ausgeht und der Hund bereits verfilzt – das Kämmen also richtig ziept und unangenehm ist. Er wehrt sich mit Knurren und Kreischen, irgendwann hackt er zu und sorgt für kleine blutende Löcher in Herrchens oder Frauchens Hand. Jetzt hat er zwar den Respekt seiner Menschen erstritten, gleichzeitig sind sie aber auch extrem verunsichert, wie sie sich ihrem niedlichen Hund nähern sollen. Die Unsicherheit auf beiden Seiten wird immer größer, der Hund lernt, dass er sich seine Menschen immerhin vom Hals halten kann, wenn er knurrt und schnappt – und damit wird das ursprünglich unsichere Verhalten zu angelerntem Verhalten. Wenn irgendwann das Enkelkind in die Wange gebissen wird, wird der Hund abgegeben.
Das Training solcher Hunde ist eine Herausforderung, auch entsprechend der Größe des jeweiligen Hundes. Ein Hund, der gelernt hat, dass Aggression sich für ihn lohnt, braucht verhaltenstherapeutische Maßnahmen und einen Trainer, der mit Ihnen ein systematisches Training aufbaut, um die Gefühle und die Kommunikationsmöglichkeiten des Hundes positiv zu verändern und damit sein Verhalten zu beeinflussen. Tatsache ist in jedem Fall, dass man jedem Hund gegenüber immer verständlich und souverän agieren muss: Wenn wir Aggression bei unserem Hund verhindern möchten, dürfen wir sie ihm unsererseits ebenfalls nicht unnötig vorgeben.

Aggressionen können auch Ausdruck von körperlichen/medizinischen Problemen und/oder Schmerzen sein. Klären Sie dies unbedingt ab, bevor Sie einen Trainer zuhilfe rufen.

HUNDEBEGEGNUNGEN AN DER LEINE

Für uns Menschen ist es selbstverständlich, dass unsere Hunde ohne Schwierigkeiten an der Leine auf dem Bürgersteig geradewegs auf einen anderen Hund zugehen – und wir übersehen dabei völlig, dass Hunde eine frontale Annäherung als Konfrontation sehen. Ein Hund, der direkt und von vorne auf einen anderen Hund zugeht, signalisiert damit, dass es besser wäre, wenn man ihm ausweicht. Das würde der andere vielleicht auch tun – aber dafür bräuchte er eine gewisse Bewegungsfreiheit, die er an der Leine nicht hat. Insofern ist es überhaupt kein Wunder, dass manche Hunde, je näher sie aufeinander zugehen (müssen, weil ihre Menschen die Leine in der Hand haben und es nicht besser wissen), mit Bürste, Gebell oder Knurren reagieren und so versuchen, den Anderen auf Abstand zu halten. Wir Menschen lassen ihnen gar keine Möglichkeit, höflich zu reagieren, erst einmal beschwichtigend am Boden zu schnüffeln und einen großen Bogen zu laufen, um den anderen Hund dann seitlich kennenzulernen. Für angemessenes Verhalten bei einer Hundebegegnung an der Leine bedarf es einer gewissen Bewegungsfreiheit und etwas Zeit.

So klappt es

- Gehen Sie etwas langsamer. Wenn Ihr Hund freundlich beschwichtigen möchte, indem er ein bisschen am Weg schnüffelt oder sogar den Weg verlassen möchte, um in einem großen Bogen etwas Abstand zu gewinnen, lassen Sie dies zu und gehen ein Stück mit, sofern die Gegend das zulässt.
- Ihrerseits sollten Sie darauf achten, dass Sie keine Spannung aufbauen, indem Sie die Arme anspannen und an den Oberkörper drücken oder das ruhige Atmen einstellen. Starren Sie den entgegenkommenden Hund nicht an – alle diese Gesten würden Ihrem Hund vermitteln, dass Sie gegenüber dem entgegenkommenden Hund Spannung aufbauen.
- Seien Sie Ihrem Hund stattdessen ein *Vorbild* und schlendern Sie mit locker hängenden Armen einen kleinen Bogen, während Sie mit weichem Blick den Boden oder die ganze Gegend betrachten. Sie können auch gerne fröhlich mit Ihrem Hund sprechen – dann sind Sie nämlich gezwungen, auch mal Luft zu holen. Erzählen Sie Ihrem Hund, dass der andere Hund eigentlich echt nett aussieht, aber irgendwie auch egal, weil Sie beide ja schon so viele Hunde kennen und eigentlich nicht noch mehr Freunde brauchen, oder dass er aussieht wie der Struppi von Tante Lene o. Ä.

Den angespannten Hund betont langsam und…

... locker am anderen Hund vorbei führen

- Einer der häufigsten Fehler von Hundehaltern ist, erst zur Seite zu weichen, wenn Ihr Hund schon auf der obersten Stufe der Eskalations-Treppe angekommen ist. Gehen Sie *frühzeitig* einen Bogen, am Besten schon, *bevor* Ihr Hund mit dem Fixieren des anderen Hundes beginnt. Je nach Hund kann das sein, wenn der andere Hund noch 20 bis 30 Meter entfernt ist. Manche Hunde brauchen anfangs sogar einen noch größeren Abstand, bevor Sie gelernt haben, dass Sie schon für den nötigen Höflichkeitsabstand sorgen.
- Gibt es keine Möglichkeit auszuweichen, sollten Sie dennoch einen kleinen Bogen Richtung Wegesrand machen. Gehen Sie langsam, schauen Sie konzentriert auf den Boden, während Sie Ihren Hund auf der dem fremden Hund abgewandten Seite führen und ihm dabei eine amüsante Geschichte erzählen. Lassen Sie die Leine locker – wenn Ihr Hund seinerseits daran zieht, ist das sein Problem, aber von Ihnen darf kein Zug auf die Leine ausgehen. Wenn Ihr Hund sich jetzt trotzdem rabiat aufführt, ist das kein Grund zur Sorge: Wenn Sie weiterhin wie beschrieben vorgehen, werden bereits die zweite oder dritte Begegnung mit anderen Hunden deutlich entspannter.

Mit den oben genannten Führungsvorschlägen können Sie bei Hundebegegnungen auf jeden Fall schon mal die Spitze der Spannung abbauen, wodurch es für beide Seiten schon deutlich leichter wird. Für manchen Hund wird dieses Training sogar schon ausreichen, und Leinenbegegnungen mit anderen Hunden können in Zukunft friedlich verlaufen. Bei diesen Hunden dürfen Sie von Zeit zu Zeit den Bogen etwas kleiner machen, bis Sie ihn nur noch ansatzweise andeuten müssen.
Andere Kandidaten haben noch zusätzliche Gründe für ihr unangenehmes Verhalten an der Leine oder zeigen sogar umadressiertes Verhalten dem Besitzer gegenüber. Diese Hunde haben entweder gelernt, dass andere Hunde eine große Gefahr darstellen, haben ein echtes „Leinentrauma", oder es fehlt jegliche Übung im Umgang mit Artgenossen. Es liegt auf der Hand, dass als Training bei solchen Hunden nicht ausreicht, sie entspannt und gutgelaunt an anderen Hunden vorbeizuführen.

Wichtig: Diese zuletzt genannten Kandidaten brauchen weitaus mehr Hilfe, als wir mit diesem Buch bieten können. Bitte suchen Sie sich einen erfahrenen, freundlichen Trainer, der mit diesen Verhaltensweisen ausreichend Erfahrung hat.

Das Kind rennt durch die Wiese und zufällig auf den Hund zu.

Der Hund gerät sofort…

Leben mit Angst

Viele Hunde aus zweiter Hand sind sehr unsicher, weil sie schlecht sozialisiert sind. Immer mehr Hunde zeigen allerdings schwere Angststörungen. Die Entstehung von Angst kann verschiedene Ursachen haben: Hatte der Hund in der wichtigen Sozialisierungsphase in den ersten 14 Lebenswochen zu wenig oder gar keinen Kontakt zu Menschen, anderen Tieren und Umwelteinflüssen, kann er später nicht mit neuen Situationen umgehen. Auch schlechte Erfahrungen prägen das Angstverhalten oder ein Zusammenhang mit Schmerzen, Schilddrüsenunterfunktion, eingeschränktem Sehen, Taubheit, etc. Aus diesem Grund ist es sehr wichtig, organische Ursachen bei Ihrem Hund vom Tierarzt ausschließen zu lassen.
Angst und alle Verhaltensweisen, die damit zusammenhängen, sind für Hunde unglaublich anstrengend, lähmend, und machen auf Dauer krank. Es ist herzzerreißend, frustrierend und manchmal sogar nicht ungefährlich für den Menschen, der versucht, mit den emotionalen Instabilitäten seines Hundes umzugehen, und für den Hund selbst, der sich selbst oder andere verletzt in dem verzweifelten Versuch zu flüchten oder sich vor irgendeinem Angstauslöser zu schützen. Dabei kann es sich um ganz bestimmte, wenige, klar definierbare Auslöser handeln wie z. B. Männer oder kleine Kinder, bis hin zu Hunden, die in chronischen Angstzuständen leben.
Angstverhalten beinhaltet häufig unverständliche Reaktionen, defensive Aggressionen und weitere Verhaltensweisen, die das Leben aller Beteiligten erschweren.
Angst muss *immer* therapiert werden. Es ist schlicht nicht akzeptabel, einen Hund mit Angststörungen nur zu „verwahren“, denn er hat es jetzt ja auf jeden Fall „besser“ (ach so?), und außerdem hat man sich irgendwann daran gewöhnt. Ob der Halter mit der Angst seines Hundes ein Problem hat oder

... in ängstliches Fluchtverhalten.

Glücklicherweise ist der Hund doppelt gesichert.

Der Hund darf sich in Ruhe das Kind betrachten und den Abstand selbst bestimmen.

nicht, spielt keine Rolle: Wichtig ist allein, wie es dem Hund geht. Ein Leben in andauernder Angst führt zu einem chronischen negativen Stressgeschehen und ist gegen das Tierschutzgesetz.

Um Angsthunde wirklich ausreichend therapieren zu können, wäre ein eigenes Buch notwendig – ein Kapitel reicht hier bei Weitem nicht aus. Wir können Ihnen hier leider nur grundsätzliche Tipps und Hinweise für geeignete Maßnahmen mit Angsthunden geben, die Ihnen immerhin in der ersten Zeit mit einem sehr ängstlichen oder Angsthund weiterhelfen können.

Es gibt ganz unterschiedliche Grade der Angst – die meisten Hunde können aber mit der richtigen Therapie wunderbare Fortschritte machen, sodass man fast ganz normal mit ihnen leben kann, wenn man auf einige Dinge Rücksicht nimmt. Allerdings dauert es eine ganze Zeit – in manchen Fällen ein Jahr oder länger (im Falle von Katharinas Windspiel Harry, der eine angeborene Angststörung hat, dauerte es acht Jahre. Der Rauhaar-Galgo Aslan dagegen, der auf seiner Pflegestelle zum schlotternden 72 Zentimeter hohen Angsthasen wurde, brauchte nur drei Monate vom panischen Hund, den man an einer 15-Meter-Leine nicht ansehen durfte, zu einem gelangweilten Hund, der an durchhängender Leine stehen blieb, wenn sein Frauchen sich mit den Nachbarn unterhielt).

Das Wichtigste für einen Hund mit Angst ist immer die Senkung des Stress-Levels. Will heißen: Richten Sie ihm im Haus mehrere geschützte Ruhezonen ein, in die er sich zurückziehen kann. Sehr bewährt haben sich Transportboxen, die wie eine Höhle fungieren.

Angsthunde leben in einer sehr kleinen Welt – lassen Sie die neue Welt klein, damit er lernen kann, sich sicher zu fühlen. Auch wenn *Sie* gerne mit ihm auf eine Wanderung gehen würden, um das Café auf dem Berggipfel zu besuchen, ist das eine entsetzliche Idee für Ihren Angsthund. Erst, wenn er mit der ihm bekannten Welt so sicher umgeht, dass Sie kaum noch merken, dass er verunsichert ist, können Sie ausgesuchte neue Reize – also neuen Stress – hinzufügen.

Alle Hunde lieben Rituale, weil sie ihnen Sicherheit geben, aber Angsthunde sind geradezu abhängig von ihnen. Geben Sie Ihrem Hund Abläufe, auf die er sich verlassen kann und Dinge, auf die er sich freuen kann. Machen Sie seine Welt einschätzbar: Geben Sie ihm jeden Morgen nach dem Aufstehen einen besonderen Keks (oder einen gebutterten Toast, oder ein Käsebrot, oder oder oder ...). Gehen Sie immer genau die gleichen überschaubaren kleinen Runden, damit er die immergleichen Reize einzuschätzen lernt und sie bald keinen Stress mehr für ihn bedeuten. Erst dann können Sie den Spaziergang erweitern. Allerdings sollten Sie austesten, ob er nicht vielleicht viel entspannter auf ländlichen Spaziergängen ist, wo kaum Menschen, Fahrräder und Armadas von Kinderwägen auf ihn zu kommen: Die meisten Angsthunde halten die Reizüberflutung in der Stadt schlicht nicht aus. Wenn sie allerdings zu selten wirklich entspannen können, baut sich das Adrenalin nicht ab, und das Lernen wird praktisch unmöglich gemacht. Je weniger Stress der Hund hat, desto besser kann er sich entspannen, desto mehr Stress kann man ihm letztlich zumuten.
Machen Sie sich keine Sorgen: Hunde langweilen sich nicht, wenn sie immer die gleiche Route gehen müssen. Selbst wildlebende Hunde folgen mehr oder weniger immer den gleichen Trassen. Ihr Hund zeigt Ihnen dann von sich aus, ab wann er bereit ist für den nächsten Schritt, also die etwas vergrößerte Runde.

Halten Sie die Welt Ihres Angsthundes zunächst sehr klein. Begegnungen wie diese – fremder großer Mann, und auch noch mit Hut! – sind zu viel verlangt.

ANGST UND STRESS ERKENNEN

Um einen Hund rechtzeitig unterstützen zu können, ist es wichtig, auch subtile Stresssignale bei ihm erkennen zu können.

Diese sind z. B., wenn der Hund

- versucht, die Situation zu verlassen
- sich hinter Ihnen verstecken möchte, den Blick senkt
- Schwitzfüße hat – er hinterlässt feuchte Pfotenabdrücke auf dem Untergrund
- ansteigend hechelt
- keine Leckerchen mehr annimmt (falls er das gewöhnlich tut)
- sich ständig über die Schnauze leckt, gähnt oder blinzelt

Angsthunde profitieren sehr von einem bereits vorhandenen sicheren Hund, an dem sie sich orientieren können und der ihnen sozusagen erklärt, dass das Leben gar nicht so gefährlich und durchaus lebbar ist. Ist der vorhandene Hund allerdings seinerseits unsicher, ist es keine gute Idee, ihm einen weiteren Hund mit Ängsten zuzuführen. Ängstliche Hunde „stützen" einander keineswegs, sondern potenzieren die Angst des anderen: Wenn der eine ängstliche Hund sieht, dass der andere unsichere Hund auf irgendeinen Reiz sehr unsicher reagiert, wird er sich diese Unsicherheit sofort zu eigen machen.

Unsichere und ängstliche Hunde brauchen Vorbilder: Deshalb ist es unglaublich wichtig, dass Sie selbstbeherrscht, souverän und gelassen sind. Hunde beobachten Ihre Menschen die ganze Zeit, Ihre Stimmung überträgt sich auf sie. Wenn Sie also ruhig und gelassen durch die Welt spazieren, ohne sich permanent zu überlegen, welche Gefahren hinter der nächsten Ecke lauern könnten, dann wird es Ihrem Hund sehr viel leichter fallen, seine Angst „zu parken" und sich einfach auf Sie zu verlassen. Nur wenn Ihr Hund das Gefühl hat, dass er sich auf Sie verlassen kann, dass Sie ihn schützen und er in Ihrer Nähe in Sicherheit ist, kann er seine Angst ablegen. Ein Hund braucht Zeit, um Vertrauen zu Ihnen aufzubauen. Manchmal geht es schnell und es braucht nur ein paar Tage oder Wochen – manchmal dagegen kann es sehr lange dauern.

Machen Sie ihren Hund stark und geben Sie ihm Selbstbewusstsein, indem Sie häufig sogenannte beziehungsfördernde Spiele mit ihm spielen und ihn selbstständig Probleme lösen lassen (siehe Seite 132).

Wenn man Ängste, Phobien oder Unsicherheiten therapiert, können viele angstauslösende Reize mithilfe von Desensibilisierung und Gegenkonditionierung therapiert werden (siehe Seite 135). Auf diese Weise trainieren Sie sozusagen die Emotionen Ihres Hundes anstelle seiner Handlungen. Die Verhaltensänderung folgt dann der emotionalen Veränderung.

Lluvia brauchte ein Jahr, um sich von Fremden anfassen zu lassen. Kinder sind für sie einfacher.

THE TROUBLE WITH HARRY

von Katharina von der Leyen

Dass ich mittlerweile praktisch fernab der Zivilisation dort lebe, wo sich Fuchs und Hase Gute Nacht sagen, hat auch etwas mit meinem Windspiel Harry zu tun. Harry wurde nach dem Hitchcock-Film „Immer Ärger mit Harry“ benannt, weil er so unglaublich unsicher, angstvoll und außer sich war, dass es lange Zeit schwer war, mit ihm ein auch nur ansatzweise normales Leben zu führen. Er war von Geburt an so: Seine Geschwister sind ganz normale Hunde. Harry war so panisch, dass es kaum eine Möglichkeit zur „Desensibilisierung“ gab, denn es gab gar nicht die Möglichkeit, einen Reiz auf den kleinsten möglichen Nenner herunterzuschrauben, um ihn langsam daran zu gewöhnen: Schon der kleinste Nenner ließ ihn völlig hysterisch werden vor Angst: Kinderstimmen im Hof, Lachen von einem anderen Balkon – von Autos, die neben unserem an der Ampel hielten, anderen Menschen auf der Straße etc. gar nicht zu reden. Ich stellte ihm ein Katzenklo auf den Balkon, damit ich das winzige bisschen Vertrauen zu mir nicht jedesmal aufs Spiel setzen musste, um mit ihm in den Straßen Berlins spazieren zu gehen. Mein Freund durfte ein Jahr lang keine Action-Filme mehr sehen, in denen geschossen, explodiert und herumgeschrien wurde – nur noch Filme mit Geigenmusik – also Liebes- und Elvis-Filme. Zum Füttern spielte ich CDs mit ungewohnten Geräuschen ab, die sich langsam steigerten, wie Applaus, Gelächter und Tiefflieger. Ich bezahlte Studenten in der Nachbarwohnung, dreimal täglich in die Wohnung zu kommen, wortlos einmal um den Küchentisch zu marschieren und dann die Wohnung zu verlassen. Ich klickerte ihn die Treppe im Hausflur hinunter – erst eine Stufe – klick und Keks –, dann die nächste Stufe – Klick und Keks –, und wenn er Angst bekam, gingen wir zurück in die Wohnung. Es dauerte ein Jahr, bis wir endlich unten waren. Schließlich schenkte ich ihm einen sehr selbstbewussten Freund in seinem eigenen Phänotyp, Fritz, ein Windspiel mit dem Nervenkostüm eines Labradors. Das half ihm sehr, denn als der Ältere musste er zwangsläufig hinterher, wenn der freche Fritz sich Sachen anschaute, versuchte, am höchsten zu markieren und mit Kindern spielte. Es entlastete Harry auch sehr: Nun wurde nicht mehr er von Fremden angeguckt, wie niedlich er sei – denn Fritz drängte sich strahlend in den Vordergrund, sodass Harry Zeit bekam, sich Fremden in seinem Tempo zu nähern, wenn überhaupt. Nur auf dem Land verteilten sich die fremden Reize so weit, dass Spaziergänge entspannt möglich waren. Kühe, egal wie groß, konnten ihn nicht erschüttern. Wiesen liebte er, denn sie waren übersichtlich. Und je weniger Stress er hatte, desto besser konnte er mit Stress umgehen, weil er sich nicht mehr in Dauerstress befand, sondern seine Nerven (und sein Kortisol) zwischendurch wieder geschont werden konnten.

Nach zehn Jahren benimmt sich Harry auf dem Land mittlerweile praktisch wie ein normaler Hund (was zehn Jahre Sozialisierungs-Programm alles bewirken können!) und wirkt höchstens ein bisschen kapriziös. Stadtbesuche hält er zwar durch, aber man sieht ihm deutlich an, dass es für ihn extrem anstrengend ist. In Wald und Flur dagegen ist er ein gefürchteter, größenwahnsinniger Jäger von Fahrradfahrern, Traktoren und Vögeln.

ANGST VOR ALLTÄGLICHEN DINGEN

Bei manchen Hunden reicht es schon aus, wenn das besagte Gruselobjekt, z. B. der Staubsauger, einfach herumsteht oder liegt, ohne dass sich irgendjemand darum kümmert. Steigen Sie darüber, drumherum, legen Sie etwas Salami darauf, die er herunterfressen darf, sodass *das Ding* zu einem normalen Möbelstück wird.
Und dann kommt der Moment, in dem beispielsweise der Staubsauger eingeschaltet wird.

So klappt es

— Finden Sie heraus, in welchem Abstand Ihr Hund den Staubsauger tolerieren kann. Dort füttern Sie Ihren Hund mit gekochtem Hühnchenfleisch. Sobald (eine andere Person) den Staubsauger ausschaltet, gibt es auch kein Hühnchen mehr.
— Üben Sie die Nummer mit dem laufenden Staubsauger in der Nähe so oft, bis der Hund beim Klang des Staubsaugers nach Hühnchen in Ihren Händen schaut. Dann ist er so weit, dass Sie
— eine Art Hänsel-und-Gretel-Spur aus Hühnchenfleisch auslegen können, die ganz beiläufig etwas näher an den Staubsauger führt. Und beim nächsten Mal noch etwas näher. Und noch etwas näher. Er soll nicht lernen, eigenhändig das Wohnzimmer zu saugen, aber wenigstens sucht er nun nicht mehr nach Fluchtmöglichkeiten, sobald Sie staubsaugen, sondern nach Hühnchen.

Nach dem Umzug aufs Land wurde das Leben für Harry entspannter.

GEFÜHL UND VERSTAND

Ihre Stimmung muss immer „sauber" bleiben. Sie dürfen nichts persönlich nehmen – Sie sind ja nicht gemeint! Ihr Hund kann einfach nicht anders. Erkennen Sie Ihre eigene Rolle als Vorbildfunktion. Wenn Ihr Hund Angst vor Gewitter hat, übernehmen Sie nicht seine Angst vor Gewitter. Sie sollten seine Angst respektieren, aber „trösten" Sie ihn, indem Sie ihm Mut machen: „Hast Du das gehört? Das war ja ein doller Krach! So spannend!" Überlegen Sie mal: Wenn wir nicht ruhig und entspannt sind, von wem soll der Hund es denn dann lernen? Ein Hund kann nur selbstsicher und souverän werden, wenn sein Besitzer selbstsicher und souverän ist.
Haben Sie kein *Mitleid*. Mitleid tut Hunden nicht gut. Fragen Sie mal die Leute, die im Rollstuhl sitzen, was das nützen soll. Mitleid ist ein Gefühl, das den Betroffenen sehr verunsichert, denn es vermittelt ihm das Gefühl, mit ihm stimme etwas nicht: Das will keiner.

Liebe wird übrigens auch überbewertet. Der Hund braucht nicht massenhaft Leberwurstbrote, muss nicht dauernd gestreichelt werden, darf nicht alles, was ihm einfällt, nur weil er bisher so arm war.

HANDSCHEUE HUNDE

Wenn Sie einen Hund haben, der von sich aus so verunsichert ist, dass er ihrer Hand ausweicht, sich abwendet, duckt oder weggeht, wird sich wahrscheinlich auch schwer damit tun, einen Keks aus Ihrer Hand zu nehmen. Das wäre das Erste, was es zu üben gilt (siehe Seite 146).
Einen unsicheren Neuankömmling aus der Hand essen zu lassen, kann man den meisten Hunden recht schnell beibringen. Achten Sie hierbei bitte stets auf Ihre eigene Körpersprache! Mit kleinen unglücklichen Gesten können wir für einen verunsicherten Hund schnell bedrohlich wirken.
Wenn der Hund in Ihrer Nähe ist, können Sie mit einer langsamen Bewegung ein Leckerchen aus Ihrer Tasche holen und es dem Hund in seiner Nähe reichen. Bitte nicht direkt zu ihm ins Gesicht, sondern eben nur in die Nähe. Lassen Sie das Leckerchen für den Hund sichtlich auf Ihrer offenen Handfläche liegen und schauen Sie selbst am besten weg, so ist es leichter direkten Blickkontakt zu vermeiden. Jede Geste, die dem Hund signalisiert, dass Sie etwas von ihm wollen, wird sein Scheueverhalten erneut auslösen, so würden Sie ihn nur erneut wegtreiben. Dazu gehört eben auch eine direkte Ansprache, sich mit dem Oberkörper nach vorne zu beugen, und der Versuch mit der Hand nach dem Hund zu fassen. Am erfolgreichsten sind Sie, wenn Sie auch Ihre Schultern leicht vom Hund abwenden und auch nichts von ihm fordern. Öffnen Sie den Raum, dass er sich trauen darf, indem Sie jede Erwartung ablegen. Hunde sind Meister darin, Stimmungen wahrzunehmen und merken sofort, ob wir eine mentale Erwartungshaltung ihnen gegenüber haben oder eben nicht.
Sie können den Hund aus dem Augenwinkel beobachten und zudem spüren Sie ja auch, wenn er das Leckerchen von Ihrer Hand nimmt. Bitte atmen Sie entspannt weiter. Oft kann es so spannend sein, nicht zu wissen ob der Hund es nimmt oder nicht, dass wir unsere Luft anhalten, um ihn nicht zu verschrecken. Das allerdings kann vom Hund missverstanden werden. Einfrieren und Luftanhalten kann genau die Spannung vor einem Angriff darstellen. Wenn Sie merken, dass Sie tatsächlich die Luft anhalten, dann atmen Sie ganz bewusst mal deutlicher ein und wieder aus, sodass man es hören kann. Das hilft.
Ziehen Sie Ihre Hand auch nicht gleich weg, sondern warten Sie, bis der Hund sich wieder von der Hand abwendet nachdem er das

Dass der Hund Stress bekommt, nur durch die Hand in seiner Nähe, ist deutlich erkennbar.

Leckerchen genommen hat. Dann nehmen Sie wieder Ihre Hand ruhig weg und bieten ihm vielleicht ein neues Leckerchen an. Das können Sie ruhig ein paarmal wiederholen, auch gerne ab und an über den Tag verteilt. Auch hier gilt „weniger ist mehr". Also nicht übertreiben. Wenn Sie merken, dass der Hund mutiger wird, dann können Sie auch mal anfangen, Ihre Schultern weniger weit vom Hund abzuwenden und von Mal zu Mal auch auf ihre eigene Hand dabei schauen. Wird er noch mutiger, dann können Sie ruhig den Hund mal kurz anschauen, während er das Leckerchen nimmt.

„KLEBSTOFFHUNDE"

Wenn Liegenbleiben keine Option ist

Die allermeisten Hunde, die in ein neues Leben einziehen, laufen der neuen Bezugsperson im Haus auf Schritt und Tritt hinterher, in den Keller, ins Bad, aufs Klo. Normalerweise gibt sich dieses Verhalten von alleine: Der neue Hund hat bisher keine Ahnung, wie er sich verhalten soll, wie seine Rolle ist, was er darf und was nicht, also bleibt er in Ihrer direkten Nähe in der Hoffnung, Sie zeigen ihm, wo's langgeht. Er sucht Halt, Stabilität und Gesellschaft. Allerdings müssen Sie ihn ein wenig unterstützen, damit dieses Verfolgen nicht zum lebenslangen Ritual wird.

In den ersten paar Tagen sollten Sie sein „Stalking" ruhig ignorieren. Vermeiden Sie allerdings, ihm dafür Aufmerksamkeit zu schenken, um ihn nicht darin zu bestätigen. Jeder Blickkontakt, jede Ansprache, jede Berührung, jede mentale Aufmerksamkeit Ihrerseits, Gedanken wie: „Jetzt läuft er mir schon wieder hinterher ...", verstärken den Hund in seinem Tun. Dabei ist das eigentliche Ziel, dass Sie erreichen möchten doch, dass Ihr Hund lernt, sich in seinem neuen Zuhause zu entspannen und zur Ruhe zu kommen. Sie könnten sich natürlich auch den ganzen Tag mit ihm aufs Sofa legen und jegliches überflüssiges Herumlaufen unterlassen – aber das ist irgendwie keine Lösung für die Zukunft.

Ein oder zwei Wochen nach seiner Ankunft sollten Sie anfangen, ab und zu eine Tür hinter sich zu schließen, um beispielsweise mal wieder alleine ins Bad zu gehen, beim Wäschemachen eine gewisse Privatsphäre zu genießen, den Müll alleine nach draußen zu bringen. Je schneller und beläufiger (und unkommentiert!) Sie dies erledigen, desto schneller wird es zu einem Normalzustand für den Hund. In ein paar Tagen, Wochen oder Monaten wird er schon unendlich viel entspannter im Haus sein, ohne ständig Ihre Nähe suchen zu müssen. Sie können es als großes Kompliment betrachten, wenn Ihr Hund es das erste Mal schafft, entspannt in seinem Bett liegen zu bleiben, während Sie in der Wohnung herumwurschteln.

ALLEINE BLEIBEN

Für viele Hunde aus zweiter Hand ist es ein Problem, alleine zu bleiben: Sie wurden von ihren Erstbesitzern häufig viel zu früh und viel zu lange alleine gelassen und haben massive Trennungsängste entwickelt. Sie jaulen, heulen, bellen und winseln oder zerstören Dinge, holen die Tapete von der Wand und beknabbern ihre Gliedmaßen vor lauter Panik. Das sind dann auch die Gründe, die dazu führten, dass sie abgegeben wurden. Fast jeder Hund kann lernen, alleine zu bleiben. Allerdings kostet dieses Verhalten viel Zeit und Geduld, denn der Hund muss sozusagen in seinem tiefsten Unterbewusst-

sein wieder Ruhe und Vertrauen darauf finden, dass Sie immer wieder kommen. Er braucht Zeit, sich daran zu gewöhnen und viele, viele Wiederholungen (Ritualisierung) in ganz kleinen Zeitabschnitten. Um Sie zu warnen: Es kann dauern. Bei Hunden, die unter solchen Verlustängsten leiden, hilft auch meistens ein zweiter (oder dritter) Hund nicht (obwohl es immerhin helfen kann), denn er fokussiert sich vor allem auf die eine, heilige Bezugsperson.

„Alleinebleiben" können Sie erst trainieren, wenn Sie den Stress-Level Ihres Hundes insgesamt schon reduziert haben. Je nachdem, wie ausgeprägt die Trennungsangst Ihres neuen Hundes ist, müssen Sie sein Alleinsein möglicherweise eine zeitlang managen und einen Hundesitter anheuern, bis der Hund verstanden hat, dass Sie sein Mensch sind und bleiben, und sein Zuhause sein sicherer Hafen ist. Von Ihnen ist in dieser Zeit (schon wieder!) Gelassenheit gefordert (das Gute an der Hundeerziehung ist ja, dass man selbst so unglaublich viel dabei lernt). Wenn Sie zu den Menschen gehören, die sich von vorneherein viele Sorgen um den Hund machen und schon ein schlechtes Gewissen haben, bevor Sie ihn mal für eine Stunde alleine lassen, müssen Sie mit dem Training erst einmal bei sich selbst beginnen: Ihre innere Haltung zum Alleinlassen Ihres Hundes muss unbedingt entspannt werden. Viele Hunde haben eigentlich weniger Sorge um sich selbst, wenn Sie das Haus verlassen, sondern sorgen sich vielmehr um Sie und Ihre Stimmung, mit der Sie das Haus verlassen: nämlich mit einem schrecklichem schlechten Gewissen und einem Gefühl einer dräuenden Katastrophe. Da der Hund vor allem Ihre Stimmung wahrnimmt, muss er davon ausgehen, dass Ihr Weggehen etwas wirklich Fürchterliches sein muss. Das hilft Ihrem sowieso verunsicherten Hund auch nicht weiter. Noch weniger hilfreich ist es, wenn eine dramatische Abschiedsszene stattfindet: „Ich komme doch gleich wieder, es ist

Wenn Hunde so alleine am Fenster sitzen, haben sie einiges zu sehen und zu kommentieren.

alles gut, ich gehe doch nur kurz einkaufen, du brauchst nicht traurig sein, ich würde dich wirklich am allerliebsten mitnehmen!“ usw.

Übung: Wie bereits erwähnt, beginnen Sie nach ein paar Tagen oder ein, zwei Wochen nach der Ankunft des neuen Hundes damit, immer wieder die eine oder andere Tür hinter sich zu schließen. Kurz bevor Sie die Türe schließen, sagen Sie möglichst beiläufig: „Du wartest“, oder „Bis gleich“ oder „Ich komme gleich wieder.“ Wenn Sie kurz darauf wieder ins Zimmer treten, beachten Sie Ihren Hund gar nicht, auch nicht, wenn er sich wie ein Schnitzel freut, weil Sie den Gang aufs Klo so gut überlebt haben. Es ist wichtig, auf diese Wiedersehensfreude nicht einzugehen, damit er gar nicht das Gefühl bekommt, „Zurückkommen“ sei etwas Besonderes – nur so können Sie ihm helfen, gleich wieder zur Ruhe zu kommen, und letztlich gar nicht erst „aus der Ruhe“ zu geraten. Sobald Sie nach ein paar Tagen feststellen, dass der Plan aufgeht und Ihr Hund schon viel ruhiger und gelassener reagiert, können Sie einen Schritt weiter gehen.
Als nächstes werden Sie die Wohnung ohne Hund verlassen. Sie gehen zur Haustüre, sagen ganz entspannt wie vorher, wenn Sie nur mal die Tür zum Bad schlossen: „Ich komme gleich wieder“ und gehen aus der Haustüre, *ohne ihren Hund dabei anzusehen.*

TIPP

Bevor Sie Ihren Hund für einen längeren Zeitraum alleine lassen, machen Sie einen ausgiebigen Spaziergang mit ihm. Dann ist er ausgetobt, seine Blase ist leer, und das erleichtert ihm das Warten schon einmal sehr.
Einem jungen Hund sollte man auch etwas zum Kauen in der Wohnung hinterlegen oder ein Futterspielzeug, damit er etwas Beschäftigung hat.

Blickkontakt könnte vom Hund als Aufforderung missverstanden werden mitzukommen. Gehen Sie kurz bis zum Auto oder zur Mülltonne, oder laufen Sie einmal ums Haus und gehen dann wieder in die Wohnung. Sollte Ihr Hund aufgeregt sein und sich freuen, als wären Sie nach drei Wochen aus Bora-Bora zurückgekehrt, verhalten Sie sich wieder so, als kämen Sie gerade aus der Dusche. Wiederholen Sie diese kurzen Sequenzen tagsüber mehrmals – aber nicht 20-mal hintereinander. Ein ständiges Rein und Raus würde den Hund nur völlig nervös machen (deshalb möchte im Restaurant auch niemand neben der Küchentür sitzen – bei dem ständigen Türengeklapper wird man ja irre). Lassen Sie die Übung einfach immer wieder, fünf bis sieben Mal am Tag, in Ihren Alltag einfließen. Es soll so selbstverständlich für den Hund werden, als würden Sie sich die Hände waschen, sich ein Glas Wasser einschenken oder kurz telefonieren.
Als nächsten Schritt verlängern Sie nun die Dauer Ihrer Abwesenheit: Aus zwei Minuten werden fünf, aus fünf Minuten acht, aus acht zehn Minuten etc., die Ihr Hund entspannt alleine in der Wohnung bleibt. Funktioniert schon eine halbe Stunde, dann erhöhen Sie die Zeitspanne im Viertelstundentakt, bis Sie Ihren Hund bis maximal drei oder vier Stunden alleine lassen können. Wenn Sie eine oder vier Stunden weg waren, dürfen Sie die Begrüßung Ihres Hundes übrigens auch erwidern (Sie haben ihn ja auch vermisst, stimmt's?), aber eben nur kurz und sehr ruhig. Wenn die Begrüßung zu einem Freudenfest ausartet, besteht die Gefahr, dass Ihr Hund sich während des Alleinebleibens nach einer Stunde (oder wann er das Gefühl hat, seine Besitzer müssten jetzt doch mal langsam wieder kommen) so sehr in die „Vorfreude“ hineinsteigert, dass er wieder unberechenbare Übersprungshandlungen begeht, Dinge zerbeißt oder sich selbst benagt, auf und ab rennt, etc.

Hunde, die das Alleinebleiben nicht gelernt haben, schaffen dies mithilfe der Anwesenheit anderer Hunde zumeist sehr gut.

VERLASSENSANGST MIT PANIKATTACKEN

Manche Hunde bekommen extreme Panikattacken, wenn sie alleine bleiben müssen, was nicht so leicht abzutrainieren ist. Diese Hunde zerlegen die Einrichtung, haben keine Kontrolle mehr über Darm und Blase, heulen und kratzen exzessiv an der Haustür oder den Fenstern, bis die Krallen bluten und Tür und Fensterrahmen ausgetauscht werden müssen. Diese Hunde haben gewöhnlich beim Alleinebleiben ein großes Trauma erlitten. Häufig ist dies zu beobachten bei Hunden, die viel zu früh und zu jung zu lange alleine gelassen wurden, oder regelmäßig zehn bis zwölf Stunden täglich oder sogar mehrere Tage hintereinander (mit einem Sack Trockenfutter in der Küche). Auch ein furchtbares Ereignis beim Alleinsein kann Panik ausgelöst haben, Feuerwerk, Wohnungsbrand, Tod des Besitzers.

Wichtig: Es gibt auch Rassen oder deren Mischlinge, die sozusagen „von Natur aus" das Alleinebleiben nur sehr schlecht ertragen können, wie Wolfsmischungen, Saaloos-Wolfshunde und Tschechoslowakische Wolfshunde. Diese Hunde sind so ursprünglich in ihrer Natur, dass das Alleinebleiben als große Gefahr empfunden wird (womit sie grundsätzlich ja auch nicht Unrecht haben). Bei solchen extremen Sonderfällen bedarf es auch Sonderlösungen, die individuell gewählt und mit einem Trainer behandelt werden müssen.

PENG!

Es werden Ihnen immer wieder Fehler unterlaufen im Umgang mit Ihrem neuen Hund, die ihn erschrecken. Sie werden etwas fallen lassen, was ein lautes Geräusch verursacht oder versehentlich sogar auf Ihren Hund fällt. Sie werden über Ihren schlafenden Hund stolpern. Sie werden sich in seiner Leine verheddern, Sie werden die Stereoanlage anschalten und nicht wissen, dass die Lautstärke auf das Maximum aufgedreht ist. Krach, laute Geräusche und unerwartete Bewegung erschreckt die meisten Hunde, die neu in einem Haushalt sind.
Wenn Sie Ihren Hund aus Versehen erschrecken, sollten Sie am besten gleich darüber lachen. „Huch! Na sowas! Da bin ich Depp ja über dich geflogen, und das Marmeladenglas ist hingefallen und zerbrochen, was war das für ein Krach!" – beziehen Sie Ihren Hund in Ihr fröhliches Erstaunen mit ein, damit er merkt, dass die Situation nicht gefährlich war. So, wie Sie reagieren würden, wenn ein kleines Kind hinfällt: Da sagt man auch eher: „Ups! Nix passiert, Gott sei Dank! Steh' einfach wieder auf, wir machen gleich mal deine Hände und deine Knie sauber, die sind ganz schwarz, schau' mal."
Kinder wie Hunde beobachten uns, um herauszufinden, ob sie sich nun fürchten oder ärgern sollen oder nicht. Wenn wir in Entsetzen verfallen, nehmen sie das als Vorgabe und fangen an zu weinen bzw. erschrecken sich erst recht. Amüsieren Sie sich also bitte, während Sie das zerschepperte Marmeladenglas aufsammeln und die Marmelade aufwischen. Wenn Ihr Hund sich versteckt, bleiben Sie immer noch bestens gelaunt. Versuchen Sie nicht, ihn zu streicheln oder zum Unfallort zu locken, so wichtig war das alles schließlich auch nicht. Auf diese Weise bringen Sie ihm bei, dass die Welt voller unvorhersehbarer, überraschender Vorkommnisse ist, wir aber nichts zu befürchten haben.

DER HUND FÜRCHTET SICH VOR BESUCH

Zwingen Sie Ihren Hund nicht, den Besuch kennenzulernen oder überhaupt zu beachten. Lassen Sie ihm eine Rückzugsmöglichkeit (z. B. Ihr Schlafzimmer, das Arbeitszimmer, den oberen Stock), damit er dem Besuch komplett aus dem Weg gehen kann, wenn er das möchte, aber lassen Sie die Türen offen, falls er es sich anders überlegt und doch mal kurz gucken möchte.
Sagen Sie Ihrem Besuch vorher, dass Sie den Hund nicht anfassen sollen – auch nicht, falls er vorbeikommt, um sie zu beschnüffeln –, und möglichst nur aus den Augenwinkeln anschauen (wenn Sie gleich erklären, man solle den Hund nicht angucken, wird das das Gegenteil auslösen, und alle werden sofort den armen Hund anstarren, der doch gar keine Aufmerksamkeit möchte und schon gar nicht angestarrt werden will. Sie wissen doch: „Denken Sie jetzt nicht an einen blauen Elefanten …").
Schwieriger wird's bei Verwandten – die lassen sich schwerer erziehen, weil sie der Meinung sind, grundsätzlich ja dazuzugehören, was ihnen vermeintliche Rechte verleiht. Anderer Besuch akzeptiert gewisse Regeln normalerweise sehr gut.

BESSERWISSER

Lassen Sie sich nicht von jedem dahergelaufenen Hinz und Kunz in Parks, auf Straßen oder im Internet belehren, wie man mit Angsthunden/Tierschutzhunden/diesen oder jenen Hunden umgehen sollte. Es gibt immer Leute, die es besser wissen, aber die sollten Sie nicht interessieren. Folgen Sie Ihrem Trainingsplan, Ihrem Gefühl, und kommen Sie schon gar nicht in Rechtfertigungszwang. Es ist Ihr Hund, Sie müssen mit ihm leben, und niemand kennt ihn besser als Sie.

Hunde, die sich vor Besuch fürchten, brauchen einen Rückzugsort, zu dem der Besuch keinen Zutritt hat.

Ob etwas essbar ist oder nicht, darüber sind Hund und Mensch geteilter Meinung.

Allesfresser

DIE STAUBSAUGER

HUNDE, DIE ALLES FRESSEN, WAS NICHT ANGEWACHSEN IST

Hunde leben seit über 60 000 Jahren an der Seite des Menschen und ernährten sich von Teilen der Beute nach der gemeinsamen Jagd, von Essensresten, Fäkalien und kleineren Nagetieren, die sie im Lager erjagten. In Urzeiten wurde dieses Verhalten durchaus geschätzt, denn auf diese Weise wurden die Dörfer sauber gehalten. Heute sieht das ganz anders aus, außerdem ist es nicht ungefährlich, wenn man an Giftköder denkt. Aber was wissen unsere Hunde schon von Ästhetik und neuzeitlichen Verrückten. Tatsächlich betreiben manche Hunde allerdings etwas übersteigerte Säuberungsaktionen.

Dafür kann es verschiedene Gründe geben:

1. Der Hund ist noch sehr jung. Welpen gehen wie menschliche Kleinkinder durch eine „orale Phase“, in der sie buchstäblich alles „probieren“, was in ihrem

Weg liegt. Auf diese Weise lernen sie ihre Umgebung und alles darin kennen, was durch den Zahnwechsel noch verstärkt wird. So lange Ihre Lieblingssachen dabei nicht zu Schaden kommen und der Hund durch das, worauf er herumkaut nicht gefährdet wird, sollten Sie das Ganze ignorieren. Schimpfen, an der Leine reißen oder hinrennen, um dem Hund das Kauobjekt aus dem Maul zu nehmen, wäre von Ihnen eine verständliche, dabei aber völlig kontraproduktive Reaktion. Auf diese Weise macht Ihr Hund nämlich gleich zwei negative Verknüpfungen:

— **Vertrauensverlust:** Er lernt, dass Sie sofort herbeigestürzt kommen, um ihm seine herrliche Beute streitig zu machen, und obendrein sind Sie auch noch böse mit ihm: Das Resultat wird sein, dass Ihr Hund nie wieder von sich aus etwas hergeben wird, wenn er etwas gefunden hat. Stattdessen wird er auf Abstand gehen und sich nicht einfangen lassen. Noch gefährlicher ist, dass er seine Fundsache in Zukunft eilig herunterschlucken wird, sobald Sie herankommen, obwohl er das vielleicht gar nicht wollte – nur, damit sie vor Ihnen sicher ist.

— **Je höher das Interesse an einem Objekt, desto höher steigt dessen Wert!** Je mehr Aufmerksamkeit Sie der Situation und der jeweiligen Beute widmen, desto überzeugter wird Ihr Hund sein, dass sein Fundstück unglaublich begehrenswert sein muss. In Zukunft wird er sich sehr bemühen, derlei wiederzufinden. Will heißen: Auf diese Weise haben Sie sein Verhalten nicht etwa beseitigt, sondern sogar noch verstärkt.

2. Sie haben einen erwachsenen Hund, der durch unüberlegtes (oben angesprochenes) Training der Vorbesitzer gelernt hat, alles aufzunehmen.

3. Sie haben eine sehr verfressene Hunderasse, z. B. Labrador, Beagle, Cocker Spaniel, Berner Sennenhund oder einen Mischling aus diesen Rassen.

4. Ihr Hund ist ein ehemaliger Straßenhund, der sich bisher selbst versorgen musste. Für solche Hunde ist das Programm „Nahrungssuche" nicht vorbei, nur weil sie neuerdings regelmäßig gefüttert werden. Wenn etwas essbar ist und herumliegt, dann sollte es nicht verschwendet werden, sondern möglichst schnell seine natürliche Bestimmung erfüllen.

5. Das Gleiche gilt für Hunde, die knapp dem Hungertod entkommen sind, oder solche, die tagelang nicht gefüttert wurden. Alle diese Hunde haben die Angst gemeinsam, nie genug zu bekommen.

Verschiedene Lösungsmöglichkeiten können helfen, dass Ihr Hund dieses Verhalten in Zukunft nur noch selten oder stark abgeschwächt zeigt.

Ein Maulkorb verhindert exzessives Müllfressen.

Hier bietet der Mensch dem Hund zum Tausch für die Zeitung einen Knochen an.

Der Knochen ist eindeutig wertvoller als die trockene Zeitung.

Die folgenden drei Übungen können Sie bei jungen wie erwachsenen Hunden im Wechsel einsetzen.

1. Trainieren Sie eine Vertrauensübung, indem Sie ihm das *Tauschen* beibringen. Nehmen Sie für die nächsten paar Wochen hochwertige Tauschwaren zum Spaziergang mit wie Würstchen, Käse, gekochtes Fleisch oder Trockenfleisch. Sobald Ihr junger Hund irgendetwas ins Maul nimmt, z. B. Fichtenzapfen, Stöckchen, Steine, reden Sie leise und fröhlich auf ihn ein: „Uuiii, was hast Du denn da, zeig mal her."
Nähern Sie sich ihm langsam und höflich von der Seite, (nicht frontal, das wirkt häufig bedrohlich).
Gehen Sie in die Hocke, holen Sie Ihre tolle Tauschware aus der Tasche und bieten Sie sie dem Hund an, indem Sie sie ihm direkt hinhalten. Halten Sie Ihre Hände noch unter Kontrolle und greifen Sie noch nicht zum Objekt, sondern warten Sie ab, bis Ihr Hund sich dafür entschieden hat, Ihr Angebot anzunehmen. Wenn Ihr Hund das Objekt loslässt und Ihr Futter annimmt, greifen Sie ruhig und entspannt zu dem fallen gelassenen Objekt und inspizieren es sorgfältig. Wenn es etwas Ungefährliches ist, geben Sie es Ihrem Hund ruhig wieder zurück. Das ist eine schöne Geste, durch die Ihr Hund die Erfahrung macht, dass Sie es nur kurz ansehen, es ihm aber nicht wegnehmen wollten.
Wenn es allerdings etwas ist, was Ihr Hund lieber nicht mehr haben sollte (einen Tierschädel, einen toten Igel oder das lebende Kaninchen des Nachbarn), dann lassen Sie dieses Objekt unauffällig verschwinden (bis auf das Kaninchen), z. B. in einer Tüte, und geben Ihrem Hund mehr von Ihrer Tauschware. Entsorgen Sie die Tüte im nächsten Abfall, und nicht im Gebüsch o. Ä., sonst wird

Ihr Hund bei allen folgenden Spaziergängen danach suchen.

2. Hat Ihr Hund etwas zum Essen gefunden, was er nicht herumtragen und mitnehmen kann, wie etwa einen Haufen Pferdeäpfel, Kuhfladen, Marderkacke, etc., bietet es sich an, Ihren Hund mit demHörzeichen *„Weiter"* aufzufordern, sich von der Stelle wegzubewegen, also schlicht weiterzugehen. Aus der Nase – aus dem Sinn.

DIE INNERE HALTUNG

Bei erwachsenen Hunde, die aufgrund fehlender oder vormals ungünstiger Erziehung bereits professionelle Müllschlucker sind, ist es überaus wichtig, dass Sie gleichzeitig an Ihrer inneren Haltung arbeiten: Je mehr Sie befürchten, dass Ihr Hund alles Mögliche vom Boden frisst, umso zuverlässiger wird er dieses Verhalten ausleben. Wenn Sie dauernd daran denken, „hoffentlich frisst er nicht schon wieder etwas, hoffentlich erwischt er keinen Giftköder und nicht schon wieder einen Fremdkörper, damit ich ihn nicht operieren lassen muss ...." – dann schicken Sie ihm genau diese mentalen Bilder auf seine „Festplatte". Denken Sie immer daran, was er stattdessen und richtig machen soll.

SUCHEN ALS ALTERNATIVE

Sucht Ihr Hund ununterbrochen, geradezu zwanghaft nach Essbarem, ist eine Möglichkeit, ihn gezielt nach anderen Dingen suchen zu lassen, wie beim Training „Verlorensuche". Dabei sollten Sie auf zukünftigen Spaziergängen persönliche Dinge „verlieren" wie einen Handschuh, ein Päckchen Tempos, eine Mütze (den Schlüsselbund sparen Sie sich bitte auf, bis Ihr Hund in der Verlorensuche zuverlässig geworden ist). So bekommt Ihr Hund immerhin Anerkennung für das, was er ins Maul nimmt (siehe Fachliteratur im Anhang).

VORGEHEN BEI EHEMALIGEN STRASSENHUNDEN

Ehemalige Straßenhunde oder Hunde, die knapp dem Hungertod entkommen sind, sind taub und blind für die „Problematik", die Sie ihnen vermitteln wollen: Ihr Leben lang (manchmal seit Generationen) war die Futtersuche das natürlichste Verhalten – und nun wollen Sie ihnen einreden, dass das „falsch" sei? Wovon träumen Sie denn nachts? Stattdessen wird Ihr Hund davon ausgehen, dass Sie ihn wegscheuchen wollen, so, wie er das von früher wahrscheinlich kannte – was exakt zu dem Vertrauensverlust führen wird, den Sie unbedingt vermeiden wollen. Gerade diesen Hunden müssen Sie Zeit geben, sich an das neue Leben zu gewöhnen und zu verstehen, dass sie von nun an regelmäßig und ausreichend gefüttert werden. Es kann helfen, wenn man mit diesen Hunden nur in sattem Zustand nach draußen geht, d. h. nach der Fütterung, denn Hunger würde das Nahrungssuche-Verhalten auf der Straße natürlich fördern. Füttern Sie diesen Hunden ihre Ration über mehrere Mahlzeiten am Tag, damit Ihr Hund schnell begreift, dass zu Hause gegessen wird.

Wenn tatsächlich keiner dieser Vorschläge hilft und der Hund in „gefährdeten" Gebieten spazieren geht, sollten Sie ihm einen Maulkorb anziehen. Das ist zwar reine Vermeidungsstrategie, aber Sie werden dadurch selbst entspannter und Ihr Hund kann sich eine Zeitlang nicht mehr in sein Staubsaugerverhalten hineinsteigern – besonders, wenn Ihr täglicher Spaziergang durch den Stadtpark führt, wo es im Sommer von Essensresten nur so wimmelt. Nach ein paar Wochen sollten Sie ihn in „sicheren" Gegenden nach den o. a. Übungen unbedingt wieder ohne Maulkorb laufen lassen, bis Sie so viel Vertrauen in ihn haben, dass er sogar im Park ohne Maulkorb laufen kann. Dies sollte auf jeden Fall Ihr Ziel sein, denn ein Maulkorb ist keine Lösung fürs Leben.

STEHLEN WIE EIN RABE

Viele Hunde stehlen Essbares, weil sie nicht begreifen können, dass es tatsächlich noch von jemandem gebraucht wird, obwohl er es unbewacht herumstehen lässt. Gerade Hunde aus schlechter Haltung, ehemalige Straßenhunde oder Hunde, die immer zu wenig zu fressen bekommen haben, stehlen alles, was ansatzweise verdaut werden kann. Diese Hunde haben gelernt, dass sie alles fressen müssen, was sie erwischen, weil man nie wissen kann, wann es wieder etwas gibt. Auch Hunde, die sich immer ihr Futter „erarbeiten" mussten (also gewohnt waren, immer eine Art „Grund-Hungergefühl" zu verspüren), haben immer das Gefühl, nicht richtig satt geworden zu sein.
Die gute Nachricht ist: Bei den meisten dieser Hunde hört das von ganz alleine wieder auf, sobald sie verstehen, dass sie ab jetzt ausreichend und regelmäßig gefüttert werden. Bis dahin ist im ersten halben Jahr straffes Management gefragt: Verführen Sie ihn nicht, lassen Sie nichts unbeobachtet herumstehen, kein Brot, keinen Kuchen (auch nicht bei halbgeöffneter Ofentür zum Auskühlen – Nano, der graue Galgo von Katharina, schaffte es in seiner Anfangszeit, die Ofentür ganz zu öffnen und einen Käsekuchen zur Hälfte aufzufressen, bevor er erwischt wurde. Heutzutage würde er derlei nie mehr tun, denn mittlerweile mag er keine süßen Sachen mehr), erst recht keine Wurst oder Käse, vom Sonntagsbraten gar nicht erst zu reden.
Außerdem sorgen Sie auf diese Weise für mehr Ruhe beim Hund, denn er hat nicht die ganze Zeit im Hinterkopf, dass er noch nachsehen muss, ob nicht irgendwo noch Essbares vernichtet werden muss (denken Sie daran, was in Ihrem Kopf vorgeht, wenn Sie sich geschworen haben abzunehmen, in der Speisekammer liegt aber eine volle Tüte M&Ms mit Erdnüssen. Die Diät verschieben Sie dann wohl doch auf morgen).

Stanley behält die Versorgungslage genau im Blick und wird im geeigneten Moment zuschlagen.

Ausbruchskönige

Wenn Ihr Hund als Straßenhund eingesammelt wurde, stehen die Chancen gut, dass er ein Talent dafür hat, immer wieder Möglichkeiten zu finden, seinen Freiheitsdrang auszuleben. Auch Langeweile, Aufregung oder Angst können einen Hund dazu verleiten, sich Wege in die Freiheit zu suchen – ganz zu schweigen von der Selbstbelohnung, wenn der Hund erst einmal verstanden hat, wie irre lustig es ist, alleine die Nachbarschaft unsicher zu machen, Hasen und Katzen zu jagen, mit den Nachbarhunden zu spielen und fremden Müll zu untersuchen.

VORBEUGUNG UND MANAGEMENT

Das Allerwichtigste im Umgang mit einem solchen Freiheitskämpfer sind Vorbeugung und Management.
Sein großer Vorteil ist, dass er – auch wenn er in seinem früheren Zuhause ein wahrer Entfesslungskünstler war – bisher noch nie aus Ihrem Zuhause abgehauen ist: Sie können also einen Neuanfang mit ihm wagen. Er darf aber gar nicht erst auf die Idee kommen, dass das in seiner neuen Umgebung auch möglich wäre. Es spielt dabei keine Rolle, wie groß oder klein der Hund ist – wer unbedingt nach draußen will, der schafft es auch – wenn der Mensch nicht aufpasst. „Wie schwach und krank sein Leib, doch wie kraftvoll war sein Werk!" könnte man frei nach Friedrich Schiller ausrufen, wenn man manche Tunnel betrachtet, die sehr kleine Hunde sehr zielstrebig unterm Zaun durch gebuddelt haben.

Machen Sie also Prophylaxe zu Ihrer Religion

1. Bevor Sie Ihren neuen Hund nach Hause holen, sorgen Sie dafür, dass Ihr Zaun nicht nur absolut dicht ist, sondern auch hoch genug (bei Hunden, die gerne springen, je nach Größe zwischen 1,50 und 1,80 Meter) und möglichst 20 Zentimeter in den Boden eingelassen ist. Achten Sie auf Löcher und lose Zaunstreben – wenn nicht Sie, wird Ihr Hund sie finden! Wenn Sie einen Hund adoptiert haben, der ein Springer und ein Kletterer ist (wie z. B. Podencos oder manche Jack Russels), pflanzen Sie eine Hecke in seine Startbahn. Bringen Sie am oberen Ende des Zaunes eine Verlängerung in einem 45 Grad-Winkel nach innen an. Damit kann er beim besten Willen nicht über den Zaun. Fühlen Sie sich wie in einem Strafgefängnis? Pflanzen Sie Geißblatt an den Zaun. Sieht sehr hübsch aus, wuchert und duftet wundervoll.

2. Achten Sie darauf, dass nichts am Zaun steht, was Ihrem Hund als Startrampe dienen könnte – keine Holzstapel, keine Hundehütte, keine alte Tonne.

3. Wenn Ihr Hund ein Ausgräber ist, versenken Sie mindestens 20 Zentimeter Zaun in den Boden mit zusätzlichen 30 Zentimeter, die im Boden nach innen gebogen werden. Wenn der Zaun nicht tief genug eingegraben ist, bringen Sie Ihrem Hund damit nur bei, noch tiefer zu graben.

4. Bringen Sie Ihrem Hund bei, nur auf Kommando (wie z. B. „Frei!“) durch offene Türen zu gehen (siehe Grenzensetzen Seite 114 f.). Er darf nicht von sich aus durch eine offene Tür nach draußen rennen, nie und nirgends: Das ist ein Gesetz, keine Regel, und nicht verhandelbar.

5. Wenn Sie einen Hund haben, der Türen öffnen kann, müssen Sie hundesichere Schnappschlösser installieren – auch an den Gartentüren. Es gibt auch automatische Türschließer für Gartentore im Baumarkt. Zusätzlich sollten Sie an den Gartentüren ein Vorhängeschloß anbringen, damit kein Besucher oder Kind das Tor versehentlich unverschlossen lässt.

6. Sorgen Sie dafür, dass Ihr Hund sich nicht alleine im Garten langweilt. In diesem Fall gilt: Ein müder Hund ist ein guter Hund – wenn er ausgelastet und entspannt ist, kommt er nicht auf die Idee, sich sein Unterhaltungsprogramm woanders zu suchen.

7. Wenn Sie nicht zu Hause sind, lassen Sie Ihren Hund nicht alleine im Garten, sondern im Haus. Langeweile und Einsamkeit sind starke Motivationen, aus dem Garten abzuhauen, und wenn er stundenlang alleine im Garten hockt, hat er viel Zeit, seine Flucht sorgfältig zu planen.

8. Lassen Sie Ihren Hund nicht in den Garten ohne Halsband mit einem Anhänger daran, auf dem Ihre Telefonnummer steht.

Hunde, die sich allein gelassen im Garten langweilen, haben genügend Zeit, den Zaun auf etwaige Löcher und Schwachstellen zu überprüfen.

9. Wenn die finanziellen Möglichkeiten für einen ausbruchsicheren Garten nicht ausreichen, dann trennen Sie einen Teil des Gartens als eigenen kleinen Hundegarten ab. Die Punkte 6. und 7. gelten auch in diesem Fall.

10. Wenn Sie einen Hund haben, der bereits gelernt hat, wie vom Henker gejagt durch die offene Haustür zu flitzen, müssen Sie, wenn möglich, neben konsequentem Training des Grenzensetzens (in diesem Fall mit Hausschleppleine) eine Schleuse bauen, eine Art Doppeltür-System, damit er, falls er Ihnen durchgeht, nur vor der nächsten Tür steht. Wenn das nicht geht, installieren Sie ein ausreichend hohes Türgitter.
    In einem Mehrfamilienhaus kommt nach der Wohnungstür gewöhnlich der Hausflur mit der nächsten Tür. Sollte die ab und zu offen stehen, bringen Sie eine Türfeder an, damit die Tür sich von alleine schließt, wenn jemand sie achtlos offen stehen lassen hat. Diese Türfedern gibt es auch für den Wohnungs-Innenbereich.

GESUNDHEIT
— *und Ernährung*

Ernährung

Hunde aus dem Tierschutz sind meistens eher schlecht als recht und sehr kohlenhydratreich ernährt worden. Straßenhunde sowieso, denn sie leben vor allem von Essensresten, Pizza, Brot, etc. Auch die Windhunde in Spanien werden hauptsächlich mit altem, harten Brot ernährt und bekommen meistens höchstens zweimal die Woche Fleisch oder Trockenfutter. Eine Umstellung auf Premium-Futter oder gar Frischfleisch-Rationen mit einem Proteingehalt von über 60 oder 70 Prozent ist zwar gut gemeint, würde ihr Verdauungssystem aber völlig überfordern, das außerdem noch von anhaltendem Stress angegriffen ist.
Wenn der Hund jetzt allerdings zu allem äußeren Stress (auch, wenn wir wissen, dass er ab jetzt ein großartiges Leben haben wird, ist ihm selbst das möglicherweise noch nicht so klar) auch noch Bauchweh und Durchfall bekommt, ist ihm nur noch schwer zu helfen.

Gerade in der Anfangszeit freut sich der gestresste Darm über Kohlenhydrate.

TIERSCHUTZHUNDE RICHTIG FÜTTERN

Füttern Sie Ihrem Hund zu Anfang ein simples, nicht besonders hochwertiges Futter (achten Sie allerdings darauf, dass es keinen Zucker enthält): Mit einem so genannten Premium-Futter aus vielen verschiedenen Komponenten, Kräutern, unendlichen Mengen an Obst- und Gemüsesorten und mehreren unterschiedlichen Proteinsorten würden Sie seinen Darm heillos überfordern. Überwinden Sie sich – Ihr Hund musste solange von billigem Futter überleben, dass es auf ein paar Wochen mehr nicht ankommt, solange er momentan kein Bauchweh hat. Es ist in der stressigen Anfangsphase wichtig, dass er keinen Durchfall hat, damit er und Sie sich auf einen Stubenreinheitsrhythmus einigen können und nicht dauernd durch zusätzliche Katastrophen auf dem weißen Berberteppich überfordert werden.
Zum Frühstück sollten Sie ihm einen Porridge anbieten, den Sie aus einer Tasse Haferflocken auf zwei Tassen Wasser, einer Prise Salz und einem Teelöffel Leinsamenschrot aufkochen. Haferflocken sind ein echtes Super-Food, denn sie enthalten als einziges Lebensmittel alle neun Aminosäuren. Gleichzeitig sind sie hochbekömmlich. Leinsamen enthält spezielle Schleimstoffe, die die Magen- und Darmschleimhaut beruhigen. Die Kohlenhydrate sind gut für die Nerven, wie wir auf der nächsten Seite erklären werden, und auch ein angegriffener Darm freut sich sehr darüber, wenn er sich mit hochbekömmlichem Haferbrei beruhigen darf. Wenn der Hund den Porridge

Füttern Sie anfangs nicht zu hochwertig.

nicht ohne Weiteres fressen möchte, können Sie zwei Teelöffel Sahne oder etwas flüssige Butter darüber geben.
Nach ca. zwei Wochen Eingewöhnungszeit ohne besondere verdauliche Vorkommnisse können Sie das Futter „aufbessern". Ersetzen Sie einen Teil der Ration mit Frischfleisch, gekochtem Fleisch oder einer guten Dose, fügen Sie Hüttenkäse oder pürierte Äpfel oder Bananen dazu.

WIE VIEL FUTTER BRAUCHT MEIN HUND?

Je mehr Muskelmasse ein Hund hat, desto höher ist sein Grundverbrauch und damit sein Kalorienverbrauch. Tiere mit sehr dünnem Fell verbrauchen viel Energie, weil sie viel Wärme über die Haut verlieren. Hunde mit viel Fell und/oder viel Unterhautfett sind gut isoliert und verbrauchen entsprechend weniger Kalorien.

Der durchschnittliche Energiebedarf eines ausgewachsenen Hundes liegt bei etwa 95 kcal/ kg Körpergewicht hoch 0,75, um sein Idealgewicht zu halten. Sehr aktive Hunde benötigen etwa 30 Prozent mehr (also ca. 125 kcal/kg Körpergewicht), sehr ruhige oder alte Hunde 30 Prozent weniger (also etwa 65 kcal/kg Köpergewicht).

FUTTER FÜR DIE NERVEN

Nicht nur Durchfall, Blähungen oder Bauchweh können zu einem schwierigem, angespanntem Verhalten führen. Eine unausgewogene Ernährung eines Hundes kann Auslöser für Verhaltensänderungen sein – und eine ausgewogene Ernährung kann das Verhalten nachweislich positiv beeinflussen. 1987 promovierte der britische Tierarzt Dr. Roger Mugford zum Thema Hundeernährung und Verhalten („The influence of nutrition on canine behaviour") und bewies bereits damals in seinen Studien, dass aggressive Hunde, die auf Futter aus drei Vierteln Vollkornreis und einem Viertel Protein umgestellt wurden, nach wenigen Wochen wieder ausgeglichen und freundlich waren. Auch mehrere Studien der amerikanischen Psychologin Holly C. Miller belegten den Zusammenhang von Gelassenheit, Selbstbeherrschung und den dafür notwendigen Gehirnvorgängen im Zusammenhang mit dem Stoffwechsel. In einer Studie aus dem Jahr 2015 (Miller, Pattison et al) stellte sich heraus, dass Hunde, die Kopfarbeit leisten sollen, Stress ausgesetzt sind oder über schlechte Impulskontrolle oder Frustrationstoleranz verfügen, deutlich gelassener bleiben, sich viel besser und länger konzentrieren können und auch lösungsorientierter handeln können, wenn sie vorher ausreichend mit Kohlenhydraten versorgt wurden. Die Gabe von Kohlenhydraten kann ein momentanes Nachlassen von Impulskontrolle und

Stressresistenz sogar ganz unmittelbar ausgleichen – will heißen: Sie können einen gerade überforderten, gestressten Hund sehr unterstützen, indem Sie ihm ein Vollkornbrot mit etwas Butter oder gar Leberwurst geben.
Der Hund ist im Gegensatz zur landläufigen Meinung keineswegs ein Fleisch-, sondern ein Allesfresser. Studien des Evolutionswissenschaftlers E. Axelsson an der Universität Uppsala konnten nachweisen, dass der Hund im Gegensatz zum Wolf über ausreichend Enzyme im Darm verfügt, um Stärke nicht nur verdauen, sondern vor allem nutzen zu können. Der Hund profitiert seit über 60 000 Jahren von der unmittelbaren Nähe des Menschen und der Versorgung durch ihn – und nachdem Fleisch bis zur Erfindung der Massentierhaltung ein wertvolles Gut war, wurden Hunde eher mit Getreidebreis ernährt als mit Nackensteak.

Wichtig: Bei nervösen, aggressiven, ängstlichen oder hyperaktiven Hunden sollte man bei der Fütterung von Fertigfutter vor allem auf den Gehalt an Rohprotein achten, der sich möglichst im unteren Bereich – ca. 45 Prozent bei Nassfutter – befinden sollte.

Wenn Sie das Futter Ihres Hundes selbst herstellen möchten, sollte es dementsprechend idealerweise aus zwei Teilen Kohlenhydrate, wie z. B. Haferflocken, gepopptem Amaranth, Hirseflocken, gekochtem Reis oder gekochten Kartoffeln, zwei Teilen Obst und Gemüse und einem Teil Eiweiß, wie Fleisch, Hüttenkäse, Quark, gekochtem Ei, einem oder zwei hochwertigen (Bio-)Ölen und einem Vitamin- und Mineralzusatz bestehen.
Wenn Haut und Fell Ihres Hundes sehr angegriffen sind, sollten Sie ihm zusätzlich Zink füttern (was vor allem in Blut, Fell und Federn enthalten ist, was wir heutzutage nicht mehr füttern, aber essenziell für die Versorgung der Haut ist). Ein erwachsener Hund braucht ca. 2 Milligramm Zink pro Kilogramm Körpergewicht. Stress kostet den Körper Zink, weshalb viele Hunde, die sich dauernd kratzen, oft gar nicht an „Unverträglichkeiten" leiden, sondern schlicht Zinkmangel haben.
Nahrungsmittel, die sich bei gestressten Hunden sehr bewährt haben, sind Banane, Putenfleisch, Spinat, Bierhefeflocken, Sojaprodukte, Fisch – alles Nahrungsmittel, die viel Tryptophan enthalten. Diese Aminosäure ist eine Vorstufe des „Glückshormons" Serotonin. Man nimmt an, dass bei einem hohen Proteingehalt das Tryptophan nicht ausreichend durch die Blut-Hirn-Schranke transportiert wird, was das Verhalten von Hunden massiv beeinflusst. Die Aufnahme von Tryptophan im Gehirn wird übrigens bei gleichzeitiger Aufnahme von Kohlenhydraten erleichert.
Bei nervösen, gestressten, hyperaktiven oder ängstlichen Hunden haben sich Vitamine aus dem B-Komplex und Magnesium als sehr beruhigend bewährt. Auch mehrfach ungesättigte Fettsäuren wie die Omega-6-Fettsäuren (in Sonnenblumen- oder Maisöl) und Omega-3-Fettäsuren (in Leinsamen-, Lachs-, Sonnenblumen-, Walnuss- und Rapsöl und im Fett von Makrele, Thunfisch Lachs, Hering und Forelle) wirken sich sehr gut auf Lernverhalten und Verhalten aus (ungesättigte Fettsäuren schützen die Gehirnzellen vor oxidativem Stress), weil sie die Gedächtnisleistung und die Lernfähigkeit unterstützen.
Auch die Bedeutung von Kokosöl auf den Gehirnstoffwechsel ist mittlerweile erforscht. Studien haben gezeigt, dass der regelmäßige Konsum von Kokosöl die Verfügbarkeit von Omega-3-Fettsäuren im Gehirn verbessert – ganz abgesehen davon, dass es außerdem antibakteriell und entzündungshemmend wirkt, sich also sehr gut als Wunddressing und Zahnputzmittel eignet.

Krankheiten

SOGENANNTE MITTELMEERKRANKHEITEN

Ein besonderer Aspekt des Auslandstierschutzes sind die „Mittelmeerkrankheiten“. Damit sind verschiedene Infektionskrankheiten gemeint, die durch Parasiten übertragen werden und überwiegend in südlichen Ländern verbreitet sind. Über diese Krankheiten herrschen bis heute Irrtümer und Mythen. Wenn man sich also für einen Hund aus den südlichen Ländern interessiert, sollte man diese Krankheiten kennen, denn so lange sie rechtzeitig erkannt werden, lassen sie sich in den allermeisten Fällen sehr gut behandeln.

LEISHMANIOSE

Die Leishmaniose-Erkrankung kann sowohl Hunde als auch Menschen befallen. Überträger ist die Sandmücke, die vor allem im Mittelmeerraum und im Nahen Osten vorkommt. Die winzigen Mückenarten sind nachtaktive Blutsauger und verbergen sich tagsüber an kühlen und feuchten Plätzen wie Keller, Ställe, Felsspalten oder Nagetierhöhlen vor dem Sonnenlicht. Wenn sie ein Tier attackieren, suchen sie zunächst eine gering behaarte Stelle und stechen daher im Kopfbereich bevorzugt an Schnauze oder Auge. Während in den betroffenen Regionen alle Hunde regelmäßig von Sandmücken gestochen werden, sind nur etwa 20 Prozent der Erreger infiziert. Auch beim Menschen existieren Leishmaniose-Erkrankungen, wobei vor allem Kinder und Menschen mit geschwächter Immunabwehr befallen werden.

Eine direkte Form der Ansteckung, etwa über Blut oder Speichel ist *nicht* nachgewiesen; eine Ansteckung von Hund zu Mensch, oder Hund zu Hund ist nicht möglich.
Der Erreger ist ein einzelliger Parasit. Die Inkubationszeit der Infektion ist sehr langsam und kann mehrere Jahre dauern, bevor sich eine chronische Erkrankung entwickelt. Kommt es dann zum Ausbruch, beschleunigt sich der Krankheitsverlauf, und die Hunde können innerhalb der nächsten Wochen oder Monate sterben.

Die Symptome sind vielfältig und könnten auch auf andere Erkrankungen hinweisen (ein Bluttest ist unbedingt notwendig). Sie reichen über Hautschädigungen wie Haarausfall, Hautschuppungen, Geschwürbildungen und „Ausfransen“ der Ohrenränder über Lahmheit zu Augenerkrankungen und Nasenbluten. Hinzu kommen Gewichtsverlust und Appetitlosigkeit, Durchfall, Blutarmut und Nierenversagen.

Behandlung Für Hunde stehen zahlreiche therapeutische Verfahren zur Verfügung, die individuell, je nach Erregerstamm, Konstitution und Hunderasse eingesetzt werden müssen. Für einen Therapie-Erfolg ist der Nachweis des Erregerstammes nötig. Die eigentliche Behandlung kann nur individuell erfolgen; es stehen mittlerweile verschiedene Präparate zur Verfügung, die grundsätzlich in Kombination und auf den jeweiligen Hund abgestimmt werden müssen. Je früher beim Auftreten von Symptomen und Erregernachweis mit der Therapie begonnen wird, desto besser sind die Heilungschancen. Im Umgang mit infizierten Tieren besteht für den Menschen **keine Gefahr**, sich zu infizieren.

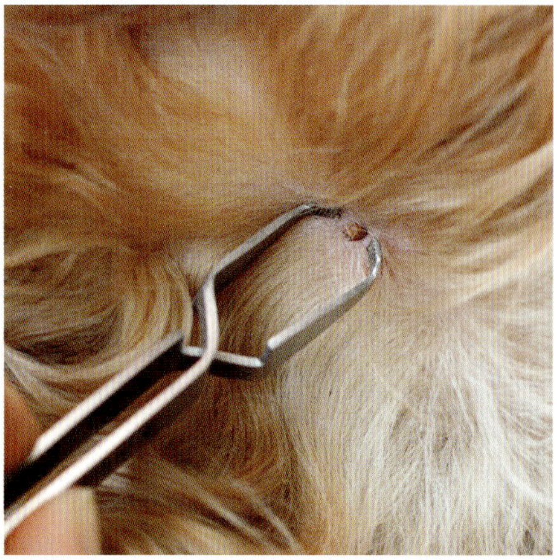

Die Zecke mit der Pinzette direkt an der Haut greifen

Zecken können ernstzunehmende Krankheiten übertragen.

Es gibt keinen einzigen nachgewiesenen Fall, bei dem sich der Mensch durch einen Hund infiziert hat.

EHRLICHIOSE

Die canine Ehrlichiose ist eine akute bis chronische Infektionskrankheit, die durch die Bakterien Ehrlichien verursacht und durch Zecken übertragen wird. Die Übertragung von der Zecke auf den Hund erfolgt dabei relativ schnell und kann bereits drei Stunden nach dem Anheften der Zecke erfolgen. Ehrlichien befallen die weißen Blutkörperchen und schädigen das Immunsystem. Eine unbehandelte Ehrlichiose kann infolge zunehmender, ggf. über Jahre andauernder, schleichender Blutungsneigung zum Tod des Tieres führen.

Die Symptome sind meist unspezifisch und sehr breit gefächert. Alle Hunderassen, vor allem Welpen, sind betroffen. Nach einer Inkubationszeit von knapp drei Wochen zeigen die Tiere in der akuten Phase ständig wiederkehrendes Fieber, Nasenbluten oder schleimig-eitrigen Nasenausfluss, Erbrechen, Atemnot, angeschwollene Lymphknoten und manchmal zentralnervöse Störungen wie Muskelzucken und Überempfindlichkeit. Diese Akutphase dauert etwa zwei bis vier Wochen und kann über Wochen oder Jahre in ein subklinisches Stadium übergehen, in dem die Hunde keine Symptome zeigen. Nach der symptomfreien Phase beginnt das chronische Stadium mit Blutungen und Ödemen, Lethargie, Abmagerung, Anämie, Gelenkserkrankungen und Meningoenzephalitis mit Krämpfen und Lähmungen. Eine stark erhöhte Blutungsneigung tritt allerdings nur in etwa einem Viertel der betroffenen Fälle auf.

Behandlung Ehrlichiose wird mit Doxycyclin Hyclat behandelt, einem Antibiotikum, das mindestens über einen Zeitraum von vier bis sechs Wochen verabreicht werden sollte. Ein erneuter Test kann einen deutlich höheren Titer aufzeigen. Man kann zur Vorsicht eine zweite Gabe von Doxycyclin anschließen. Der Hund ist damit ausreichend gegen die Ehrlichose behandelt, obwohl der Titer bis zu zwei Jahre im Blut nachweisbar sein kann.

BABESIOSE

Man nennt die Babesiose oder Piroplasmose auch Hundemalaria (Gelbsucht). Die Krankheit wird durch zwei Zeckenarten übertragen, durch die „baune Hundezecke“ und die Auwaldzecke. Auch Menschen können von Zecken infiziert werden – die Krankheit ist aber nicht vom Hund auf den Menschen

Anfangs sind Zecken klein und braun, vollgesogen grau und glänzend.

übertragbar. Beim Biss der Zecken werden die Babesien auf den Hund übertragen, dringen in die roten Blutkörperchen ein und zerstören sie.

Symptome Ein bis drei Wochen nach dem infektiösen Stich folgt gewöhnlich hohes Fieber. Wenn das Fieber überstanden ist, setzen Lethargie, Schwäche, Appetitlosigkeit und daraus bedingter Gewichtsverlust und Gelbsucht ein – der Hund bekommt braunen Urin und wirkt gelb.

Behandlung Allerdings ist Babesiose sehr gut behandelbar. Wenn man sie ab Anfangsstadium behandelt, gibt es sehr gute Chancen, sie auszuheilen. Behandelt werden sollte mit der Injektionslösung Carbesia®. Die Behandlung mit Carbesia sollte abgeschlossen sein, bevor für evtl. andere Krankheiten weitere Medikamente verabreicht werden, um eine Nierenschädigung auszuschließen. Babesiose existiert vor allem aber im Mittelmeerraum sowie in östlichen Ländern, mittlerweile aber auch in vielen Europäischen Ländern und sogar in Süddeutschland. Die Babesien befallen die roten Blutkörperchen und zerstören sie. Bei zu später Erkennung führt Babesiose häufig zum Tod des Tieres. Falls der Hund von mehreren parasitären Krankheiten befallen ist, sollte die Babesiose auf jeden Fall als erstes therapiert werden, denn eine Erkrankung mit Babesiose kann den Titer (die Ermittlung des Titers ist in der Medizin eine übliche Methode, um beispielsweise eine Immunität nach einer Impfung oder den Anstieg der Konzentration von Antikörpern während einer akuten Infektionskrankheit zu beurteilen) anderer Erkrankungen erhöhen und verfälschen. Spot-On-Präparate mit dem Wirkstoff Permethrin haben eine abweisende und abtötende Wirkung auf die Zecken – allerdings verträgt nicht jeder Hund diese.

FILARIEN

Filarien gehören zu den Fadenwürmern und leben vor allem in den Blut- und Lymphgefäßen von Säugetieren. Auf Hunde übertragen sie die „kardiovaskuläre Dirofilariose" (Herzwurmerkrankung), *Dirofilaria repens* die „kutane Dirofilariose", bei der die Parasiten sich in das Unterhautgewebe des Hundes einnisten und gelegentlich Hautknoten, Schwellungen, Juckreiz, Abszesse und Haarausfall auslösen können, die häufig aber auch völlig *ohne* klinische Symptome verläuft.

Symptome Vorkommen können Symptome wie Husten, Gewichtsverlust, Schwäche, Atemnot (Herz- oder Organfilarie) oder Hauterhebungen und Ekzeme (Hautfilarie). Zuverlässiger als die Symptombeobachtung ist ein sogenannter ELISA-Test. Filarien können außerdem über den sogenannten KNOTTEST nachgewiesen werden. Eine direkte Ansteckung von Hund zu Hund oder Hund zu Mensch ist nicht möglich.

Behandlung Wurde der Hund positiv getestet, ist er nach Gabe des Spot Ons Advocate nicht mehr ansteckend. Zur Therapie der Filarien hat sich vor allem Doxycyclin Hyclat bewährt.

ANAPLASMOSE

Die Anaplasmose ist eine bakterielle Infektionskrankheit, die durch Zeckenstiche übertragen wird – und zwar auch von der bei uns üblichen Zeckenart, dem Holzbock. Von den

Hunde mit starkem Durchfall sind gewöhnlich sehr schlapp.

Zecken in Deutschland sind ca. 2 – 5 Prozent mit dem Erreger befallen, will heißen: Jede 20. Zecke kann mit dem Erreger infiziert sein und den Menschen oder Hunde infizieren. Nach der Infektion befallen die Anaplasmen bestimmte weiße Blutzellen (Granulozyten), vermehren sich in ihnen und zerstören sie.

Symptome Die klinischen Symptome der Anaplasmose reichen von Apathie, hohem Fieber über 3 – 5 Tage, Erbrechen, Durchfall, Gewichtsverlust, Milz- und Lebervergrößerung, Atemnot, Ödemen in den Gliedmaßen und Lymphknotenschwellungen bis hin zu Bewegungsunlust und Lahmheiten aufgrund von Gelenkentzündungen (Polyarthritis) und Gelenkschwellungen. Auch das Zentrale Nervensystem kann betroffen sein (Krämpfe, Gleichgewichtsstörungen, Lähmungen). Im Blutbild fallen zu wenig Blutplättchen (Thrombozyten), zu wenig weiße Blutkörperchen (Leukozyten) und zu wenige rote Blutkörperchen (Erythrozyten), also eine Anämie auf.

Erst nach etwa einem Monat nach der Infektion können im Blut vorkommende Antikörper nachgewiesen werden. Normalerweise treten auch erst zu diesem Zeitpunkt beim Hund Symptome auf. Bei einem unklaren serologischen Befund eignet sich zum direkten Erregernachweis der PCR, wie auch zur Therapiekontrolle.

Behandlung und Prognose Zur Behandlung der Anaplasmose hat sich das Antibiotikum Doxycyclin Hyclat bewährt (über einen Zeitraum von mindestens vier bis sechs Wochen). Zusätzlich sollten die einzelnen Beschwerden symptomatisch behandelt werden. Die Prognose ist bei rechtzeitiger Behandlung in der Regel günstig.

DURCHFALL

Durchfälle entstehen, weil bestimmte Bakterien oder Viren den Darm besiedeln und Giftstoffe freisetzen. Erkrankungen des Magen-Darm-Trakts kommen recht häufig vor und können auf Futterfehler oder akute wie auch chronische Erkrankungen hinweisen – sehr häufig allerdings entsteht gerade Durchfall aufgrund von Stress.

Tierärzte verschreiben bei Durchfall häufig Antibiotika, was im ersten Moment auch zu helfen scheint – gleichzeitig greifen Antibiotika allerdings die Darmflora enorm an, weshalb sich bald wieder Durchfall einstellt – und ein sogenannter Circulus Viciosus (ein Teufelskreis) entsteht.

SOFORTMASSNAHMEN

Als allererste Maßnahme sollten Sie Ihren Hund unbedingt auf Nulldiät setzen. Füttern Sie bitte nicht aus Mitleid doch irgendetwas – so besteht die Gefahr, dass der Durchfall schlimmer wird, weil der Darm nicht zur Ruhe kommen kann, oder sich eine Allergie entwickelt. Flüssigkeit wie Wasser mit Elektrolytlösungen, verdünnten Schwarztee oder die Moro'sche Karottensuppe dürfen Sie ihm allerdings anbieten.

MORO'SCHE KAROTTENSUPPE

Diese wunderbare Karottensuppe kann bei Durchfall die Behandlung mit Antibiotika ersetzen. Als Heilmittel wurde sie vom Heidelberger Kinderarzt Professor Ernst Moro, der auch im Jahre 1900 als Erster den *Lactobacillus acidophilus* beschrieb, entdeckt und nach ihm benannt. Er verordnete sie seit 1908 seinen jungen Patienten und konnte damit die Sterbe- und Komplikationsrate von Kindern mit Durchfallerkrankungen drastisch senken. Sie wirkt so hervorragend, weil beim Kochen der Karotten kleinste Zuckermoleküle entstehen, sogenannte Oligosaccharide, die den Rezeptoren der Darmschleimhaut zum Verwechseln ähnlich sind. Dadurch können die Bakterien statt an der Darmwand an den Zuckermolekülen andocken und einfach ausgeschieden werden.
500 Gramm geschälte Karotten mit einem Liter Wasser mindestens 1 ½ Stunden köcheln lassen. Anschließend pürieren Sie die Karotten mit dem Kochwasser, füllen den Brei noch einmal mit 1 Liter gekochtem Wasser auf und fügen 3 Gramm Salz hinzu. Vor dem Füttern abkühlen lassen.
Diese Suppe können Sie 4 – 5 Mal täglich in kleinen Portionen verfüttern. Sollte Ihr Hund sich weigern, die Suppe pur zu fressen, können Sie eine winzige Menge Hühnerfleisch kochen und hineingeben.

SCHONKOST DANACH

Sobald der Durchfall besser wird, können Sie mit Schonkost anfangen, z. B. Hühnchenfleisch mit gekochtem weißen Reis mit (gekochtem) Leinsamenschrot und Hüttenkäse, oder Haferschleim mit Eigelb. Das Futter sollte immer auf mehrere Mahlzeiten verteil werden. Sehr hilfreich ist es, wenn Sie pro Mahlzeit 1 – 2 EL Heilmoor unter das Futter mischen, um auf diese Weise Giftstoffe aus dem Darm zu binden und auszuleiten.
Nach einer Woche können Sie wieder sein normales Futter geben.

ALLERGIEN

Allergien sind überschießende Abwehrreaktionen des Immunsystems auf eigentlich völlig harmlose Stoffe aus der Umwelt, d. h. der Körper stuft einen Stoff als „gefährlich" ein und versucht, sich dagegen zu schützen. Leider entstehen sie sehr häufig aufgrund von Fütterungsfehlern bzw. aufgrund von unbehandelten Darmschleimhautentzündungen – und nicht so sehr, weil die Umwelt heutzutage so schlecht ist oder Hunde z. B. mit kommerziellem Futter ernährt werden. Tatsächlich liegen nur bei 1 Prozent der Hunde „echte" Futtermittelallergien vor – alle anderen leiden unter einer Unverträglichkeit. Für eine Therapie ist das egal, auf jeden Fall muss das Futtermittel, das nicht vertragen wird, vermieden werden.

Die Darmschleimhaut ist die innere Auskleidung des Darmes und schützt den Darm nicht nur vor Erregern, sondern hilft ihm bei der Verdauung und unterstützt das Immunsystem. Die Darmschleimhaut enthält rund 70 Prozent der Zellen, die Antikörper produzieren. Dringen Krankheitserreger ein, erkennt das Immunsystem sie und vernichtet sie in der weiteren Folge. Außerdem ist die Darmschleimhaut eine Schutzbarriere, die verhindert, dass giftige Stoffe in den Darm und größere Nahrungsmoleküle ins Blut übergehen können. Die werden dann vom Immunsystem als „gefährlich" eingestuft, und der Körper bildet Antikörper, wodurch Allergien gegen diese

Nahrungsbestandteile entstehen können. Deshalb ist es so überaus wichtig, den Hund bei einem Darmkatarrh 12 bis 48 Stunden fasten zu lassen.

Gerade ehemalige Straßenhunde neigen tatsächlich häufiger zu Allergien oder Unverträglichkeiten, weil sie in ihrem Vorleben aufgrund der Nahrungsknappheit Bauchweh und Darmentzündungen ignorieren und trotzdem fressen mussten, was sie finden konnten.

MILBEN

Milben gehören zu den Ektoparasiten, die nicht nur unangenehm für den Hund sind, sondern auch Allergien auslösen und Hautveränderungen durch das Einschleppen von Bakterien und Pilzen hervorrufen können. Gerade die Demodex-Milbe ist sehr häufig – im Grunde kommt sie bei jedem Hund vor und lebt dort in den Haarfollikeln. Durch Krankheit, Fehlernährung oder durch ein schwaches Immunsystem durch Stress kann es zu einer massiven Vermehrung der Demodex-Milben kommen. Dabei kann der Befall rund 80 000 Demodex Milben pro Quadratzentimeter betragen. Dementsprechend leiden Hunde aus dem Tierheim oder von ausländischen Tierschutzorganisationen häufig unter Milbenbefall, denn der Stress, den sie in Zwingern, Auffanglagern, in großen Hundegruppen etc. erleben müssen, schwächt natürlich ihr Immunsystem massiv, außerdem sind sie über einen langen Zeitraum häufig fehlernährt worden.

Gerade Hängeohren bieten ein super Klima für Milben.

Symptome und Behandlung Die Hunde sehen oft aus, als hätten sie starke Schuppen (in länglicher Form), haben haarlose, meist kreisrunde Stellen und jucken sich stark.
In den meisten Fällen kommt es außerdem zu einer Infektion durch Bakterien, die von den Demodex-Milben übertragen wurden. Werden Demodex-Milben nicht behandelt, kann es zu schweren Erkrankungen durch bakterielle Infektionen kommen und für den Hund lebensbedrohlich werden. Dagegen sind sie im Grunde einfach zu behandeln mit Stronghold, einem SpotOn, Advocate, ebenfalls einem SpotOn, oder der Kautablette Simparica – immer in Absprache mit Ihrem Tierarzt.
Zusätzlich sollten Sie den Hund regelmäßig mit einem milden Shampoo baden, wie z. B. dem „Dermazyme Losham Basis Shampoo“, einem hyperallergenem Shampoo, das Omega-6-Fettsäuren enthält, die sehr nahrhaft für geschädigte Hautbarrieren sind, um die Haut gegen Austrocknung und das Eindringen von Mikroorganismen zu schützen. Haut und Fell werden weich, fester und glänzend und schützen so vor Zweitinfektionen.

Krallen immer scheibchenweise schneiden

KRALLENPFLEGE

Sehr viele Hunde aus zweiter Hand haben deutlich zu lange Krallen. Das ist nicht nur problematisch, weil zu lange Krallen brechen oder einreißen können – sie können vor allem echte orthopädische Probleme verursachen oder auch „nur" Schmerzen beim Laufen. Sie können Lahmheiten und Verletzungen auslösen, weil der Hund versucht, sich so zu bewegen, dass nicht jeder Schritt unangenehm ist.

Tiefenwahrnehmung Die Pfoten unserer Hunde sind voller Nerven, die ihnen bei der Tiefenwahrnehmung helfen: Wo der Körper sich eigentlich im Raum befindet und wie ihre Relation zum Boden ist (will heißen: Wo ist z. B. oben, wo unten). Wenn die Krallen des Hundes zu lang sind, kommen diese Botschaften im Gehirn allerdings durcheinander und verändern seinen Gang und seine Haltung. Ein Hund mit langen Krallen kann nicht mehr so stehen, dass seine Beine senkrecht auf den Boden treffen. Stattdessen wird er eine Haltung wie eine Ziege auf einem Felsen annehmen, bei der die Vorderläufe hinter der Senkrechten und seine Hinterläufe unter ihm stehen, damit er nicht nach vorne überfällt.

Unterhält man sich mit Hunde-Physiotherapeuten oder – Orthopäden, bestätigen diese im Allgemeinen, dass das Krallenschneiden ganz oben auf ihrer Liste steht.

Fehlstellungen Hunde, die im Zwinger oder in Auffanglagern untergebracht waren, haben oft richtige Fehlstellungen: Je länger die Krallen auf hartem Boden werden, desto mehr verlagert der Hund sein Gewicht auf den hinteren Ballen – während er normalerweise auf allen Zehen und Ballen gleichmäßig steht. Sobald die Krallen regelmäßig und richtig gekürzt werden, verändert sich die Haltung des Hundes, sogar Plattfüße (gerade bei Windhunden aus dem Tierschutz) können wieder besser werden, das Vorderbein trifft senkrecht auf den Boden auf.

Sichere Zeichen, an denen man erkennt, ob es an der Zeit ist, die Krallen Ihres Hundes zu schneiden sind:

- Die Krallen Ihres Hundes berühren den Boden, wenn er steht.
- Wenn Sie die Pfote Ihres Hundes hochhalten, ist die Kralle länger als der Ballen des dazugehörigen Zehs.
- Wenn Ihr Hund auf glatten Oberflächen läuft, können Sie bei jedem Schritt seine Krallen hören.

GIARDIEN

Giardien sind winzig kleine einzellige Parasiten, die im Dünndarm zahlreicher Tierarten leben. Hat sich ein Lebewesen mit Giardien infiziert, spricht man von einer Giardiose. Bei starkem Befall, wie er häufig bei Welpen und Junghunden oder geschwächten Tieren vorkommt, verursachen sie einen oft monatelang anhaltenden Durchfall. Dem ist in der Regel kaum oder gar nicht mit den üblichen Tierarzneimitteln, Diäten und Futterumstellungen beizukommen. Der Durchfall kann sich zwischenzeitlich für einige Tage bessern, danach kommt es aber wieder zu einem Rückfall. Die Kotbeschaffenheit variiert von wässrig mit Schleim- und/oder Blutbeimengungen bis pastenartig. Oft ist der Kot hell, übelriechend und wird von stinkenden Blähungen begleitet. Auch Erbrechen, Abmagerung sowie Wachstums- und Entwicklungsstörungen können durch die chronische Dünndarmentzündung und die damit verbundene schlechte Nahrungsverwertung auftreten. Auffällig ist, dass die erkrankten Tiere meistens trotzdem gut fressen.
Insbesondere bei kohlenhydratreichem Futter verstärken sich jedoch die Durchfälle häufig. Dieser Umstand lässt Hundehalter schnell an eine Futtermittelunverträglichkeit denken, woraufhin sie oft ohne andauernden Erfolg das Futter wechseln, bevor endlich tierärztlicher Rat in Anspruch genommen wird.

HÄUFIG UNERKANNT

Bei den meisten erwachsenen Hunden, die ein intaktes Immunsystem haben, verschwinden die Giardien nach kurzer Zeit wieder von selbst und beeinträchtigen den „Träger" auch nicht. Allerdings können diese Hunde unerkannt Parasiten im Kot ausscheiden und dadurch eine Ansteckungsgefahr für andere Hunde darstellen, die an ihrem Kot schnüffeln.

Wichtig: Allein in Deutschland ist durchschnittlich jeder vierte Hund mit den Darmparasiten infiziert. Besonders anfällig zeigen sich Welpen und Junghunde: Hier sollen 70 Prozent der Tiere betroffen sein.

Auch die Haltungsform hat einen Einfluss auf die Befallsraten. Werden viele Hunde gemeinsam gehalten, wie zum Beispiel in Zwingeranlagen oder Tierheimen, steigt das Ansteckungsrisiko, und beim Einschleppen einer Infektion kann sich praktisch jedes Tier infizieren.

MASSENVERMEHRUNG IM DARM

Die Giardien haften mit Hilfe einer Art „Saugnapf" an der Dünndarmschleimhaut und vermehren sich durch Zweiteilung. Die Vermehrung ist rasant, innerhalb von fünf Stunden kann sich die Zahl der Giardien verdoppeln!
Vor der Ausscheidung mit dem Kot entwickeln sich die Parasiten in ein widerstandsfähiges Dauerstadium (Zyste), indem sich der Parasit abkugelt und mit einer Hülle umgibt. Durch die Zystenbildung ist der Parasit in der Lage, mehrere Wochen in der Umwelt infektiös zu bleiben. Bei kühlem und feuchtem Umgebungsklima können das sogar einige Monate sein. So sind die Zysten eine dauerhafte Infektionsquelle, selbst für ihren Wirt.

INFEKTIONSQUELLE UMWELT

Hunde infizieren sich durch Abschlucken von Zysten aus der Umgebung, in unsauberen Ausläufen und Zwingern, auf Hundewiesen, in Pfützen und stehenden Gewässern, die mit Hunde- und Katzenkot verunreinigt sind. Die Infektionsgefahr ist sehr groß, da ein infizierter Hund etwa 100 000 Zysten pro Gramm Kot ausscheidet und bereits 10 Zysten für eine Infektion ausreichend sind. Bereits 4 – 14 Tage nach der Infektion scheiden die infizierten Hunde selbst die Giardienzysten mit dem Kot aus. Die Ausscheidung erfolgt über einen Zeitraum von 4 – 5 Wochen, verlängert sich aber entsprechend, wenn das Tier immer wieder Zysten aus der Umwelt aufnimmt.

DIAGNOSE STELLEN

Der Giardiennachweis erfolgt mit speziellen Untersuchungsmethoden im Kot. Der Erreger lässt sich sowohl unter dem Mikroskop, als auch im sogenannten Antigentest erkennen. Da die Erreger aber nicht regelmäßig mit dem Kot ausgeschieden werden, geben einzelne negative Untersuchungsergebnisse keine absolute Sicherheit. Die Untersuchung sollte daher bei Verdacht wiederholt werden.

THERAPIE: MEDIKAMENTE UND HYGIENE

Der Hund selbst wird vom Tierarzt mit Wirkstoffen wie Fenbendazol oder Metronidazol behandelt. Anschließend sollte die Darmflora mit Oligosacchariden wieder aufgebaut werden. Um aber zu vermeiden, dass sich die Tiere sofort wieder mit Giardien infizieren, muss die Behandlung mit Hygienemaßnamen begleitet werden. Da die Zysten in kühler, feuchter Umgebung besonders lange infektiös bleiben, ist es ratsam, feuchte Areale in Zwinger, Garten und Auslauf trocken zu legen. Befallene Flächen sollten nach Möglichkeit mit dem Dampfstrahlgerät

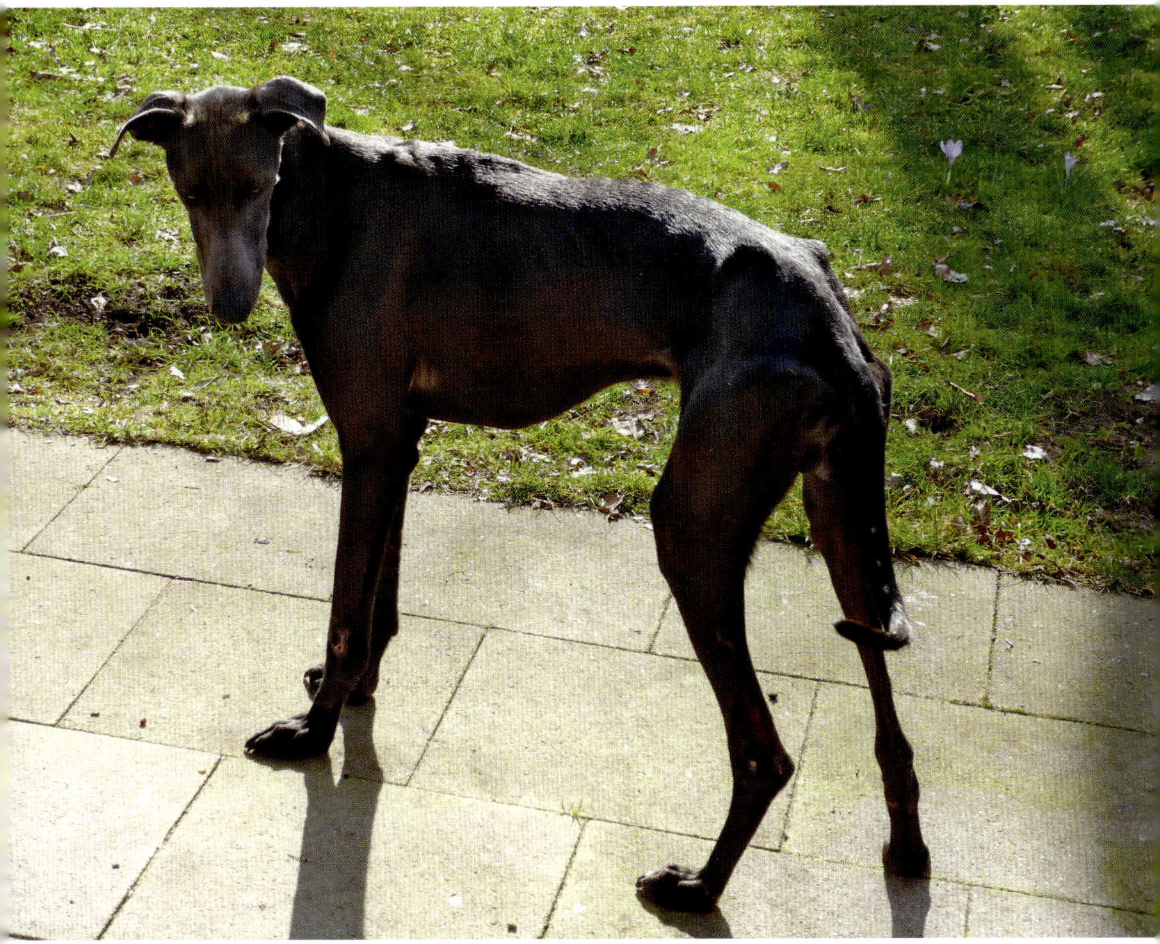

Als Nano aus Spanien kam, litt er unter massivem Giardienbefall und dadurch bedingter Unterernährung.

Der alte Barry litt unter einer Schilddrüsenunterfunktion, wurde dick und lethargisch.

heiß gereinigt werden und erst gründlich abtrocknen, bevor die Hunde die Flächen wieder betreten dürfen. Alle Decken, Kissen, Sofabezüge etc. bei mindestens 60 Grad waschen.
In Fällen, in denen gar nichts mehr zu helfen scheint, kann eine zusätzliche Therapie eines guten Heilpraktikers wirksam sein, bei der die körpereigenen Abwehrkräfte aktiviert werden.

ERNÄHRUNG UMSTELLEN

Während der Therapie bzw. Rekonvaleszenz sollte auf kohlehydratreiches Futter völlig verzichtet werden: Giardien ernähren sich am liebsten von Kohlenhydraten. Besser: Getreidefreies Nassfutter oder eine ausgewogene Frischfleisch-Diät

DIE GIARDIENINFEKTION IST EINE ZOONOSE

Auch der Mensch ist für Giardien empfänglich: In Mitteleuropa sollen bis zu 10 Prozent der Erwachsenen und 25 Prozent der Kinder befallen sein. Aus diesem Grund werden Giardien von der Weltgesundheitsorganisation (WHO) auch als Zoonose-Erreger, die also vom Tier auf den Mensch übertragbar sind, eingestuft. Besonders bei Kindern kann eine Infektion zu heftigen

Symptomen führen. Der Mensch infiziert sich über Schmutz- und Schmierinfektionen, verunreinigte Rohkost (Salat, Gemüse) oder verunreinigtes Trinkwasser mit Giardienzysten. Ebenso sind direkte Infektionen aus dem Stuhl infizierter Personen oder auch aus Hundekot möglich. Inwiefern der Hund eine bedeutende Ansteckungsquelle für den Menschen darstellt, ist noch nicht ganz geklärt. Die Möglichkeit einer Übertragung besteht ganz offensichtlich, jedoch scheint die Ansteckung von Mensch zu Mensch und von Hund zu Hund weit häufiger aufzutreten. Auch Fliegen können die Parasiten auf die Nahrung von Mensch und Tier übertragen.
Anhaltende Durchfälle bei Hunden sollten immer vom Tierarzt untersucht werden. Werden Giardien bei der Untersuchung gefunden, kann eine Behandlung nur mit begleitenden Hygienemaßnahmen erfolgreich sein. Bei der Giardiose handelt es sich um eine auf den Menschen übertragbare Infektionskrankheit, weshalb Sie dringend entsprechende Untersuchungen bei Ihrem Arzt machen lassen sollten, sonst kann ein Ansteckungskreislauf beginnen, der nicht mehr in den Griff zu bekommen ist. Bedenken Sie auch, dass gerade kleine Kinder besonders gefährdet sind.

SCHILDDRÜSEN-ERKRANKUNGEN

Eine Schilddrüsenerkrankung hat massive Auswirkungen auf den gesamten Organismus des Hundes. Neben Hautproblemen entwickeln sich Verhaltensauffälligkeiten, mangelnde Frustrationstoleranz, Hyperaktivität, Übererregbarkeit, oder das exakte Gegenteil: unglaubliche Lethargie, Müdigkeit und ein insgesamt verlangsamter Stoffwechsel.
Bei großen Hunderassen tritt hauptsächlich die sogenannte Hypothyreose auf. Sie ist zu 95 Prozent *nicht* genetisch, sondern eine erworbene Krankheit, die wahrscheinlich durch ein Autoimmungeschehen zustande gekommen ist.

Der Verlust der Schilddrüsenfunktion entwickelt sich schleichend. Beim Hund existieren zwei Krankheitsbilder:

- Hunde, die immer abgeschlagener, lethargischer und müder werden und trotz normalem Appetit zunehmen. Ihr Fell sieht trocken, stumpf und die Haut verdickt und schuppig aus, bei langhaarigen Hunden geht das Deckhaar aus und stumpfes, weiches „Babyfell“ entwickelt sich. Auf der Haut tritt Hyperpigmentierung auf, chronische Ohrenentzündung („Ohrenzwang“), Pyodermien (eitrige Hautentzündungen durch Bakterien) und Myxödeme (ödemartige Schwellung der Unterhaut). Häufig bleibt die Läufigkeit aus, denn der gesamte Stoffwechsel ist verlangsamt und die Fruchtbarkeit dadurch ebenfalls gestört.
- Hunde, die Angststörungen, mangelnde Frustrationstoleranz, Dauer-Stress und/ oder Konzentrationsprobleme zeigen. Diese Symptome werden zumeist während oder kurz nach der Pubertät auffällig. *Bei diesen Hunden sollten nicht nur die Schilddrüsenwerte T 4 und TSH bestimmt werden, sondern auch fT 4, T 3, fT 3 und TAK.*

Im Falle einer Therapie mit einem synthetischen T 4 über mindestens vier Wochen können dennoch mehrere Monate vergehen, bis sich das Allgemeinbefinden des Hundes bessert und eine Normalisierung seines Verhaltens eintritt. Auch das Verschwinden der Hautprobleme und anderer Symptome kann dauern.

Schlusswort

Einem Hund die zweite Chance auf ein glückliches, fröhliches, sicheres Leben zu geben ist eigentlich das Mindeste, was man tun kann, um die Welt ein bisschen besser zu machen.
Es ist eine Win-Win-Situation: Wir helfen einem heimatlosen Hund, und bekommen einen echten Freund dafür. Einen besseren Deal findet man nirgends.
Wie der Hund einmal sein wird, den wir uns aussuchen, liegt fast ganz in unserer Hand. Es gab Hunde in unserem Leben, denen niemand angesehen hätte, was aus ihnen wurde: Sie kamen als schüchterne, zerlöcherte, kränkliche Struppis, und erhoben sich nach einer Weile wie Phönix aus der Asche zu charismatischen Superhunden mit Filmstar-Qualitäten, an deren Seite man sich fühlte wie die Nebenrolle von Indiana Jones. Sie brauchten dafür nichts als ein wenig Unterstützung von uns und veränderten dabei unser Leben.
Natürlich gibt es keine Garantien im Leben, für nichts. Auch nicht dafür, dass der Hund, den man sich aussucht, der beste Hund wird, den man je haben konnte. Ehrlich gesagt, bekommt man meistens eher nicht genau den Superhund, den man sich gewünscht hat. Stattdessen bekommt man den Hund, den man braucht.
Sehen Sie genau hin: Unsere Hunde bringen uns bei, mutig zu sein (auch die – oder vielleicht vor allem die, die anfangs furchtbar ängstlich sind), Rückgrat zu beweisen und nicht aufzugeben. Sie zeigen uns, wie wir unser Leben entschleunigen können, innezuhalten, uns umzuschauen, zu horchen, zu riechen. Unsere Hunde bringen uns bei, wann wir rennen und wann wir laufen sollen. Wann wir eine Sache einfach aushalten, und wann wir reagieren sollten. Dass wir das, was wir tun, wirklich aus vollem Herzen machen sollen, und wie man harte Zeiten aushält. Jeder einzelne Hund in unserem Leben hat uns etwas gegeben oder gelehrt, das unsere Lebensqualität eindeutig verbessert hat. Sie zeigen uns, dass wir durchaus in der Lage sind, eine Beziehung zu führen, die aus Geben und Nehmen besteht (egal, was manch anderer sagt), und dass das Leben vor allem für Überraschungen gut ist.
Hunde sind durch und durch Old School: Sie zeigen uns, wie man glücklich wird.
Sie machen es uns leicht, sie zu lieben, und furchtbar schwer. Aber es lohnt sich: Der Tag, an dem der Ausdruck in ihren Augen sich verändert – von zurückgezogen, unberührt oder misstrauisch zu einem Strahlen, einem breiten Lachen von einem Ohr zum anderen, und dem Schalk dahinter, weil sie endlich jemanden gefunden haben, der sie nimmt, wie sie sind, der ihren Humor erkannt hat, der sie frei und stark werden lässt – diesen Tag wird man nicht so schnell

»Was immer unsere Hunde in uns sehen – wir sollten uns große Mühe geben, sie nicht zu enttäuschen.«

vergessen. Dieser Blick brennt sich ein und entschädigt einen für verzweifelte Momente, in denen man sicher ist, es geht nichts vorwärts, man schafft das nicht, und für die ganzen Bücher/Schuhe/Brillen/Kissen, die der Hund bis dahin gefressen hat. Das Lachen in den Augen eines Hundes, der nicht mehr wusste, wie das geht, ist besser als alle Bücher und Schuhe zusammen (außerdem kann man die nachkaufen. Den Gesichtsausdruck muss man sich verdienen). Es wäre wirklich interessant zu erfahren, was Hunde eigentlich in uns sehen. Sie geben sich große Mühe, uns zu verstehen, die wir immer wieder völlig vergessen, dass wir es mit einem Tier zu tun haben, das weder unsere Sprache spricht, noch unsere Werte teilt. Wir reden mit ihnen, als seien sie wie wir und werden vorwurfsvoll, wenn sie unsere Erwartungen nicht erfüllen: Sie dagegen bleiben geduldig, verzeihen und sehen immer wieder großzügig darüber hinweg, dass wir mit ihnen umgehen, als seien sie haarige kleine Menschen. Bei einem Huhn würde uns das nicht einfallen. Aber weil unsere Hunde uns so nahe sind, vergessen wir andauernd, dass sie ganz anders sind wie wir – und eben doch nicht.

Die Autorinnen

Inga Böhm-Reithmeier mit St. John und Birdy

Inga Böhm-Reithmeyer arbeitet seit über 20 Jahren als Hundetrainerin. Die gelernte Tierarzthelferin stammt aus einer Jägerfamilie, in der Bracken gezüchtet wurden. Als Ausbilderin von Jagdhunden und allen anderen Rassen lernte sie alle Facetten des Hundetrainings kennen und bildete sich stetig durch Seminare in allen Bereichen der Ausbildung und des Hundeverhaltens weiter. In den vergangenen 15 Jahren kamen immer mehr Hundehalter mit Jagdhunderassen aus dem Tierschutz zu ihr ins Training mit unterschiedlichsten Problematiken, wie selbstständigem Jagdverhalten, fehlender Sozialisierung, Deprivationsschäden oder ausgeprägtem Scheueverhalten.
Seit neun Jahren hat sie selbst zwei Jagdhundemischlinge mit unbekannter Vorgeschichte aus dem Tierschutz. Mittlerweile sind Birdy und St. John wichtige Trainingsbegleithunde und eine große Hilfe bei der Arbeit mit untersozialisierten Hunden.
Inga Böhm-Reithmeier hält regelmäßig Seminare, Workshops und Vorträge zu Hundetraining, -führung und -erziehung.
Sie ist Co-Autorin zweier Bücher, „Windhunde aus Spanien“ und „Leinen Los!“.
www.waldtraining.com

Katharina von der Leyen mit Gretel, Nano und Pixel

Katharina von der Leyen ist Journalistin und Autorin von mehr als 14 Büchern über Hunde, die in viele Sprachen übersetzt wurden. Aufgewachsen in einer sehr tierorientierten Familie unter Jagdhunden ist ihr nichts fremd, was tierfreundliche oder harte Ausbildung von Hunden angeht. Als Teenager machte sie ein Praktikum bei Konrad Lorenz, später traf sie Horst Stern und Erik Zimen, die ihre Sicht auf das Zusammenleben mit Tieren stark beeinflussten. Seit Jahrzehnten interviewt sie Verhaltensbiologen, Trainer und Wissenschaftler und bekommt auf alle Fragen wichtige Antworten. Sie hat schon so lange Hunde, dass sie nicht mehr weiß, wie das Leben ohne sie geht. Seit vielen Jahren ist sie Pflegestelle für Hunde aus dem Tierschutz, die sie erfolgreich rehabilitiert und deren Sinn für Humor sie reaktiviert hat. Zur Zeit hat sie ungefähr acht Hunde, die meisten davon aus zweiter Hand. Sie hat noch nie einen Hund getroffen, den sie nicht mochte. www.lumpi4.de

ZUM WEITERLESEN

Bloch, Günther und Elli H. Radinger: **Wölfisch für Hundehalter.** Von Alpha, Dominanz und anderen populären Irrtümern. Kosmos

Böhm-Reithmeier, Inga und Katharina von der Leyen: **Leinen Los!** Freilauftraining für den Hund. Gräfe und Unzer

Dohrmann, Karin und Inga Böhm: **Windhunde aus Spanien.** Vom Jäger zum Familienhund. Kynos

Feddersen-Petersen, Dr. Dorit, Urd: **Ausdrucksverhalten beim Hund.** Kosmos

Feddersen-Petersen, Dr. Dorit, Urd: **Hundepsychologie.** Mit 90 Minuten Hundefilmen auf DVD. Kosmos

Grote, Maren: **Hunde lesen lernen.** Kosmos

Fichtlmeier, Anton: **Suchen und Apportieren.** Denksport für Hunde. Kosmos

Freiling, Karin Petra: **Entspannungstraining für Hunde.** Cadmos

Freiling, Karin Petra: **Helfende Hände für die Hundegesundheit.** Cadmos

Handelman, Barbara: **Hundeverhalten.** Mimik, Körpersprache und Verständigung, mit über 800 ausdrucksstarken Fotos. Kosmos

Hoffmann, Alexandra: **Bachblüten für meinen Hund.** Müller Rüschlikon

Heberer, Ute; Schumacher, Katja und Anna Pietschmann: **Angst beim Hund.** Verstehen und richtig reagieren. Kosmos

Löckenhoff, Ursula: **Dogwalk.** Wie Hunde freudig folgen. Kosmos

Löckenhoff, Ursula: **Raumdenken® in der Hundeerziehung.** Kosmos

Nadig, Alexandra: **Heilpflanzen für Hunde.** Kosmos

Pryor, Karen: **Positiv bestärken – sanft erziehen:** Der Klassiker zum Clicker-Training. Kosmos

Rugaas, Turid: **Calming Signals.** Beschwichtigungssignale der Hunde. Animal Learn

Tellington-Jones, Linda: **Tellington-Training für Hunde.** Kosmos

Von der Leyen, Katharina: **Halten Sie Ihr Huhn fest!** Hundeleben auf dem Land. Kosmos

NÜTZLICHE ADRESSEN

Deutscher Tierschutzbund e.V.
Bundesgeschäftsstelle
In der Raste 10
53129 Bonn
www.tierschutzbund.de

Giftköder-Warnung
Informiert über entdeckte Giftköder und aktuelle Gefahrenzonen.
Mit App und aktiver Facebookseite
www.giftkoeder-radar.com

TASSO-Haustierzentralregister für die Bundesrepublik Deutschland e.V.
Otto-Volger-Str. 15
65843 Sulzbach/Ts.
www.tasso.net

REGISTER

N

O

P

R

S

T

U

V

W

Z

DANKE

Die Autorinnen danken allen Menschen und Hunden, die an der Entstehung des Buches beteiligt waren, im Speziellen: Albert-Schweitzer-Tierheim Essen; Asociation Txikas de Etxauri, Bettina Dirnberger, Birgit Jung von „Vergessene Fellnasen e. V.", Christoph und Nadja Fischereder, Abtseehaus Laufen, Grit Ramm, Gudrun Sauter von „Tierschutz Spanien e. V.", Gwendolen Jäger, Kai Stauffert, Kanarenhunde e. V. (www.kanarenhunde.org), Karin Petra Freiling, Olga Kajarskaia („Tierheim in Moskow", www.dogfriend.at), Sabine Heine, Sabine Vorderholzer, Stefanie Walter, Vanessa Sedlmeier.

BILDNACHWEIS

162 Farbfotos wurden von Meike Böhm (www.meikeboehm-photoart.com) für dieses Buch aufgenommen.
Weitere Farbfotos von Asociation Txikas de Etxauri (S. 68), Böhm-Reithmeier, Inga (S. 91), Freiling, Karin Petra (S. 39), Jäger, Gwendolen (S. 75), Munninger, Nicole (S. 13, 80, 111, 112, 208/209, 219), Prenntzell, Claudia (S. 58), privat (S. 9, 10, 12, 56, 72, 77), Ramm, Grit (S. 23), Schmidt-Röger/Kosmos, Heike (S. 210, 211, S. 214, 215), Seda Sunny Fotografie (S. 67), Stauffert, Kai (S. 71), von der Leyen, Katharina (S. 25o, 33, 73li, 81, 197, 221), Walter, Stefanie (S. 189).

Farbzeichnung von Christiane Glanz (S. 215)

IMPRESSUM

Umschlaggestaltung von GRAMISCI Editorialdesign, München unter Verwendung von zwei Farbfotos von Meike Böhm.

Mit 213 Farbfotos und einer Farbzeichnung

Alle Angaben in diesem Buch erfolgen nach bestem Wissen und Gewissen. Sorgfalt bei der Umsetzung ist indes dennoch geboten. Der Verlag und die Autorinnen übernehmen keinerlei Haftung für Personen-, Sach- oder Vermögensschäden, die aus der Anwendung der vorgestellten Materialien, Methoden oder Informationen entstehen könnten.

Unser gesamtes Programm finden Sie unter **kosmos.de.**
Über Neuigkeiten informieren Sie regelmäßig unsere Newsletter, einfach anmelden unter **kosmos.de/newsletter**

Gedruckt auf chlorfrei gebleichtem Papier

Pfizerstraße 5–7, 70184 Stuttgart
info@kosmos.de

ISBN 978-3-440-15139-6
Redaktion: Ute-Kristin Schmalfuß
Gestaltungskonzept: Peter Schmidt Group GmbH, Hamburg
Gestaltung und Satz: Atelier Krohmer, Dettingen/Erms
Produktion: Andrea Hehn
Druck und Bindung: Finidr, s. r. o., Český Těšín
Printed in The Czech Republic / Imprimé en République Tchèque

FSC
www.fsc.org
MIX
Papier | Fördert gute Waldnutzung
FSC® C014138